JN226264

日本音響学会 編

音響テクノロジーシリーズ **22**

音声分析合成

博士（工学） 森勢 将雅 著

コロナ社

発刊にあたって

　音響テクノロジーシリーズは 1996 年に発刊され，以来 20 年余りの期間に 19 巻が上梓された。このような長期にわたる刊行実績は，本シリーズが音響学の普及に一定の貢献をし，また読者から評価されてきたことを物語っているといえよう。

　この度，第 5 期の編集委員会が立ち上がった。7 名の委員とともに，読者に有益な書籍を刊行し続けていく所存である。ここで，本シリーズの特徴，果たすべき役割，そして将来像について改めて考えてみたい。

　音響テクノロジーシリーズの特徴は，なんといってもテーマ設定が問題解決型であることであろう。東倉洋一初代編集委員長は本シリーズを「複数の分野に横断的に関わるメソッド的なシリーズ」と位置付けた。従来の書籍は学問分野や領域そのものをテーマとすることが多かったが，本シリーズでは問題を解決するために必要な知見が音響学の分野，領域をまたいで記述され，さらに多面的な考察が加えられている。これはほかの書籍とは一線を画するところであり，歴代の著者，編集委員長および編集委員の慧眼の賜物である。

　本シリーズで取り上げられてきたテーマは時代の最先端技術が多いが，第 4 巻「音の評価のための心理学的測定法」のように汎用性の広い基盤技術に焦点を当てたものもある。本シリーズの役割を鑑みると，最先端技術の体系的な知見が得られるテーマとともに，音の研究や技術開発の基盤となる実験手法，測定手法，シミュレーション手法，評価手法などに関する実践的な技術が修得できるテーマも重要である。

　加えて，古典的技術の伝承やアーカイブ化も本シリーズの役割の一つとなろう。例えば，アナログ信号を取り扱う技術は，技術者の高齢化により途絶の危

機にある。ディジタル信号処理技術がいかに進んでも，ヒトが知覚したり発したりする音波はアナログ信号であり，アナログ技術なくして音響システムは成り立たない。原理はもちろんのこと，ノウハウも含めて，広い意味での技術を体系的にまとめて次代へ継承する必要があるだろう。

コンピュータやネットワークの急速な発展により，研究開発のスピードが上がり，最新技術情報のサーキュレーションも格段に速くなった。このような状況において，スピードに劣る書籍に求められる役割はなんだろうか。それは上質な体系化だと考える。論文などで発表された知見を時間と分野を超えて体系化し，問題解決に繋がる「メソッド」として読者に届けることが本シリーズの存在意義であるということを再認識して編集に取り組みたい。

最後に本シリーズの将来像について少し触れたい。そもそも目に見えない音について書籍で伝えることには多大な困難が伴う。歴代の著者と編集委員会の苦労は計り知れない。昨今，書籍の電子化についての話題は尽きないが，本文の電子化はさておき，サンプル音，説明用動画，プログラム，あるいはデータベースなどに書籍の購入者がネット経由でアクセスできるような仕組みがあれば，読者の理解は飛躍的に向上するのではないだろうか。今後，検討すべき課題の一つである。

本シリーズが，音響学を志す学生，音響の実務についている技術者，研究者，さらには音響の教育に携わっている教員など，関連の方々にとって有益なものとなれば幸いである。本シリーズの発刊にあたり，企画と執筆に多大なご努力をいただいた編集委員，著者の方々，ならびに出版に際して種々のご尽力をいただいたコロナ社の諸氏に厚く感謝する。

2018 年 1 月

音響テクノロジーシリーズ編集委員会

編集委員長　飯田　一博

ま　え　が　き

　音声合成の研究というと，多くの人はテキストを読み上げる text-to-speech（TTS）の研究を想像するかもしれない。本書のタイトルを音声分析合成としたのは，音声合成というタイトルによって，TTS の技術解説を期待する読者が肩透かしを食うことへの懸念からである。音声分析合成とは，音声をなんらかのパラメータとして表現し，表現されたパラメータから音声波形を生成する信号処理技術の総称である。また，一連の技術を束ねたシステムを音声分析合成システムと呼称する。音声の読み上げや加工においては，音声パラメータの生成や加工により実現するアプローチが幅広く利用されている。一方，近年では，WaveNet のように音声波形そのものを出力対象とする技術が実用化され，音声をパラメータで表現する音声分析合成の重要度は相対的に下がったといえる。本書を執筆しているいまも，TTS に関する研究は日進月歩の進歩によるパラダイムシフトを迎えつつあり，10 年後には本書の内容も古典的なものとして扱われるかもしれない。それは音声処理に関する技術のブラックボックス化に繋がるが，音声を扱うための信号処理技術を習得することは，今後も重要な価値があると筆者は信じている。

　本書の目標は，これから音声分析合成システムの研究，あるいはシステムを活用した研究をしたい読者に必要となる知識が，この 1 冊を読むことで一通り習得できることである。音声分析合成システムを構成する信号処理理論については，「高品質音声分析合成に関する信号処理理論の理解」をゴールに定め，そのゴールに必要な数学的知識に限定して紹介する。歴史的に議論を避けることができない伝統的なアルゴリズムは解説するが，さまざまな内容を網羅的に紹介する辞書的な使い方ができる教科書とは位置付けが異なる。本書の想定する具

体的な読者層は，大学で学ぶレベルの微分積分や線形代数の知識に加え，ディジタル信号処理を活用した音の信号処理について最低限の知識を習得している大学院生や若手研究者である。

　音声分析合成の研究には，信号処理に関する数学的な知識を習得するだけではなく，ときには自分自身で音声を収録することもあり，音声の品質評価法を習得することも不可欠であろう。本書には，高品質な音声を入手する必要に迫られた読者が，最低限必要となる品質で音声を収録する際に助けとなる情報も含むこととした。収録音声に関する条件や収録環境に関する知識は，音声分析や合成時において予期せぬエラーが生じた際に役立つこともある。

　本書を読み解くのに必要な数学や，音声収録に関する知識は1章にまとめた。2章では，音声分析合成に特化した音声信号のモデル化と音声分析合成の歴史的な技術を概説する。これらは雑多な内容を広く浅く扱った章であるため，すでに関連知識を有する読者はスキップしてもさしつかえない。3〜5章は，2章で説明するボコーダに関連した音声パラメータ群の推定法について，基盤から最先端の理論までを説明する。6章は，これらの理論を計算機上に実装するための注意点についてまとめる。この章の目的は，論文で提案された理論（数式）をそのまま実装しても，実音声の分析において期待する性能が達成できるとは限らないため，実音声を計算機上で分析することを想定した細かな工夫を示すことである。7章では，推定された音声パラメータを加工する事例について紹介する。8章では，提案された音声処理技術の有効性を評価するために必要不可欠な主観評価について，基礎的なものを紹介することとした。

　最後に，本書を執筆する機会を与えてくださった日本音響学会音響テクノロジーシリーズ編集委員会の飯田一博委員長，編集委員の北村達也氏をはじめとする委員会の皆様，本書の草稿に対し丁寧にコメントをくださった和歌山大学の河原英紀氏，大学入試センターの内田照久氏に深謝する。また，曜日を問わず自由気ままに執筆することを許してくれた妻に感謝する。

　2018年5月

森勢　将雅

目　　　次

～～～～ **4.** スペクトル包絡の推定 ～～～～

〜〜〜〜〜 **5.** 非周期性指標の推定 〜〜〜〜〜

6. 高精度に計算するコツ

7. 音声の加工技術

8. 音声品質の主観評価方法

1 基 礎 知 識

　音声分析合成の学習を始めるためには，微分積分，線形代数などの数学や，ディジタル信号処理に関する専門知識が必要不可欠である。その一方で，上記の領域のすべてをカバーしていることは，必ずしも必要ない。本書で扱う理論は一見複雑に見えるかもしれないが，丁寧にひも解くと，大学学部レベルで学ぶ知識の組合せである。ただし，どの部分をどの程度習得すればよいかの道標は必要と思われるため，本書で扱う理論を理解するために必要となる範囲の知識について，本章でまとめることとした。

　音声分析合成の研究では，必要となる音声を収録することや，提案法の有効性を示すために音声の品質評価を行うことがある。本書では，このような読者が本書のみで問題を解決できるようにするため，前者については本章で，後者については 8 章でカバーすることとする。ただし，最低限の研究を行う入り口に立てることを目標として，深い議論を避け，必要に応じて論文や別の書籍へのリンクを付けることにした。本章で扱う内容は広く浅くなるため，詳細について興味を持ち深く理解したい読者は，是非とも関連書籍や論文に目を通していただきたい。

　すでに，ディジタル信号処理に関して一定の知識を有し，音声収録の経験もある読者は，本章をスキップしてもさしつかえない。もし，ディジタル信号処理に関する基礎的な勉強が必要なら，文献1), 2) が入門編に適している。近年では学会が Web で知識を提供する試みもなされており，例えば文献3) は，ディジタル信号処理に関する幅広い情報を提供している。より高度な内容を勉強する場合は，文献4) が参考になる。音声情報処理の入門的な内容については，文献5) が適している。

1.1　本書で共通する数学的知識

　まず，さまざまな章で共通して使われる数学的な公式や理論，パラメータについて解説する。以下に示す記号や数式，公式などは，各章では証明なしで利用することとする。なお，理論を計算機上で実装するためには，おのおのの理論を**離散信号**を対象に記述する必要があるが，本書では，特に断りがない限り**連続信号**を対象に理論を導出する。離散系で導出したほうが容易となる場合は，そのことを示した上で離散信号を対象に導出する。

1.1.1　音声波形とスペクトルについて

　まず，分析対象となる信号と**フーリエ変換**（Fourier transform）により得られる**スペクトル**（spectrum）について整理する。入力信号 $x(t)$，スペクトル $X(\omega)$ の関係は，フーリエ変換，および**逆フーリエ変換**（inverse Fourier transform）により以下の式で表される。

$$X(\omega) = \frac{1}{\sqrt{2\pi}} \int_{-\infty}^{\infty} x(t)e^{-i\omega t}dt \tag{1.1}$$

$$x(t) = \frac{1}{\sqrt{2\pi}} \int_{-\infty}^{\infty} X(\omega)e^{i\omega t}d\omega \tag{1.2}$$

ここで，t は連続時間を表し，ω は連続的な角周波数を表す。i は虚数単位であり $i^2 = -1$ である。虚数単位を j と表記する分野も存在するが，本書では i に統一する。フーリエ変換における積分記号の手前にある係数は，フーリエ変換，逆フーリエ変換のどちらか一方に $1/(2\pi)$ と記載することもある。本書では線形の理論のみを扱うため，適当な係数を乗じて正規化すれば，どの形でも結果に影響は生じない。係数の有無が計算を複雑にすることもあるため，状況に応じて上記のパターンを使い分ける。また，フーリエ変換は頻出するため，特にフーリエ変換の数式そのものが本質的に重要ではない場合には，それぞれ記号 $\mathcal{F}[\cdot]$，$\mathcal{F}^{-1}[\cdot]$ を用いて以下のように簡略化する。

$$X(\omega) = \mathcal{F}[x(t)] \tag{1.3}$$

$$x(t) = \mathcal{F}^{-1}[X(\omega)] \tag{1.4}$$

離散表現に関しては，**離散時間**を表す記号を n，**離散周波数**を表す記号を k と表記する。連続信号を離散信号に変換する処理については 1.3 節で概説するが，ここでは関連する知識を習得済みという前提で話を進める。**標本化周波数**が f_s の音声のとき，離散信号と連続信号との関係は，以下の式で表される。

$$x(n) = x\left(\frac{1}{f_s}n\right) \tag{1.5}$$

ここで，n は整数であり，左辺は離散信号，右辺は連続信号である。離散周波数については，標本化周波数を f_s〔Hz〕，$x(n)$ の点数を N 点とすると，以下の関係がある。

$$X(k) = X\left(\frac{f_s}{N}k\right) \tag{1.6}$$

N に制約を与えなければ**離散フーリエ変換**（discrete Fourier transform; **DFT**）であるが，ここでは，**高速フーリエ変換**（fast Fourier transform; **FFT**）を利用することを前提に，N は 2 のべき乗であることとする。k は整数であるが，**折り返しひずみ**の影響があり，値の範囲は 0 から $N/2$ までの $N/2+1$ 点まで記録しておけば，残りのスペクトルは計算できる。具体的に，$N/2+2$ 点から $N-1$ 点までは，以下のように 0 から $N/2$ の値の複素共役の関係にある。

$$X(N-k) = X^*(k) \tag{1.7}$$

ここで，X^* は X の複素共役を表す。また，$X(0)$ と $X(N/2)$ は実部のみ有することにも注意が必要である。N 点の信号に FFT を施すと，0 点と $N/2$ 点の信号の虚部は 0 であり，1 点から $N/2-1$ 点の信号は一般的に複素数である。実部と虚部を独立した数値と考えると，FFT とは，N 点の列を同じく N 点の数列に変換することとなる。

1.1.2 スペクトルの振幅，位相

音声分析により得られるスペクトル $X(\omega)$ は，特殊な条件を満たした場合を

除き，一般的に複素数の関数となる。そのため，**スペクトル解析**では**振幅スペクトル** $|X(\omega)|$ と**位相スペクトル** $\varphi(\omega)$ に分離することが多い。人間の聴覚は位相の変化よりも振幅の変化に敏感であるため，音声情報処理の理論の多くは振幅スペクトルやその 2 乗の**パワースペクトル**を対象としたものが多い。ただし，これを「位相は**音色**に影響しない」と解釈することは適切ではなく，影響は相対的に小さいだけであることに注意する。位相の変化が音色に影響を与えることは，さまざまな実験により示されている[6], [7]†。

　振幅スペクトル，位相スペクトルは，$X(\omega)$ から以下の式により与えられる。

$$X(\omega) = \Re[X(\omega)] + i\Im[X(\omega)] \tag{1.8}$$

$$|X(\omega)| = \sqrt{\Re[X(\omega)]^2 + \Im[X(\omega)]^2} \tag{1.9}$$

$$\varphi(\omega) = \angle X(\omega) \tag{1.10}$$

ここで，$\Re[\cdot]$ と $\Im[\cdot]$ は，それぞれ実部と虚部を取り出す操作に対応する。振幅スペクトルを 2 乗したものはパワースペクトル $|X(\omega)|^2$ である。位相については，一部のプログラミング言語では atan2 などの関数名で計算できるが，厳密には以下の式により与えられる。

$$\varphi(\omega) = \begin{cases} \tan^{-1}\left(\dfrac{\Im[X(\omega)]}{\Re[X(\omega)]}\right) & \text{if } \Re[X(\omega)] > 0 \\[2mm] \tan^{-1}\left(\dfrac{\Im[X(\omega)]}{\Re[X(\omega)]}\right) + \pi & \text{if } \Re[X(\omega)] < 0 \text{ and } \Im[X(\omega)] \geqq 0 \\[2mm] \tan^{-1}\left(\dfrac{\Im[X(\omega)]}{\Re[X(\omega)]}\right) - \pi & \text{if } \Re[X(\omega)] < 0 \text{ and } \Im[X(\omega)] < 0 \\[2mm] \dfrac{\pi}{2} & \text{if } \Re[X(\omega)] = 0 \text{ and } \Im[X(\omega)] > 0 \\[2mm] -\dfrac{\pi}{2} & \text{if } \Re[X(\omega)] = 0 \text{ and } \Im[X(\omega)] < 0 \\[2mm] \text{undefined} & \text{if } \Re[X(\omega)] = 0 \text{ and } \Im[X(\omega)] = 0 \end{cases} \tag{1.11}$$

本書では，後ほど位相スペクトルの周波数微分を計算する都合上，以下の式で

---

† 肩付き番号は章末の引用・参考文献を示す。

位相を定義することとする。上記の式では，ω とは無関係な項が加算されることもあるが，これらの項は微分計算時にすべて 0 となるため，以下のみでよい。

$$\varphi(\omega) = \tan^{-1}\left(\frac{\Im[X(\omega)]}{\Re[X(\omega)]}\right) \tag{1.12}$$

1.1.3　群　　遅　　延

位相は，複素数を対象に計算される，**複素平面**上の角度に相当する。したがって，2π の範囲でしか値は与えられず，例えばある周波数の位相が 0 だとしても，それが 0 なのか 2π なのかは区別できない。**図 1.1** のように位相スペクト

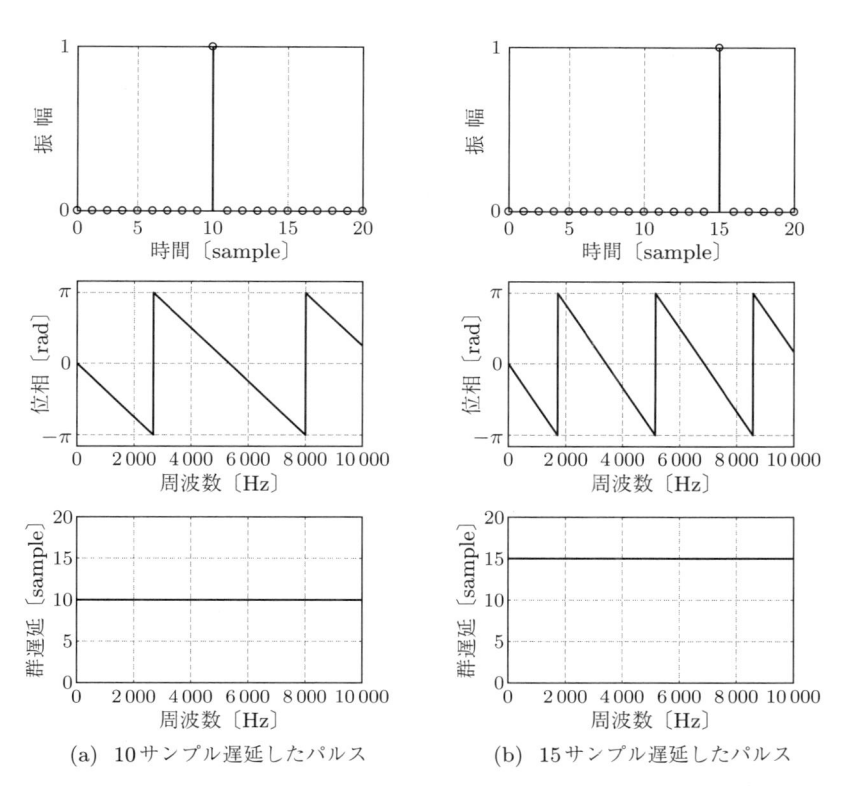

(a)　10 サンプル遅延したパルス　　　　(b)　15 サンプル遅延したパルス

図 1.1　波形と位相と群遅延との関係。位相を $-\pi$ から π の範囲で定義しているため，不連続なジャンプが発生している。群遅延は，各周波数成分が遅延した時刻に相当するため，時間的にシフトしたパルスについて計算すると，全周波数で均一な時刻だけシフトしている。

ルをグラフ表示すると，図の中段に示されるとおり，不連続なジャンプが発生
していることが確認できる。この例では，位相の範囲を $-\pi$ から π と定義して
いる。このようなジャンプを検出して，2π 加算，あるいは減算する**位相のアン
ラップ**（phase unwrapping）による対処も可能であるが，スペクトルの変化が
急峻な場合には適切な接続ができないことが問題となる。位相スペクトルを加
工する信号処理は，この問題があり難しいのが現状であり，この問題を回避し
て位相スペクトルを加工できるパラメータとして，**群遅延**（group delay）がし
ばしば利用される。群遅延は，位相スペクトルの周波数微分により与えられる
パラメータで，以下の式により定義されている。

$$\tau_g(\omega) = -\varphi'(\omega) \tag{1.13}$$

$$\varphi'(\omega) \equiv \frac{d}{d\omega}\varphi(\omega) \tag{1.14}$$

本書では，1 変数関数の微分を記号 $'$ で代用することがある。2 変数関数の場合
は，∂ 記号を用いて微分対象となる記号を陽に示す。

　図 1.1 の下段に群遅延の例を示す。なお，この例は，標本化周波数を 48 kHz
にして FFT を実施した結果である。パルスを対象とすると，群遅延の値は，す
べての周波数において遅延させた時刻と一致する。位相スペクトルと群遅延を
比較すると，信号を時間的にシフトさせることは，位相スペクトルに対しては
周波数に対して線形な変化となり，これは**直線位相**と呼ばれる成分である。群
遅延では，シフトさせた時間がすべての周波数で観測されることとなる。群遅
延は，各周波数の遅延時間に相当するパラメータであり，位相スペクトルのよ
うな不連続なジャンプが発生しない利点がある。したがって，音色制御を位相
により行いたい場合においても，位相スペクトルではなく群遅延を用いること
で演算が容易になる。

　群遅延から位相スペクトルを計算する場合は，積分の代わりに**累積和**を利用
することになり，このとき，0 Hz と**ナイキスト周波数**（Nyquist frequency）に
おける位相には注意を払う必要がある。どちらの周波数のスペクトルも虚部を
有さない特徴があるため，位相は 0 か π のどちらかとなる。0 Hz における位相

については，積分定数として定数項を加算することで対処できる。0 と π の違いは，フーリエ変換により合成される時間波形の符号だけであり，反転する関係にある。ナイキスト周波数については，直線位相成分 $\alpha\omega$ を計算された位相スペクトル $\varphi(\omega)$ に加算することで対処できる。

群遅延の計算には，位相スペクトルの周波数微分が必要であり，これを計算機上で実装することは，位相ジャンプの問題があるため困難である。そこで，計算機上で実装する際には，微分を用いずに群遅延を求める計算式が利用される。具体的には，式 (1.12) の右辺を微分することで，次式が導出される。

$$-\frac{d\varphi(\omega)}{d\omega} = -\frac{d}{d\omega}\tan^{-1}\left(\frac{\Im[X(\omega)]}{\Re[X(\omega)]}\right) \tag{1.15}$$

$$= -\left(\frac{\Im[X(\omega)]}{\Re[X(\omega)]}\right)'\frac{1}{1 + \dfrac{\Im[X(\omega)]^2}{\Re[X(\omega)]^2}} \tag{1.16}$$

$$= -\frac{\Re[X(\omega)]\Im[X'(\omega)] - \Re[X'(\omega)]\Im[X(\omega)]}{\Re[X(\omega)]^2}\frac{\Re[X(\omega)]^2}{|X(\omega)|^2} \tag{1.17}$$

$$= \frac{\Re[X'(\omega)]\Im[X(\omega)] - \Re[X(\omega)]\Im[X'(\omega)]}{|X(\omega)|^2} \tag{1.18}$$

ただし，この式においても，スペクトルの実部と虚部の周波数微分が必要となる。この微分演算を回避するため，フーリエ変換の周波数微分の公式を利用する。

$$\mathcal{F}[-itx(t)] = X'(\omega) \tag{1.19}$$

これを式 (1.18) に代入すれば，微分を計算することなく群遅延を計算することが可能となる。

1.1.4 信号の平均時間と持続時間

信号の特性を知るために，信号の**平均時間**と**持続時間**について整理する。これらを導くにあたり，信号の全エネルギーが 1 であることを明示する。

$$\int_{-\infty}^{\infty} |x(t)|^2 dt = 1 \tag{1.20}$$

同時に，全時刻について連続であり，スペクトルも全周波数に対して連続であるとする。この条件下において，平均時間 $\langle t \rangle$ は以下の式により与えられる。

$$\langle t \rangle = \int_{-\infty}^{\infty} t|x(t)|^2 dt \tag{1.21}$$

平均時間は，波形の2乗を対象とした重心の時刻と定義される。もう一つ重要な性質として，信号が時間的にどの程度散らばっているかを示す指標も定義されている。

$$\sigma_t^2 = \int_{-\infty}^{\infty} (t - \langle t \rangle)^2 |x(t)|^2 dt \tag{1.22}$$
$$= \langle t^2 \rangle - \langle t \rangle^2 \tag{1.23}$$

この導出は以下のようになる。

$$\sigma_t^2 = \int_{-\infty}^{\infty} (t - \langle t \rangle)^2 |x(t)|^2 dt \tag{1.24}$$

$$= \int_{-\infty}^{\infty} t^2 |x(t)|^2 - 2t\langle t \rangle |x(t)|^2 + \langle t \rangle^2 |x(t)|^2 dt \tag{1.25}$$

$$= \int_{-\infty}^{\infty} t^2 |x(t)|^2 dt - 2\langle t \rangle \int_{-\infty}^{\infty} t|x(t)|^2 dt + \langle t \rangle^2 \int_{-\infty}^{\infty} |x(t)|^2 dt \tag{1.26}$$

$$= \langle t^2 \rangle - 2\langle t \rangle^2 + \langle t \rangle^2 \tag{1.27}$$

$$= \langle t^2 \rangle - \langle t \rangle^2 \tag{1.28}$$

ここで，σ_t^2 の平方根である σ_t は，信号がどの程度の時刻持続しているかに相当するパラメータとして与えられる。多くの場合，$\langle t \rangle \pm \sigma_t$ の範囲に信号が持つ全エネルギーの大半が含まれる。信号がパルスの場合 σ_t は 0 であり，ホワイトノイズの場合，σ_t は信号長に比例して大きな値を示す。

1.1.5　スペクトルを用いた平均時間と持続時間の表現

前項で示した平均時間と持続時間は，じつはスペクトルを用いて計算することができる。

$$\langle t \rangle = - \int_{-\infty}^{\infty} \varphi'(\omega) |X(\omega)|^2 d\omega \tag{1.29}$$

この導出を以下に示す。ただし，$X(\omega) = A(\omega)e^{i\varphi(\omega)}$ と**極座標**で定義し，振幅スペクトルを $A(\omega)$ と記載する。

$$\langle t \rangle = \int_{-\infty}^{\infty} t|x(t)|^2 dt \tag{1.30}$$

$$= \int_{-\infty}^{\infty} tx(t)x^*(t)dt \tag{1.31}$$

$$= \int_{-\infty}^{\infty} i\frac{d}{d\omega}X(\omega)X^*(\omega)d\omega \tag{1.32}$$

$$= \int_{-\infty}^{\infty} i\left(A'(\omega)e^{i\varphi(\omega)} + iA(\omega)\varphi'(\omega)e^{i\varphi(\omega)}\right) A(\omega)e^{-i\varphi(\omega)}d\omega \tag{1.33}$$

$$= \int_{-\infty}^{\infty} iA(\omega)A'(\omega) - A^2(\omega)\varphi'(\omega)d\omega \tag{1.34}$$

この導出にはいくつもの理論を利用しているので，少し脇道にそれて，それらについて説明する。まず，式 (1.31) から式 (1.32) への変形は，**プランシュレルの定理**（Plancherel theorem）を利用する。

$$\int_{-\infty}^{\infty} x(t)y^*(t)dt = \int_{-\infty}^{\infty} X(\omega)Y^*(\omega)d\omega \tag{1.35}$$

プランシュレルの定理は，以下のように導出される。

$$\int_{-\infty}^{\infty} x(t)y^*(t)dt = \int_{-\infty}^{\infty} x(t)\left(\frac{1}{\sqrt{2\pi}}\int_{-\infty}^{\infty} Y(\omega)e^{i\omega t}d\omega\right)^* dt \tag{1.36}$$

$$= \int_{-\infty}^{\infty} x(t)\frac{1}{\sqrt{2\pi}}\int_{-\infty}^{\infty} Y^*(\omega)e^{-i\omega t}d\omega dt \tag{1.37}$$

$$= \int_{-\infty}^{\infty} \frac{1}{\sqrt{2\pi}}\int_{-\infty}^{\infty} x(t)e^{-i\omega t}dt Y^*(\omega)d\omega \tag{1.38}$$

$$= \int_{-\infty}^{\infty} X(\omega)Y^*(\omega)d\omega \tag{1.39}$$

信号処理において重要な意味を持つ**パーセバルの定理**（Parseval's theorem）は，$y^*(t)$ を $x^*(t)$ とした際の特殊例であり，以下で与えられる。

$$\int_{-\infty}^{\infty} |x(t)|^2 dt = \int_{-\infty}^{\infty} |X(\omega)|^2 d\omega \tag{1.40}$$

この定理は，波形の2乗を全時刻について積分した結果が，パワースペクトルにおける全周波数についての積分の結果と一致することを示す。

　話を平均時間の導出に戻すと，プランシュレルの定理における二つの関数を $tx(t)$ と $x^*(t)$ とすることで式 (1.32) が導出される。$X(\omega)$ の微分は，$X(\omega) = A(\omega)e^{i\varphi(\omega)}$ の微分として計算する。$A^2(\omega) = |X(\omega)|^2$ のため，式 (1.34) の積分の第1項が0となれば目的の持続時間の式と一致する。第1項が0になることの導出には，いくつかの考え方が存在する。簡単な方法では，$\langle t \rangle$ は時間軸で定義された実数値であることに着目する。$A(\omega)$ は振幅のため実部のみを有し，その導関数 $A'(\omega)$ も同様であることから，$iA(\omega)A'(\omega)$ が虚部のみで構成されることは明らかである。よって，全周波数に対する積分値も虚数であるため，$\langle t \rangle$ が虚部を持たないことから必ず0にならなければならない。

　厳密に考えたい読者のために，数式による導出を以下に示す。目的は，以下の式が0になることの証明である。

$$\int_{-\infty}^{\infty} A(\omega)A'(\omega)d\omega \tag{1.41}$$

ここでは，前提条件として，波形の全エネルギーが1になることを挙げている。導出には，部分積分法を利用する。また，先に説明したパーセバルの定理から，$A^2(\omega)$ を全周波数について積分した結果は1になる。広義積分 $\int_{-\infty}^{\infty} A^2(\omega)d\omega = 1$ が存在し，これは $A^2(\omega)$ が0に収束することを意味する。

$$\int_{-\infty}^{\infty} A(\omega)A'(\omega)d\omega = \left[A^2(\omega)\right]_{-\infty}^{\infty} - \int_{-\infty}^{\infty} A(\omega)A'(\omega)d\omega \tag{1.42}$$

ここから，右辺の第2項を移項すると，以下となる。

$$2\int_{-\infty}^{\infty} A(\omega)A'(\omega)d\omega = \left[A^2(\omega)\right]_{-\infty}^{\infty} \tag{1.43}$$

ここで，$\lim_{\omega \to -\infty} A^2(\omega) = 0$ であり，$\lim_{\omega \to \infty} A^2(\omega) = 0$ でもあるため，右辺は0になる。

持続時間もスペクトルから計算することが可能である。

$$\sigma_t^2 = \int_{-\infty}^{\infty} A'^2(\omega)d\omega + \int_{-\infty}^{\infty} (\varphi'(\omega) + \langle t \rangle)^2 A^2(\omega)d\omega \tag{1.44}$$

この導出は，平均時間よりやや複雑で，以下のようになる。

$$\sigma_t^2 = \int_{-\infty}^{\infty} (t - \langle t \rangle)^2 |x(t)|^2 dt \tag{1.45}$$

$$= \int_{-\infty}^{\infty} X^*(\omega) \left(i\frac{d}{d\omega} - \langle t \rangle \right)^2 X(\omega)d\omega \tag{1.46}$$

$$= \int_{-\infty}^{\infty} \left| \left(i\frac{d}{d\omega} - \langle t \rangle \right) X(\omega) \right|^2 d\omega \tag{1.47}$$

$$= \int_{-\infty}^{\infty} \left| iA'(\omega)e^{i\varphi(\omega)} - A(\omega)\varphi'(\omega)e^{i\varphi(\omega)} - \langle t \rangle X(\omega) \right|^2 d\omega \tag{1.48}$$

ここで，$\left| iA'(\omega)e^{i\varphi(\omega)} - A(\omega)\varphi'(\omega)e^{i\varphi(\omega)} - \langle t \rangle X(\omega) \right|^2$ を実部と虚部に分けて計算すると，実部は

$$-A'(\omega)\sin(\varphi(\omega)) - \varphi'(\omega)A(\omega)\cos(\varphi(\omega)) - \langle t \rangle A(\omega)\cos(\varphi(\omega)) \tag{1.49}$$

となり，虚部は

$$A'(\omega)\cos(\varphi(\omega)) - \varphi'(\omega)A(\omega)\sin(\varphi(\omega)) - \langle t \rangle A(\omega)\sin(\varphi(\omega)) \tag{1.50}$$

となる。ここから実部の 2 乗と虚部の 2 乗の和を求めると，以下が得られる。

$$A'^2(\omega) + \varphi'^2(\omega)A^2(\omega) + \langle t \rangle^2 A^2(\omega) + 2\varphi'(\omega)\langle t \rangle A^2(\omega) \tag{1.51}$$

$$= A'^2(\omega) + (\varphi'(\omega) + \langle t \rangle)^2 A^2(\omega) \tag{1.52}$$

これを式 (1.48) に代入すると，式 (1.44) の右辺と一致する。

スペクトルで持続時間を算出する式には，信号の特性を理解するために重要な性質がいくつも含まれている。持続時間は二つの項の和で表されており，前半の項によると，信号の持続時間は振幅スペクトルの導関数の 2 乗を全周波数

について積分した結果となる。これは，振幅スペクトルの周波数変化が急峻な場合には，信号の持続時間が増加することを示す。第2項は，パワースペクトルで重み付けされているものの，平均時間を減算した群遅延の2乗を全周波数について積分した結果に比例することを示す。つまり，振幅スペクトル，群遅延それぞれについて，持続時間に寄与する項目が存在する。

　例えば，パルスは振幅スペクトルも群遅延もフラットであるため，持続時間が0となる。一方，パルスの位相特性だけランダム化することで得られたホワイトノイズは，時間的にパワーが分散して持続時間が長い。これは，第1項は変化がなくとも，群遅延が大きくばらつくことが第2項を増加させていると解釈することができる。

1.1.6 不 確 定 性 原 理

　信号の性質をさらに知るために，**不確定性原理**について説明する。時間波形について示した持続時間は，スペクトルについても同様に定義することができる。

$$\sigma_t^2 = \int_{-\infty}^{\infty} (t - \langle t \rangle)^2 |x(t)|^2 dt \tag{1.53}$$

$$\sigma_\omega^2 = \int_{-\infty}^{\infty} (\omega - \langle \omega \rangle)^2 |X(\omega)|^2 dt \tag{1.54}$$

不確定性原理は，σ_t と σ_ω との積が $1/2$ を下回ることがないこと，すなわち

$$\sigma_t \sigma_\omega \geqq \frac{1}{2} \tag{1.55}$$

が成立することを示す。

　不確定性原理は，信号の持続時間が短くなるほどスペクトルが周波数方向に散らばることを示しており，両方を小さくすることは原理的に不可能であることを示す重要な原理である。時系列の信号処理においては，それぞれが**帯域幅**と持続時間に相当することから **BT 積**と表現することもある[8]。

1.1.7 畳 み 込 み

　音声信号処理において必要不可欠な要素として**畳み込み**演算が挙げられる。

二つの信号の畳み込みは，以下の式で定義される。

$$x(t) * y(t) = \int_{-\infty}^{\infty} x(\tau)y(t-\tau)d\tau \tag{1.56}$$

ここで，記号 $*$ は畳み込み演算を表す記号とする。畳み込みに関する有名な性質として，二つの信号を畳み込んだ結果のスペクトルは，個別のスペクトルの積で表されることが知られている。

$$\mathcal{F}[x(t) * y(t)] = X(\omega)Y(\omega) \tag{1.57}$$

これは，以下により導出される。フーリエ変換を $X(\omega) = \int_{-\infty}^{\infty} x(t)e^{-i\omega t}dt$ としておくことで計算を簡略化する。

$$\int_{-\infty}^{\infty} x(t) * y(t)e^{-i\omega t}dt = \int_{-\infty}^{\infty}\int_{-\infty}^{\infty} x(\tau)y(t-\tau)d\tau e^{-i\omega t}dt \tag{1.58}$$

$$= \int_{-\infty}^{\infty} x(\tau)\int_{-\infty}^{\infty} y(t-\tau)e^{-i\omega t}dtd\tau \tag{1.59}$$

$$= \int_{-\infty}^{\infty} x(\tau)e^{-i\omega\tau}Y(\omega)d\tau \tag{1.60}$$

$$= X(\omega)Y(\omega) \tag{1.61}$$

フーリエ変換を最初に定義した式で導出すると，右辺に係数が現れることになる。このように，フーリエ変換における係数を順変換，逆変換のどこに置くかは，大局的には影響しないものの，厳密な導出においては計算ミスのもととなる。本書においても，適宜導出結果が理解しやすい形のフーリエ変換を用いている。

　時間軸の畳み込みが周波数軸上での積となるケースの逆として，時間軸上で乗算された信号のスペクトルは，個別のスペクトルの畳み込みで表される。

$$\mathcal{F}[x(t)y(t)] = X(\omega) * Y(\omega) \tag{1.62}$$

これは，前述の方法と同様の手順で導出できる。もう一つ重要な性質として，畳み込みされた信号の微分に関する公式を示す。

$$\frac{d(x(t) * y(t))}{dt} = x'(t) * y(t) = x(t) * y'(t) \tag{1.63}$$

こちらは，微分の公式に式 (1.56) を代入することで導くことが可能である。具体的な導出を以下に示す。

$$x(t) * y(t) = \int_{-\infty}^{\infty} x(\tau)y(t - \tau)d\tau \tag{1.64}$$

$$\frac{d}{dt}(x(t) * y(t)) = \frac{d}{dt}\int_{-\infty}^{\infty} x(\tau)y(t - \tau)d\tau \tag{1.65}$$

$$= \int_{-\infty}^{\infty} x(\tau)\frac{d}{dt}y(t - \tau)d\tau \tag{1.66}$$

$$= \int_{-\infty}^{\infty} x(\tau)y'(t - \tau)d\tau \tag{1.67}$$

$$= x(t) * y'(t) \tag{1.68}$$

畳み込みは交換律が成立するため，$x(t)$ と $y(t)$ を入れ替えても同様に成立する。

1.1.8　ディジタルフィルタ

音声分析合成において，**ディジタルフィルタ**は，音の振幅スペクトルや位相スペクトルを変化させることで音色の制御を実現する強力なツールとして必要不可欠である。ディジタルフィルタは，単独で 1 冊の教科書が書けるほど奥が深いものである（例えば文献9) など）。本書では，最低限必要なものとして，**線形時不変システム**のみを取り扱う。

ディジタルフィルタは，**FIR フィルタ**（finite impulse response filter）と**IIR フィルタ**（infinite impulse response filter）の 2 種類に大別できる。シンプルな例を**図 1.2** に示す。どちらも，入力信号が $x(n)$ で，ディジタルフィルタにより処理された結果が $y(n)$ である。T は 1 時刻（$1/f_s$）の遅延素子を表す。図 (a) の FIR フィルタにおける入力と出力との対応関係は

$$y(n) = b_0 x(n) + b_1 x(n - 1) \tag{1.69}$$

であり，図 (b) の IIR フィルタにおける入力と出力との対応関係は

$$y(n) = x(n) - a_1 y(n - 1) \tag{1.70}$$

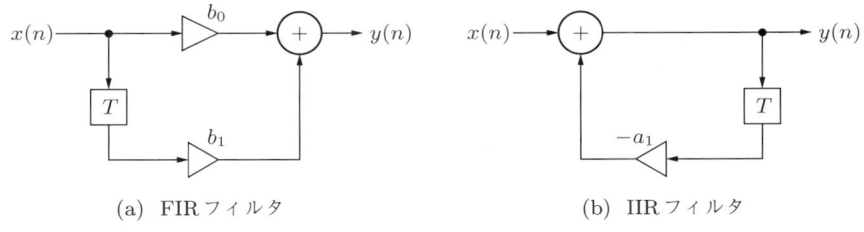

図 **1.2** FIR フィルタと IIR フィルタの例。T は，1 時刻の遅延に対応する。この FIR フィルタは，$y(n)$ を求めるために $x(n)$ と $x(n-1)$ を利用する。この IIR フィルタは，$y(n)$ を求めるために $x(n)$ と $y(n-1)$ を利用する。$y(n-1)$ を求めるためには $y(n-2)$ が必要になるため，結果的に過去すべての応答を利用することになる。

となる。これらの数式は，**差分方程式**と呼ばれる。IIR フィルタは，右辺に $y(n-1)$ のような自己回帰が入っていれば条件を満たすため，FIR フィルタと同様に，$x(n)$ の遅延信号が含まれていてもよい。右辺に $x(n)$ 以外に $x(n)$ の項が含まれないフィルタは，IIR フィルタの特殊系である。図 1.2 の例は，どちらも 1 時刻の遅延のみを扱っている 1 次のディジタルフィルタであるが，さらに遅延素子を追加して複雑なシステムを作ることができる。a_N, b_N まで用いる N 次のディジタルフィルタの差分方程式は，それぞれ以下となる。

$$y(n) = \sum_{m=0}^{N} b_m x(n-m) \tag{1.71}$$

$$y(n) = x(n) - \sum_{m=1}^{N} a_m y(n-m) \tag{1.72}$$

ディジタルフィルタを通すことで入力信号の特性は変化するため，どのような変化をするのかを調べる必要がある。特に IIR フィルタについては，係数の設定によっては値が無限大に**発散**することがある。ディジタルフィルタの特性を計測することで，**インパルス応答**が発散せず 0 へ**収束**する安定なディジタルフィルタであるかどうかを判定できる。

1.1.9 z 変換によるディジタルフィルタの特性解析

z 変換（z-transform）は，FIR, IIR フィルタがどのような**周波数特性**を有す

るかを調べるとともに，IIR フィルタの**安定性**を調べるために利用される便利な手段である。z 変換は，音声信号処理で頻繁に利用する DFT（実際には FFT）の拡張であると解釈することができる。ここでは，簡単な例を対象にシステム解析を行うことで，z 変換の利用法について説明する。

　FIR フィルタを対象として，b_0 と b_1 が 0.5 のときを例に，z 変換によるシステム解析を例題とする。ディジタルフィルタのインパルス応答を $h(n)$ と表記すると，$h(0) = 0.5$，$h(1) = 0.5$ である。その他の時刻における振幅は 0 とする。信号の畳み込みは $y(n) = h(n) * x(n)$ で表記し，$y(n)$ と $x(n)$ との関係性を調べることが目標である。このディジタルフィルタは，隣り合う信号の振幅を足して 2 で割っているため，信号の**平滑化**に相当する。ディジタルフィルタの畳み込みは $y(n) = h(n) * x(n)$ であり，z 変換ではスペクトル表現における ω を z とし，$x(n) \leftrightarrows X(z)$ の関係で示す。$z = e^{i\omega}$ とすると，z 変換は DFT と一致する。ω は 0 から 2π で与えられ，これは複素平面における単位円の円周を 1 周することになる。z にはそのような制約がなく，複素平面の任意の位置を参照できる特徴がある。この差が，z 変換は DFT の拡張といわれる理由である。

　ディジタルフィルタの周波数特性を調べるためには，$h(n)$ の**伝達関数** $H(z)$ を求める必要がある。伝達関数は，以下の式により求められる。

$$y(n) = h(n) * x(n) \tag{1.73}$$

$$Y(z) = H(z)X(z) \tag{1.74}$$

$$H(z) = \frac{Y(z)}{X(z)} \tag{1.75}$$

ここでは，$h(n)$ の特性から与えられる差分方程式 $y(n) = 0.5x(n) + 0.5x(n-1)$ を用いて伝達関数を計算することとなる。

$$y(n) = \frac{x(n) + x(n-1)}{2} \tag{1.76}$$

$$Y(z) = \frac{X(z) + z^{-1}X(z)}{2} \tag{1.77}$$

$$\frac{Y(z)}{X(z)} = \frac{1 + z^{-1}}{2} \tag{1.78}$$

ここで，$Y(z)/X(z)$ の分子が 0 になる z を**ゼロ点**，分母が 0 になる z を**極**と呼ぶ。FIR フィルタは，分母に z を含まないので，ゼロ点のみが存在する。IIR フィルタは，分母に z を含むため極とゼロ点の両方が存在するが，$x(n)$ の遅延が差分方程式に含まれない IIR フィルタは極のみを有する。このような IIR フィルタは，**自己回帰モデル**（autoregressive model; **AR モデル**），あるいは**全極モデル**と呼ばれる。対して，ゼロ点のみを有する FIR フィルタは，**移動平均モデル**（moving average model; **MA モデル**）と呼ばれる。両方の性質を有するフィルタは **ARMA モデル**という。ゼロ点と極がどこに存在するかにより，ディジタルフィルタの周波数特性や安定性を解析することが可能になる。N 次のディジタルフィルタの解析では，N 次多項式を解く処理が必要になる。

式 (1.78) は $z = -1$ において分子が 0 となる。これを単位円上にプロットしたもの，および $z = e^{i\omega}$ として振幅スペクトルを表示したものを**図 1.3** に示す。ω が π の際に z が -1，すなわち振幅が 0 になることが，周波数特性からも確認できる。縦軸の振幅は，入力された信号の周波数が何倍されるかに相当する。$0\,\mathrm{Hz}$ における振幅は 1 なので，入力された $0\,\mathrm{Hz}$ の成分は減衰せずに出力され

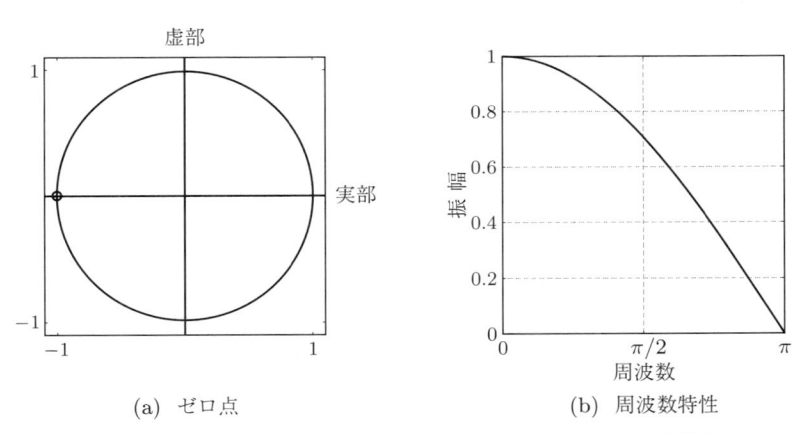

(a) ゼロ点　　　　　　　　　(b) 周波数特性

図 1.3　b_0 と b_1 が 0.5 のディジタルフィルタのゼロ点と周波数特性。ω が π のときに z が -1 となるため，周波数特性における振幅が 0 となることがわかる。音声分析では周波数の π がナイキスト周波数 $f_s/2$ となる。

る。π（標本化周波数が f_s〔Hz〕の場合，横軸を $f_s/2\pi$ 倍すれば周波数となるため，ここではナイキスト周波数）における振幅は 0 であるため，この周波数成分は完全に遮断される。つまり，低域から高域にかけて 0 に近づいているため，平滑化としての効果をなすことが示されている。

本書では，フィルタの代表的な性質を有する種類として，**低域通過フィルタ**（low-pass filter; **LPF**），**高域通過フィルタ**（high-pass filter; **HPF**），**帯域通過フィルタ**（band-pass filter; **BPF**）を挙げる。ディジタルフィルタ自体は任意のスペクトル形状を与えることが可能であるが，上記 3 種類については本書で示す理論の解説に用いられる。名前が性能をそのまま示しており，低域通過フィルタは，**遮断周波数**（cutoff frequency; **カットオフ周波数**）以下を通過させ，遮断周波数以上の周波数を遮断する特性を有する。ここで，信号が通過する帯域のことを**通過域**，信号を遮断する帯域を**減衰域**と呼ぶ。通過域から減衰域へ遷移する帯域は，**遷移域**と定義される。遮断周波数以下を遮断し遮断周波数以上の周波数を通過させる特性を有するフィルタは，高域通過フィルタである。二つの遮断周波数を有し，低い遮断周波数から高い遮断周波数までを通過させ，それ以外の帯域を遮断するフィルタが帯域通過フィルタである。不連続な振幅の変化を有する**理想フィルタ**は実現不可能であるため，遮断周波数には，減衰の速さに相当する帯域幅がもう一つのパラメータとして設定される。

ディジタルフィルタの安定性については，単位円上の極の位置により調べることができる。端的にいえば，単位円の内側にすべての極が存在するディジタルフィルタは，収束する安定なフィルタとなる。単位円の外側に極を持つフィルタは**不安定**であるという。不安定なフィルタは，インパルス応答の振幅が発散するため，実装することはできない。単位円上に極が存在するディジタルフィルタのインパルス応答は収束せず，かといって発散もしない。これを**振動**と表記するが，振動するフィルタも実装は不可能である。

1.1.10　窓関数による波形の短時間分析とスペクトログラム

フーリエ変換は，定義式の積分範囲からも明らかなように，波形全区間を対

象にスペクトルを求める。音声は時間とともに特徴が変わるため，**短時間分析**により短時間ごとの特性と時間的な特性の変化を観測することが望ましい。波形全体のフーリエ変換では時間情報が欠落するため，短時間の波形を**窓関数**により切り出し，時々刻々と変化するスペクトルを時系列として計算する処理が行われる。この短い区間を切り出して行う FFT のことを**短時間フーリエ変換**（short-term Fourier transform; **STFT**）と呼ぶ。切り出す対象となる波形を $x(t)$，波形を切り出す窓関数を $w(t)$ とすると，波形を切り出す演算は以下のようになる。後の計算における配慮のため，以下の式においては，窓関数により切り出す時刻を t とし，時間軸を τ とする。

$$y(\tau, t) = x(\tau)w(\tau - t) \tag{1.79}$$

ここで，任意の時刻 t にシフトした窓関数で切り出した波形のスペクトルを $X(\omega, t)$ と表記すると，$X(\omega, t)$ は，時間軸と周波数軸に対する複素数の 2 変数関数となる。$X(\omega, t)$ における対数パワーを時間と周波数を軸とする 2 次元平面にプロットし，色によりパワーを表現したグラフが，音声分析において広く利用されている**スペクトログラム**（spectrogram）である。このような信号解析を**時間周波数解析**と呼び，得られた結果を**時間周波数表現**と呼ぶ。

　窓関数にはさまざまな種類があり，波形を切り出す最も有名な窓関数は**矩形窓**（方形窓とも表現する）である。長さが T の矩形窓は，以下の式で与えられる。

$$w(t) = \begin{cases} 1 & \text{if } |t| \leqq T/2 \\ 0 & \text{otherwise} \end{cases} \tag{1.80}$$

この窓関数を用いて波形を切り出すと，切り出す時刻 $\pm T/2$ の範囲の波形のみが取り出され，それ以外の時刻での振幅は 0 になる。**図 1.4** は，窓関数により波形を切り出す例を示す。波形の特定の箇所のみを切り出す際には，なんらかの窓関数を用いることが必要不可欠である。

　窓関数による切り出しは一見便利であるが，利用方法を間違えると所望の結果を得られないことが問題となる。図 1.4 においても，35 ms より手前，45 ms

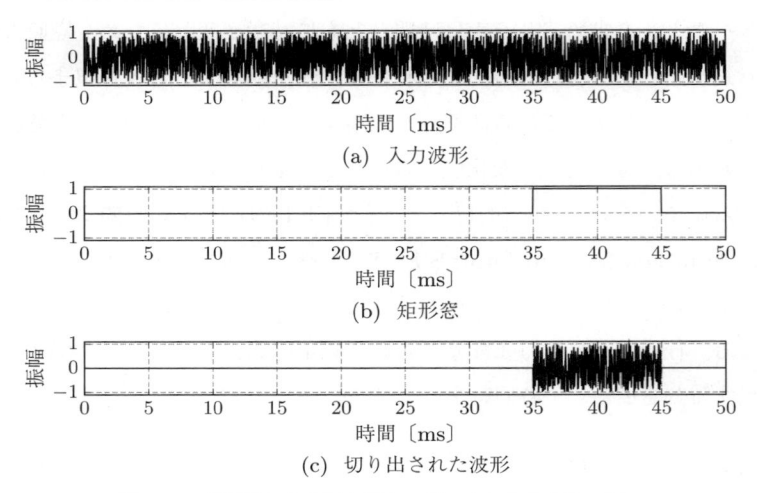

図 1.4　窓関数による切り出しの例。(a) 入力波形 $x(t)$,
(b) 矩形窓 $w(t)$, (c) 切り出された波形 $y(t)$。

より後に振幅が 0 となる。例えば，35 ms の段階で大きな振幅を持っている波形を切り出すと，この時刻周辺で急峻な変化を持つ波形が得られることになる。この波形をフーリエ変換してスペクトルを得ると，窓関数による切り出しで生じた急峻な変化の影響がスペクトルに含まれることとなる。これが致命的な影響になるか否かは，解析対象となる信号の特性に依存する。しかしながら，一般的な音声解析ではこの影響は無視できないほど大きいとされており，矩形窓が実際に利用されることは少ない。

　窓関数で波形を処理することに関するおもな問題は，切り出される波形の境界部分における振幅の不連続性である。したがって，窓関数の振幅を調整し，先頭と終端に向かって振幅が 0 に近づく窓関数であれば，不連続性の影響は軽減される。音声分析における窓関数は，おおむねこの不連続性の影響を緩和する目的で利用される。目的に応じて窓関数は多数設計されているため，ここでは，本書で解説する理論で用いられる**ハニング窓**（Hanning window）$w_{\mathrm{H}}(t)$，**ブラックマン窓**（Blackman window）$w_{\mathrm{B}}(t)$，**ナットール窓**（Nuttall window）[10]$w_{\mathrm{N}}(t)$を紹介する。

$$w_{\mathrm{H}}(t) = 0.5 + 0.5 \cos\left(\frac{2\pi t}{T}\right) \tag{1.81}$$

$$w_{\mathrm{B}}(t) = 0.42 + 0.5 \cos\left(\frac{2\pi t}{T}\right) + 0.08 \cos\left(\frac{4\pi t}{T}\right) \tag{1.82}$$

$$w_{\mathrm{N}}(t) = 0.355\,768 + 0.487\,396 \cos\left(\frac{2\pi t}{T}\right) + 0.144\,232 \cos\left(\frac{4\pi t}{T}\right)$$
$$+ 0.012\,604 \cos\left(\frac{6\pi t}{T}\right) \tag{1.83}$$

ここで，すべての窓関数は $-T/2 \leqq t \leqq T/2$ の範囲でのみ振幅を持ち，それ以外での振幅は 0 とする。窓関数の違いは，波形ではなくおもにパワースペクトルで議論される。**図 1.5** は，同じ長さの窓関数の波形とパワースペクトルの違いを示す。パワースペクトルについては，マイクロフォンで観測した音の絶対音圧レベルは不明であることが多いため，**相対パワー**（relative power）と表記する。ここでは，0 Hz におけるパワーが 0 dB を指すように正規化している。波形をプロットする際の縦軸には**振幅**（amplitude）が用いられるが，こちらを相対振幅という表現をすることは少なく，単に振幅と表現する。

　窓関数の性能を表すパラメータとして，おもに**メインローブ**（main lobe）の

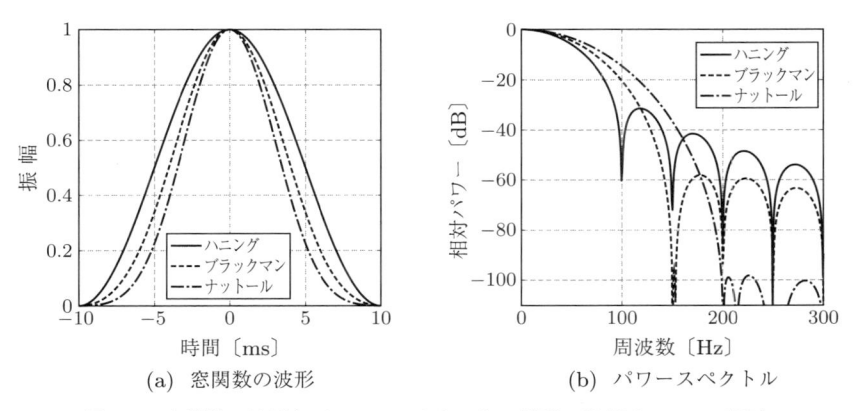

(a) 窓関数の波形　　　　　　(b) パワースペクトル

図 1.5 窓関数の波形とパワースペクトルとの関係。窓長は 20 ms で固定した。同一の長さで窓関数を設計すると，メインローブの幅とサイドローブのパワーにはトレードオフの関係が成立する。一般的に，メインローブ幅を狭めるほどサイドローブのパワーは大きくなる。

幅と**サイドローブ**（side lobe）の振幅が利用される。本書では，**メインローブ幅**を，0 Hz から最初に振幅が 0 になる周波数までの幅と定義する。図 1.5 を例にすると，20 ms のハニング窓のメインローブ幅は 100 Hz，ブラックマン窓では 150 Hz，ナットール窓では 200 Hz となる。サイドローブは，メインローブのピークとメインローブの隣にある山のピークとなる振幅の比により与えられる。これは窓関数の時間幅には影響されず，ハニング窓ではおよそ −32 dB，ブラックマン窓ではおよそ −58 dB，ナットール窓ではおよそ −96 dB となる。一般的に，同一の長さで窓関数を設計すると，メインローブ幅を狭めるほどサイドローブのパワーが大きくなる傾向にある。

図 1.5 からも，メインローブ幅が狭い窓関数ほど時間方向に広がっていることが確認できる。この際，時間方向への散らばりが少ない窓関数は**時間分解能**に優れているといい，メインローブ幅が狭い窓関数は**周波数分解能**に優れているという。これらはトレードオフの関係にある。窓関数を乗ずることで，波形は，本来の形から少なからず変形することになり，この影響は，波形のスペクトルに窓関数のスペクトルを畳み込むことで観測できる。音声分析では，サイドローブが分析結果にどのような影響を与えるかという観点から，適切な窓関数を選ぶことが必要になる。

ディジタル信号処理においては，波形を切り出す窓関数の時刻を離散的に設定する必要がある。時間周波数解析で利用する窓長を**フレーム長**，また，窓関数により切り出す時刻の幅のことを**フレームシフト幅**と表記する。窓関数により切り出された短時間波形やスペクトルのことを示す単位として，**フレーム**を用いる。

1.1.11 瞬 時 周 波 数

最後に，**瞬時周波数**（instantaneous frequency）について説明する。瞬時周波数は，複素数の時間信号における位相の時間微分として定義される。こちらも，あらゆる信号に対する時間微分を計算機上で求めることが困難であるため，微分を使わない導出を用いる。まず，入力とする複素数の信号 $x(t)$ を考える。

$$x(t) = r(t)e^{i\theta(t)} \tag{1.84}$$

ここで，$r(t)$ は振幅を表す。複素数である信号の対数を求めると，以下が得られる。

$$\log(x(t)) = \log(r(t)) + \log(e^{i\theta(t)}) \tag{1.85}$$
$$= \log(r(t)) + i(\theta(t) + 2n\pi) \tag{1.86}$$

ここで，n は任意の整数を表す。位相スペクトルについては $\varphi(\omega)$ と表記したが，時間関数として位相を記述する際は $\theta(t)$ とする。時間周波数の 2 変数の場合は $\varphi(\omega, t)$ とし，微分する際には記号 ∂ を用いて微分対象となる変数を陽に示す。$2n\pi$ は時間とは無関係な項なので，時間方向に微分することで n に依存せず 0 となる。よって，瞬時周波数は，$\Im[\log(x(t))]$ の時間微分として求められる。

$$\omega_i(t) = \frac{d\Im[\log(x(t))]}{dt} \tag{1.87}$$
$$= \Im\left[\frac{dx(t)}{dt}\frac{1}{x(t)}\right] \tag{1.88}$$
$$= \Im\left[\frac{\Re[x'(t)] + i\Im[x'(t)]}{\Re[x(t)] + i\Im[x(t)]}\right] \tag{1.89}$$
$$= \Im\left[\frac{(\Re[x'(t)] + i\Im[x'(t)])(\Re[x(t)] - i\Im[x(t)])}{(\Re[x(t)] + i\Im[x(t)])(\Re[x(t)] - i\Im[x(t)])}\right] \tag{1.90}$$
$$= \frac{\Re[x(t)]\Im[x'(t)] - \Im[x(t)]\Re[x'(t)]}{|x(t)|^2} \tag{1.91}$$

これが，有名な Flanagan による瞬時周波数の導出[11] である。ただし，文献11) では複素数を $a - ib$ と虚部の符号を反転させて定義しているため，本書の記述は論文とは一致せず符号が反転している。$X(\omega, t)$ の時間軸に対する微分に当てはめると，以下が得られる。

$$\omega_i(\omega, t) = \frac{\Re[X(\omega, t)]\frac{\partial\Im[X(\omega, t)]}{\partial t} - \Im[X(\omega, t)]\frac{\partial\Re[X(\omega, t)]}{\partial t}}{|X(\omega, t)|^2} \tag{1.92}$$

この式には，$X(\omega, t)$ に対する時間微分が含まれる。計算機上で微分を回避して

実装するため，$X(\omega, t)$ の時間微分を求める工夫が必要となる。$X(\omega, t)$ は，時刻 t にシフトした窓関数で波形を切り出した結果のスペクトルである。これは，時間領域において波形と窓関数を乗じた結果のフーリエ変換であり，式 (1.63) から両スペクトルの畳み込みであることが示される。ここで，式 (1.68) の性質を利用すると，波形と窓関数のどちらか一方を微分できれば，スペクトルの微分を計算できる。窓関数は実装において自由に決定でき，特に上述した cos 項の和で表現される窓関数は，微分を計算可能である。したがって，$X(\omega, t)$ の時間微分は，以下の式により，元信号の時間微分を計算することなく求めることができる。

$$X(\omega, t) = \mathcal{F}\left[w(\tau - t)y(\tau)\right] \qquad (1.93)$$

$$\frac{\partial X(\omega, t)}{\partial t} = \mathcal{F}\left[w'(\tau - t)y(\tau)\right] \qquad (1.94)$$

この式による瞬時周波数計算を計算機上に実装する際には，いくつかの注意点がある[12]。6 章でこれらの注意点と解決法について示す。

　近年では計算機の演算速度が上がっていることもあり，Flanagan の式のように複雑な演算を行わなくとも，ある時刻におけるスペクトルと隣接する時刻のスペクトルから，以下の式により直接計算することもできる。

$$\omega_i(\omega, n) = f_s \times \angle \frac{X(\omega, n + 1)}{X(\omega, n)} \qquad (1.95)$$

こちらは，計算機上での計算を想定しているため，離散時間で与える。なお，この式により計算された瞬時周波数は，角周波数として与えられていることに注意が必要である。二つの導出の結果得られた瞬時周波数を計算機上で比較すると，完全には一致しないがおおむね一致する。これは，同時刻で切り出した波形のスペクトルから算出する Flanagan の導出に対し，1 サンプルずらして波形を切り出した差と解釈できる。具体的には，n と $n + 1$ の 2 点で求める分波形の重心が $1/2f_s$ ずれることによるものと考えると，直感的に理解できる。実音声はさまざまな要因により特性が変化する信号であるため，実用的な観点では，両方の求め方に優劣は存在しないと考えてよい。

1.2 音 声 の 収 録

音声を扱う研究者にとって最初のハードルは，実験に利用し研究資料に掲載できるだけのクオリティを持った音声を入手することであろう。音声分野では，長年の蓄積により，研究用途に限り無料で利用できるデータベースがいくつも公開されている[13]。一方，研究の内容によっては既存のデータベースでは不十分であり，研究者自身で簡単なデータセットを収録することもある。本節では，初めに，音声分析合成の研究をスタートする初学者が躓きやすい点に焦点を絞って基礎知識の解説を行う。音声収録に用いる機器の解説については文献14) が参考になる。収録環境の計測に関する基礎知識としては，文献15) が役に立つ。

1.2.1　マイクロフォンによる音声の取り込み

音声は空気の振動であり，マイクロフォンにより電気信号に変換され，後述する A-D 変換により離散信号に変換されてから計算機に取り込まれる。空気の振動を電気信号に変換するマイクロフォンは，ダイナミック型とコンデンサ型に大別される。前者を**ダイナミックマイクロフォン**，後者を**コンデンサマイクロフォン**と呼ぶ。一般的に，ダイナミック型は，音質がコンデンサ型に劣るものの，電源が不要で劣悪な環境にも頑健である。コンデンサ型のマイクロフォンは，音質が良い一方，ダイナミック型よりも繊細であり，さらに収録に際し電源の供給（**ファンタム電源**）が必要である。音声分析合成では，雑音を含まない静穏な環境で収録された音声を必要とするため，コンデンサ型のマイクロフォンのほうが適している。

マイクロフォンの仕様において気を付ける必要のある一つの特徴が，**周波数レンジ**である。マイクロフォンは空気の振動を電気信号に変換する装置であるが，極端に低い（あるいは高い）周波数については振動板が振動せず，観測不能になる。仕様書には，そのマイクロフォンが適切に収録可能な周波数レンジ

が示されている。人間の聴覚特性から，20 Hz から 20 kHz 程度までカバーしていることが望ましい。一般に，コンデンサマイクロフォンのほうが，周波数レンジは広いとされている。

マイクロフォンのもう一つの重要な特徴として，**指向性**の違いが挙げられる。ここでは，音声分析合成でよく利用されるマイクロフォンの種類として，**無指向性マイクロフォン**と**単一指向性マイクロフォン**に限定して特徴を概説する。指向性の違いは，**図 1.6** に例を示す**ポーラパターン**（polar pattern）により示される。ポーラパターンは，音が到来する角度により，計算機に取り込まれた際の振幅が相対的にどのように変化するかを示すグラフである。無指向性マイクロフォンでは，すべての角度から到来した同じ大きさの音は同じ大きさで記録される。一方，単一指向性マイクロフォンでは，同じ大きさの音が到来したとしても，角度により記録される大きさが変化する。例えば，0 度方向と 180 度方向では，180 度のほうが 60 dB 小さい音として記録されることとなる。

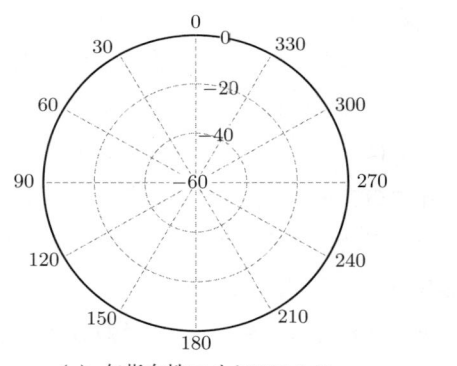
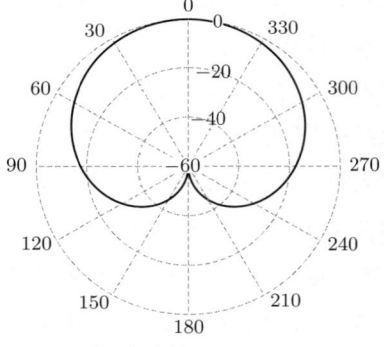

(a) 無指向性マイクロフォン   (b) 単一指向性マイクロフォン

図 1.6 マイクロフォンの指向性を示す例。無指向性マイクロフォンは，全方向から到来した音を同じ音圧レベルで記録できる。この例の単一指向性マイクロフォンでは，0 度方向における感度と比較し，180 度方向における音は相対的に 60 dB 小さい音として記録される。

結論を先にいうと，指向性の設計はハードウェア的な工夫により行われ，小さいながらも正面から到来する音にも影響を及ぼすことから，特に騒音のない環境で録音する際は，無指向性マイクロフォンを利用することが推奨される。正

面と背面から到来する音に対して強い指向性（両指向性）を有する**圧力傾度型マイクロフォン**では，空間内の近接した 2 点で音圧を受音し，その差分（**傾度**という）を用いることで指向性を形成する。単一指向性は，無指向性の特性と両指向性の特性を適切な重みで組み合わせることにより実現される。単一指向性マイクロフォンは，スタジオレコーディングなどにおいて利用されるが，近接しているものの 2 点間の差分を利用することから，収音波形には無指向性と比較して不要な成分が含まれることとなる。

　マイクロフォンの指向性の選択には，室内の**反射**がどの程度存在するかが重要な目安となる。室内の吸音設計が不十分で響きが存在する場合は，単一指向性マイクロフォンを利用することで反射の影響を抑制できる。**防音室**や**無響室**のように，壁により音を吸音し，反射音が十分に抑制されている環境であれば，無指向性マイクロフォンを利用することが望ましい。現存する音声データベースにおいても，マイクロフォンの指向性については統一されていないが，これは，音声分析においてこの差が誤差の範囲であることを示唆する。多くの音声データベースは，防音室のような環境で収録された音声を記録しているが，マイクロフォンの指向性による差までは吟味していないのが現状である。

1.2.2　近　接　効　果

　指向性を有するマイクロフォンを用いた音声収録では，**近接効果**があるため，話者とマイクロフォン間の距離についても注意が必要である。近接効果は，音源とマイクロフォンの距離が近づくほど低域が強調される現象である。近接した 2 点のマイクロフォンにより観測した音の差から指向性を設計することは説明したが，この差は，音源とマイクロフォンが十分に離れており，**平面波**を仮定できることを条件としている。実際には**球面波**であり，距離が近づくと平面波の仮定を満たすことができないことが，低域が強調される原因である。

　ヘッドセットマイクロフォンのように口元近辺にマイクロフォンが設置されるデバイスは，近接効果を勘案して平坦な特性が得られるよう設計されている。収録するマイクロフォンを選択する際には，収録に適した距離も吟味する必要

がある。遠すぎると反射音の影響が相対的に増加するため，近接効果の影響が無視できる範囲での近い距離を選択することが望ましい。

1.2.3　収録環境の騒音レベル

収録環境に存在する雑音成分の大きさとして，一般的には**騒音レベル**（**A 特性音圧レベル**（A-weighted sound pressure level）ともいう）が利用される。**騒音計**を用いて計測すれば，特段の知識がなくても騒音レベルを得ることができる。ここでは，騒音レベルがどのように計算されているかについて，概説する。ただし，騒音レベルの理解にはいくつかの事前知識が必要となるため，基礎となる**音圧**から整理して述べることとする。これらの内容の詳細については，文献16) で詳しく紹介されている。

音は空気中の圧力の変動として観測される波動であり，圧力の単位には Pa（パスカル）が利用される。この圧力の変化量は時間的に変化する連続的なものであり，大気圧の圧力（**静圧**という）を減算した値を**瞬時音圧**と呼ぶ。音圧は，この瞬時音圧の実効値に対応し，正確には実効音圧という。人間の聴覚は，ある一定以上の音圧を音として知覚できる。この，知覚可能な下限の音圧を**最小可聴音圧**といい，これは $20\,\mu\mathrm{Pa}$ と定義されている。**音圧レベル**（sound pressure level; **SPL**）は，この基準値と観測された音圧の比を常用対数で表現した量である。音圧レベルは L_p と記述し，以下の式で与えられる。

$$L_p = 20 \log_{10}\left(\frac{p}{p_0}\right) \tag{1.96}$$

ここで，p は観測された音圧，p_0 は基準となる音圧（$20\,\mu\mathrm{Pa}$）である。最小可聴音の音圧レベルは $0\,\mathrm{dB}$ となる。このように，音圧と音圧レベルは別の概念であるため，混同しないように注意する必要がある。

音圧レベルは，人間の**心理量**としての大きさが，音の周波数により変化することを加味していない。音の高さに関する人間の**可聴域**は，一般に $20\,\mathrm{Hz}$ から $20\,\mathrm{kHz}$ であるといわれており，例えば $40\,\mathrm{kHz}$ の**超音波**を**可聴音**として知覚することはできない。同じ音圧レベルであっても周波数により知覚される大きさ

が変化することは広く知られており，**図 1.7** に示す**等ラウドネスレベル曲線**
（equal-loudness level contour）は，この差を可視化したものである。等ラウ
ドネスレベル曲線は，人間は正弦波の周波数により同じ音圧レベルであっても
知覚する大きさが変化することに加え，その曲線は音圧レベルに依存する非線
形性が存在することも示している。音圧レベルの単位は dB であるが，等ラウ
ドネスレベル曲線では，**フォン**（phon）を**ラウドネスレベル**の単位として用い
る。1 kHz の純音のフォンは，音圧レベルを示す dB と一致するため，フォン
は，音圧レベルを人間の聴覚特性により周波数ごとに補正した単位である。ま
た，音の大きさの心理量に対応するラウドネスの単位には，**ソーン**（sone）が
定義されている。フォンとソーンは変換可能であり，40 phon 以上 120 phon 以
下についての対応関係は，以下の式により与えられる。

$$\log_2 (\text{sone}) = \frac{\text{phon}}{10} - 4 \tag{1.97}$$

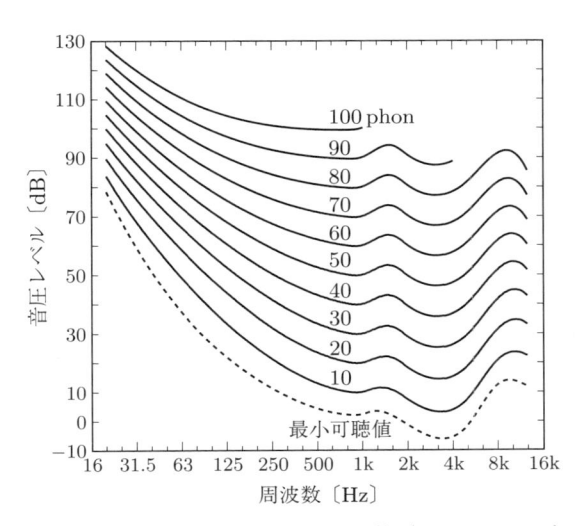

図 1.7　等ラウドネスレベル曲線の国際規格（ISO226:2003 を一部
改変）。破線は，それ以下の音圧では知覚できないことを示す最小
可聴値を示す。周波数により最小可聴値に差があること，つまり，
物理的な大きさと知覚する大きさは異なることを示す曲線である。
音圧レベルにより曲線の形状が異なることは，人間の聴覚は非線
形な特性を有することを示す。

騒音レベルは，このように人間の聴覚特性を加味した人間の聴感に基づいた量であり，L_A と記述する（L_{pA} と記述することもある）。以前は，**A 特性**で重み付けして計算された騒音レベルの単位を dBA や dB(A) と表記していたが，現在は dB に統一されている。騒音レベルの計算には，等ラウドネスレベル曲線と同様に周波数レンジにより重みを付ける必要がある一方，等ラウドネスレベル曲線で近似している非線形性までは近似していない。すなわち，騒音レベルは，等ラウドネスレベル曲線より粗い近似である。

騒音レベルは，JIS C 1509 で定義される **A 特性時間重み付きサウンドレベル**（A-weighted and time-weighted sound level）などの規格に基づいて計算される。A 特性時間重み付きサウンドレベルは，以下の式により定義される。

$$L_A(t) = 20 \log_{10} \left(\left[\frac{1}{\tau} \int_{-\infty}^{t} p_A^2(\xi) e^{-(t-\xi)/\tau} d\xi \right]^{1/2} \Big/ p_0 \right) \tag{1.98}$$

ここで，τ は時間重み付け特性の時定数であり，一般に Fast では 125 ms，Slow では 1 s が用いられる。$p_A(t)$ は，時刻 t における，A 特性を模擬するフィルタにより補正された瞬時音圧である。p_0 は基準音圧である。

もう一つ比較的よく利用される量として，**等価騒音レベル** L_{Aeq}（equivalent continuous A-weighted sound pressure level）が規定されている。こちらは，特定の時間区間における瞬時 A 特性音圧の平均値に対応し，以下で定義される。

$$L_{Aeq} = 10 \log_{10} \left(\frac{1}{t_2 - t_1} \int_{t_1}^{t_2} \frac{p_A^2(t)}{p_0^2} dt \right) \tag{1.99}$$

ここで，t_1 と t_2 は計測する時間範囲であり，$T = t_2 - t_1$ として，$L_{Aeq,T}$ と記載することもあるが，本書では T は省略して記述する。人間の感覚に基づく音の大きさは，収録環境の計測だけではなく，例えば合成された音声の音圧補正にも利用できる重要な概念である。種類の異なる発話の主観評価を実施する際，音圧レベルで揃えてしまうと知覚される大きさが変化し，被験者は大きさの違いを手がかりに判断してしまうことがある。等価騒音レベルにより正規化することは，そのような問題を緩和する重要な意味がある。

最後に，**NC**（noise criteria）について説明する。NC は，Beranek により提案

された評価量であり，室内騒音の量を客観的に示すために利用される。NC は伝統的なものであり，より詳細については文献17) が参考になる。NC の算出には，まず，**オクターブバンド分析**により各帯域における音圧レベルを算出する必要がある。オクターブバンドは，中心周波数 f_c と帯域幅 b_w により規定されており，NC の計算には，中心周波数 63, 125, 250, 500, 1 000, 2 000, 4 000, 8 000 Hz が用いられる。各中心周波数に対する帯域幅は，以下の式により与えられる。

$$f_l = f_c 2^{-1/2} \tag{1.100}$$

$$f_u = f_c 2^{1/2} \tag{1.101}$$

$$b_w = f_u - f_l \tag{1.102}$$

ここで，f_l が帯域幅の下限，f_u が上限にそれぞれ対応する。式からも明らかなように，$2f_l = f_u$ の関係性がつねに成立する。フィルタの特性については，JIS C 1514:2002 で規定されている条件を満足することのみが定められている。おのおののフィルタで処理した信号の音圧レベルを計算し，**図 1.8** にマッピングする。ここで，63〜8 000 Hz のすべての音圧レベルが特定の曲線を下回る場合，その曲線

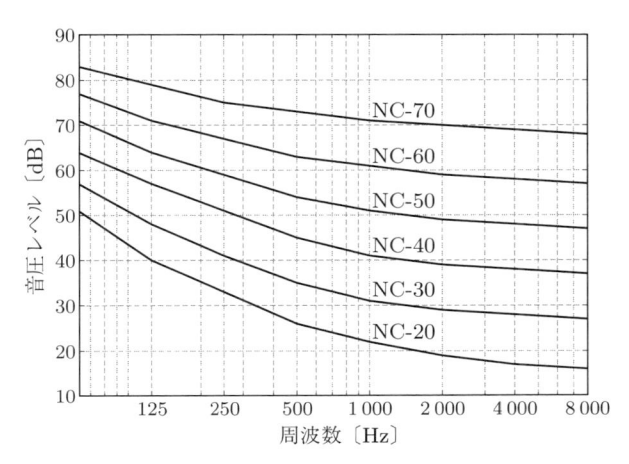

図 **1.8**　NC 曲線。オクターブバンドごとに音圧レベルを計算し，すべてのバンドの音圧レベルが特定の曲線を下回る場合，その曲線の数値が評価結果となる。

の数値が評価結果となる。騒音レベルが帯域全体から求められる値であることに対し，NC は帯域ごとの比較で最悪条件における値として算出できる特徴がある。

1.2.4　収録環境の残響時間

　室内で発せられた音は，発生源からマイクロフォンに到達する**直接音**だけではなく，壁や天井からの反射が**反射音**として観測される。反射音のうち，直接音に続いてすぐ観測される反射音を**初期反射音**とし，その後遅れて到来する反射音群を**残響**と呼ぶ。コンサートホールなどでは，この反射と残響を作り込むことでホールの個性とすることがある。一方，音声収録において，この反射音成分はすべて余計な雑音であり，音声分析においては分析ミスの原因となるため，可能な限り反射音を含まない収録が望まれる。

　音圧レベルは，距離の 2 乗に反比例して減衰する特性があるといわれる。この性質は，厳密には音源が**点音源**，直線状の形状を持つ**線音源**，壁面が振動するような**面音源**により特性が異なる。音声収録においては，**図 1.9** のように，マイクロフォンと音源の距離をある程度近づけることで，反射音の影響を抑制できる。ただし，距離が近すぎると，近接効果が無視できなくなるほか，発話者が動くことによる影響や呼気の影響など，別の問題が生じることに注意が必要である。

　反射音の量そのものを計測する指標として，**残響時間**（reverberation time; RT）が定義されている。残響時間は，つねに音を放射していた音源の放射を止めた後，残響音が 60 dB 減衰するまでにかかる時間として定義される。そのた

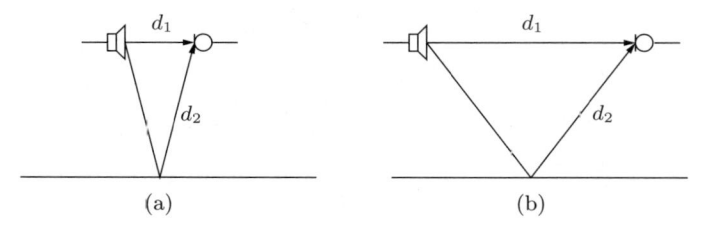

図 1.9　直接音と反射音の時間差の関係。音源からマイクロフォンまでの距離が近いほど，直接音と反射音との時間差が大きくなる。ただし，距離が近すぎると，近接効果の影響が無視できなくなる。

め，残響時間のことを RT_{60} と表記することもある[16]。無響室であれば，残響時間はほぼ 0 となる。

　残響時間に関する公式として，Eyring が提案した残響式について説明する。これは，室内の平均**吸音率**が等しい場合，残響時間が部屋の容積に比例することを示す重要な式である。

$$\mathrm{RT}_{60} = \frac{KV}{-S \log(1 - \bar{\alpha})} \tag{1.103}$$

ここで，V は部屋の容積 $[\mathrm{m}^3]$，S は部屋の内表面積 $[\mathrm{m}^2]$，$\bar{\alpha}$ は部屋の平均吸音率，K は室温に依存した定数であり，20 °C ならばおよそ 0.161 となる。この式の詳細については，文献18) が参考になる。

　Eyring の式は，部屋のつくりと残響時間の関係性を知る上で便利だが，収録環境に収録機材などが設置されていることなどから，吸音率の計算を理論どおりにすることは困難である。実際に収録環境の残響時間を計測する際，古典的な方法では，ホワイトノイズやピンクノイズを放射して記録し，実際に 60 dB 減衰する時刻を計算する。

　近年では，**時間引き延ばしパルス**（time-stretched pulse; TSP[19]†）や **M 系列信号**[21] によりインパルス応答を計測し，**残響曲線**を用いて残響時間を計測する方法[22] が広く利用されている。これらを用いた方法について，本書では割愛し，文献を紹介するに留める。音声収録をするにあたり，これまで説明してきた情報については記録しておく必要がある。マイクロフォンなども，収録可能な周波数レンジやサポートしている最大音圧レベルが仕様書に記載されているため，機材の型番を載せるなどが必要となる。

1.2.5　信号対雑音比（SNR）

　収録された音声にどの程度の雑音が含まれるかについて調べることも重要である。室内の騒音レベルは，騒音計により計測できるが，発話者の声の大きさにより，音声と雑音のパワーの比率は異なる。

---

† 　海外では swept sine[20] と表記することが多い。

　信号対雑音比（SN 比，S/N，SNR などと表記する）は，収録された信号と雑音のパワーの比率から求められる。具体的には，常用対数を用いて，以下の式により計算される。

$$\text{SNR} = 10 \log_{10} \left(\frac{P_s}{P_n} \right) \tag{1.104}$$

ここで，P_s と P_n は，それぞれ信号と雑音のパワーである。SNR は，信号・雑音両方が時間とともに変化しない信号ならば適切に機能する。一方，音声は時間とともに変化する信号であることから，短時間のフレームごとに SNR を計算し，平均することで得られる**セグメンタル SNR** を用いることも多い。セグメンタル SNR は，信号を短時間のフレームに分割し，各フレームの SNR を計算して平均することで得られる。1 フレームの信号長を N，フレーム数を M とすると，セグメンタル SNR は以下の式により得られる。

$$\text{SNR}_{\text{seg}} = \frac{10}{M} \sum_{m=0}^{M-1} \log_{10} \frac{\displaystyle\sum_{n=0}^{N-1} x_m^2(n)}{\displaystyle\sum_{n=0}^{N-1} y_m^2(n)} \tag{1.105}$$

ここで，$x_m(n), y_m(n)$ は，それぞれ m フレームにおける信号と雑音の波形に対応する。ただし，収録された音声について，音声が存在するフレームの雑音波形を推定することは困難である。実際には，収録環境の暗騒音を別途収録しておき，収録環境の雑音は定常的で変化しないという前提で，$y_m(n)$ を m によらず固定する方法が利用される。音声を含まない無音区間が $x_m(n)$ に存在する場合，それらの区間は計算から除外する。

1.3　A-D　変　換

　マイクロフォンで計測された空気の振動は，**A-D 変換**（analog to digital conversion; analog-digital conversion[†]）によりディジタル信号に変換され，

　[†]　A-D 変換器を指して，analog-to-digital converter（ADC）と表記することもある。

計算機に取り込まれる。かの有名な染谷・シャノンの**標本化定理**（sampling theorem; **サンプリング定理**）は，A-D 変換されたディジタル信号を**D-A 変換**（digital to analog conversion; digital-analog conversion）し，得られたアナログ信号が入力信号と同一となるための理想条件を与える。むろん，この条件を満たすことは現実的には不可能であるため，完全に同一の信号とすることは不可能である。実用上影響が無視できる範囲で条件を満たすように標本化することで，アナログ領域では困難であった信号処理を，ディジタル領域の処理と処理後の D-A 変換により代替することが可能になる。なお，本節では，連続信号をアナログ信号，離散信号をディジタル信号と表記する。

　本節では，標本化定理の証明は行わず，高品質音声分析合成に必要な内容に限定して説明する。具体的には，人間の聴覚特性と標本化定理の組合せから，必要となる条件について述べる。特徴として，標本化定理の説明で用いられる理想的な条件と現実世界で実現できる条件に着目する。なお，サンプリングと標本化は同様の意味なので，本書では「標本化」で統一する。A-D 変換の一連の処理を**パルス符号変調**（pulse code modulation; PCM）と呼ぶこともあるが，本書では A-D 変換と表記する。

1.3.1　標本化と量子化

　標本化と**量子化**の概略は，**図 1.10** に示すとおり，それぞれ波形の時間方向と振幅方向に行われる**離散化**の処理と考えてよい。アナログ信号を $x(t)$，ディジタル信号を $x(n)$ とし，振幅の観測を T〔s〕ごとに行うと，アナログ信号とディジタル信号は以下の関係となる。

$$x(n) = x(nT) \tag{1.106}$$

　ここで，T の逆数は，**標本化周波数**（sampling frequency）f_s である。標本化により，1 秒当り f_s 個の振幅値が得られることになる。A-D 変換前の信号はアナログ信号であるため，標本化により得られる振幅の標本値も連続値である。振幅値を離散化する処理は，量子化により行われる。

　量子化の際に与えられるパラメータは，一つの振幅値を何 bit で表現するか

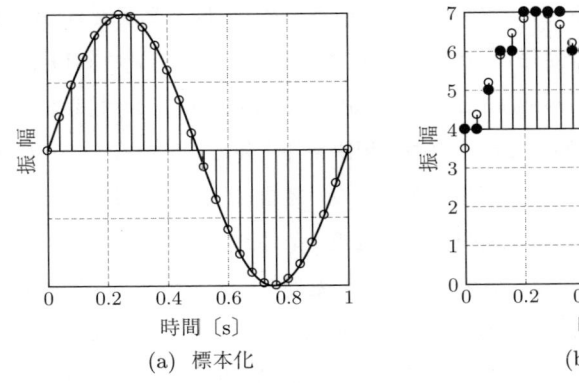
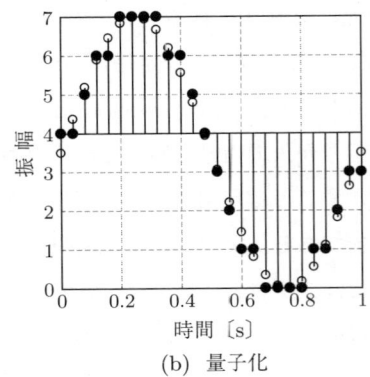

(a) 標本化　　　　　　　　　　(b) 量子化

図 1.10　標本化と量子化の例。まず，標本化により，図 (a) のようにアナログ信号から特定の時間ごとの振幅（図中の白丸）が取り出される。その後，図 (b) のように振幅を量子化することで，図中の白丸の振幅が黒丸の振幅に変化する。量子化の単位は一般にビット数で指定され，図 (b) は 3 bit の例である。3 bit では 2^3 段階で振幅を量子化し，n〔bit〕ならば 2^n 段階となる。

に対応する**量子化ビット数**である。n〔bit〕あれば，2^n 段階の振幅値を表現することができる。例えば，図 1.10 (b) は振幅を 3 bit で量子化しているため，振幅を 8 段階で表現している。CD 音質では 16 bit が用いられ，これは 65 536 段階で振幅を表現することになる。

　量子化については，振幅を等間隔に量子化する方法だけではなく，0 に近い振幅に多くのビットを割り当てる量子化なども検討されている。これは，心理的な感覚量は刺激の対数に比例して知覚するという**ウェーバー・フェヒナーの法則**（Weber-Fechner law）や**スティーヴンスのべき法則**（Stevens' power law）に基づくと解釈できる。人間の聴覚特性のうち**マスキング効果**などを利用して**非可逆圧縮**した音源もあるが，音声分析処理で誤差が拡大する可能性があることから，非可逆圧縮は用いないように注意する必要がある。

1.3.2　折り返しひずみ

　音声収録において，A-D 変換の標本化で避けて通れないのが，折り返しひずみの影響である。厳密な証明は別の書籍を参照していただくとして，ここでは

図 **1.11** に一例を示す。左側の図は，1 Hz と 7 Hz の正弦波である。これを 8 Hz で標本化した結果が右側の図であり，図からも明らかに同じ振幅値となることが確認できる。標本化周波数が 8 Hz ならば，3 Hz と 5 Hz，4 Hz と 6 Hz でも同様の現象が観測される。これを一般化すると，標本化周波数が f_s〔Hz〕の場合，$f_s/2 \pm n$〔Hz〕の 2 正弦波は，標本化後に区別できないことになる。このとき，標本化周波数の半分の周波数をナイキスト周波数と呼ぶ。

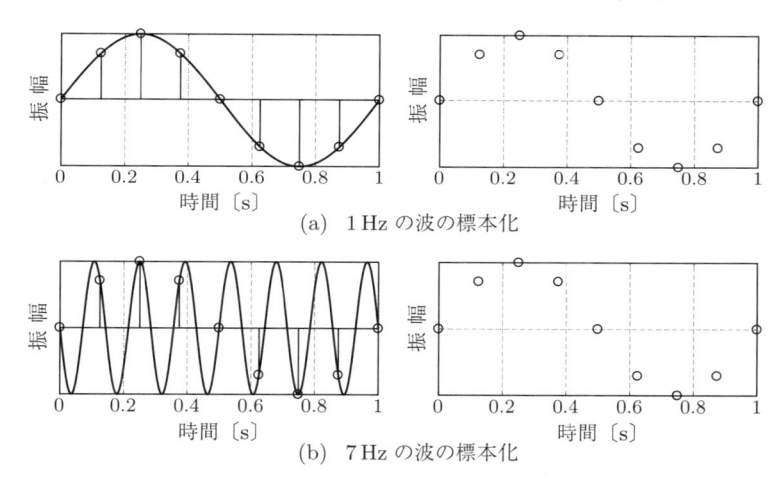

(a) 1 Hz の波の標本化

(b) 7 Hz の波の標本化

図 1.11 折り返しひずみの例。図 (a) は，1 Hz の波とそれを 8 Hz で標本化した結果を表し，図 (b) は，7 Hz の波とそれを同条件で標本化した結果を表す。右側の図は，どちらの波も同じ振幅を持つため区別できない。

　この問題の回避方法は，入力された音から 4 Hz 以上の成分を除去することである。音声収録において，収録する前に，ナイキスト周波数以上の成分を低域通過フィルタで除去する処理は，この保証をするために行われる。なお，折り返しひずみの影響は，厳密にはさらに高域にまで周期的に及ぶ。ただし，ナイキスト周波数以上を除去する低域通過フィルタはそれらをすべて除去できるので，一般的には議論の対象にならない。

　近年の A-D 変換器は，標本化周波数を設定して収録すれば，自動的に低域通過フィルタによる処理を行うように設計されている。一定以上の周波数を実質

的に遮断するフィルタそのものの実現は，必ずしも困難ではない。しかし，例えばある周波数以下を通過させ，その周波数以上を完全に遮断する理想フィルタの実現は不可能である。これは，フィルタの特性を以下のように定義して，フィルタのインパルス応答を計算してみることで明らかになる。

$$H(\omega) = \begin{cases} 1 & \text{if } |\omega| \leqq \omega_c \\ 0 & \text{otherwise} \end{cases} \tag{1.107}$$

これを逆フーリエ変換すると，**sinc 関数**となる。

$$h(t) = \int_{-\infty}^{\infty} H(\omega)e^{i\omega t}d\omega \tag{1.108}$$

$$= \int_{-\omega_c}^{\omega_c} e^{i\omega t}d\omega \tag{1.109}$$

$$= \left[\frac{1}{it}e^{i\omega t}\right]_{\omega_c}^{\omega_c} = \frac{1}{it}\left(e^{i\omega_c t} - e^{-i\omega_c t}\right) \tag{1.110}$$

$$= \frac{2\sin(\omega_c t)}{t} \tag{1.111}$$

厳密な sinc 関数は $\sin(x)/x$ であるが，式 (1.111) に ω_c/ω_c を乗ずれば $2\omega_c\text{sinc}(\omega_c t)$ であるため，本書では sinc 関数と呼称する。sinc 関数は無限長の長さを有するため，実現できないことがわかる。標本化周波数を決める際には，ナイキスト周波数周辺の音がこのフィルタの影響を受けることに注意する必要がある。

1.3.3 高品質な音声分析合成に求められる水準

標本化定理に基づくと，いったん標本化された音声のナイキスト周波数以上の成分は，ナイキスト周波数以下の成分をすべて除去するなどの例外的な条件を除き，復元することができない。逆に，**ダウンサンプリング**により収録後に標本化周波数を落とすことは可能であるため，収録機器や記録媒体の制約が許す限り高い標本化周波数を採用することが望ましい。A-D 変換におけるパラメータは，標本化周波数と量子化ビット数であるが，適切な設定方法については，人間の聴覚特性を手がかりに目安を定めることができる。

〔1〕 標本化周波数の設定

人間は，空気の振動すべてを音として知覚できるわけではなく，一定の周波数レンジを超えた音は知覚することができない。目安として，下限は 20 Hz であり，上限は 20 kHz であるといわれている。この際，この上限までをカバーできる標本化周波数で収録された音声を**フルバンド音声**と呼ぶ。**CD 音質**は，44.1 kHz の標本化周波数なのでフルバンド音声であり，フルバンド音声を指して CD 音質であるということもある。

以前の音声処理は，電話品質である 16 kHz で収録された音声が主流であったが，近年では，44.1 kHz 以上の標本化周波数で収録された音声データベースも増えつつある。20 kHz までは確実に復元できる必要があるため，理想的には標本化周波数は 40 kHz であればよい。ただし，標本化定理において求められる理想フィルタは，前述のとおり実現することができない。現実的な A-D 変換用の低域通過フィルタを設計する際には，減衰を開始する周波数から完全に遮断する周波数まで幅を持たせる必要がある。CD 音質である 44.1 kHz ならば，20 kHz から 22.05 kHz まで減衰させる帯域幅として利用できる。

〔2〕 量子化ビット数の設定

量子化ビット数の設定に関しても，やはり人間の聴覚特性を勘案する必要がある。最小可聴音圧が 0 dB であることは示したが，上限をどのように設定するかが課題となる。量子化によりカバーできる音圧レベルの幅を**ダイナミックレンジ**と呼び，量子化ビット数から算出できる。例えば CD 音質であれば 16 bit であり，以下の数式によりダイナミックレンジはおよそ 96 dB であることが示される。

$$20 \log_{10} \left(2^{16} \right) \fallingdotseq 96.3 \text{ dB} \tag{1.112}$$

叫び声などは 100 dB を超えることもあるため，96 dB というダイナミックレンジは少々心許ない。近年の収録機器は，24 bit や 32 bit もサポートしており，それらのダイナミックレンジはそれぞれ，$20 \log_{10} \left(2^{24} \right) \fallingdotseq 144.5$ dB，$20 \log_{10} \left(2^{32} \right) \fallingdotseq 192.7$ dB である。防音室などの静音環境で収録する場合，下限を 0 dB に近づ

ける必要があることから，24 bit の量子化ビット数を与えることで十分な品質で収録が行える。特に，マイクロフォンアンプのゲイン設定のミスにより**クリッピング**が発生すると，元の波形を復元することは不可能である。音声収録に関しては，事前に 120 dB 程度の音までクリッピングせずに収録できることを確認した上で，24 bit で収録すれば，最小可聴音圧である 0 dB の音まで適切に収録できる。

引用・参考文献

1)　トランスナショナルカレッジオブレックス：フーリエの冒険，言語交流研究所ヒッポファミリークラブ (2013)

2)　金城繁徳，尾知　博：例題で学ぶディジタル信号処理，コロナ社 (1997)

3)　貴家仁志 編：知識ベース「知識の森」(1 群：信号・システム，9 編：ディジタル信号処理)，電子情報通信学会，http://www.ieice-hbkb.org/portal/doc_571.html (2018 年 4 月現在)

4)　Cohen, L. 著，吉川　昭，佐藤俊輔 訳：時間 – 周波数解析，朝倉書店 (1998)

5)　日本音響学会 編：音響学入門ペディア，コロナ社 (2016)

6)　Plomp, R. and Steeneken, H. J. M.: Effect of phase on the timbre of complex tones, J. Acoust. Soc. Am., **46**, 2B, pp. 409–421 (1969)

7)　Patterson, R. D.: A pulse ribbon model of monaural phase perception, J. Acoust. Soc. Am., **82**, 5, pp. 1560–1586 (1987)

8)　金井　浩：音・振動のスペクトル解析，コロナ社 (1999)

9)　谷萩隆嗣：ディジタルフィルタと信号処理，コロナ社 (2001)

10)　Nuttall, A.: Some windows with very good sidelobe behavior, IEEE Trans. on Acoustics, Speech, and Signal Process., **29**, 1, pp. 84–91 (1981)

11)　Flanagan, J. L. and Golden, R. M.: Phase vocoder, The Bell System Technical Journal, **45**, 9, pp. 1493–1509 (1966)

12)　河原英紀：ディジタル信号処理の落とし穴，日本音響学会誌，**73**, 9, pp. 592–599 (2017)

13)　音声資源コンソーシアム，http://research.nii.ac.jp/src/list.html (2018 年 4 月現在)

14)　小野一穂，杉本岳大，濱崎公男：放送で用いられるマイクロホン—収音条件の観

点から，電子情報通信学会基礎・境界ソサイエティ，**5**, 4, pp. 329–339 (2012)

15) 橘　秀樹，矢野博夫：改訂 環境騒音・建築音響の測定，コロナ社 (2012)

16) 平原達也，蘆原　郁，小澤賢司，宮坂榮一：音と人間，コロナ社 (2013)

17) Ver, I. L. and Beranek, L. L.: Noise and vibration control engineering — Principles and applications, Wiley (2005)

18) 飯田一博：音響工学基礎論，コロナ社 (2005)

19) Aoshima, N.: Computer-generated pulse signal applied for sound measurement, J. Acoust. Soc. Am., **69**, 5, pp. 1484–1488 (1981)

20) Berkhout, A. J., de Veries, D. and Boone, M. M.: A new method to acquire impulse responses in concert halls, J. Acoust. Soc. Am., **68**, 1, pp. 179–183 (1980)

21) 柏木　潤：M 系列とその応用，昭晃堂 (1996)

22) Schroeder, M. R.: New method of measuring reverberation time, J. Acoust. Soc. Am., **37**, 3, pp. 409–412 (1980)

音声のパラメータ表現

　本章では，高品質音声分析合成に必要となる範囲に限定して，音声を構成するパラメータについて述べる。音声学における音声では，例えば，あらゆる言語の音声を文字として記載するための記号が定められている。ここでは，その中でも**音素**（phoneme）の概要について説明する。音響用語辞典[1] によれば，音素とは，「ある言語に生じる単音を語の意味への関与を基準に抽象化して得られる音声の基本単位」であり，**音素表記**を用いて記述する。音素表記では，/a/ のように音素を示す記号をスラッシュで囲んで記述する。また，国際音声学会（International Phonetic Association; IPA）が**国際音声記号**（International Phonetic Alphabet）を定めており，時代とともに改定されている。国際音声記号については文献[2] が参考になる。国際音声記号は音声の学習者にとって重要な役割を担うが，音声分析合成の研究において，国際音声記号のような細かい記号は必ずしも必要ない。

　音声分析合成における音声の区別は，基本的には**声帯**（vocal cord）の振動の有無のみである。音声がどのように発声されるのかというメカニズム，および発声された音声がどのようにマイクロフォンに到来して記録されるかが重要である。そうして得られた波形をどのように表現するかという信号処理の枠組みが，音声分析合成の本筋である。その表現法についても，人間の発声を模倣する信号処理から，単に音声信号が有する特性をモデル化し分析合成するための信号処理まで多岐にわたる。本章では初めに，音声分析合成の研究に必要な範囲に限定して，音声の種類について説明する。その後，音声分析合成の嚆矢となる**チャネルボコーダ**（channel vocoder）[3] を出発点に，音声をパラメータ

で表現し再合成するための伝統的なアイディアについて紹介する。これらはあくまでも基礎的なものであり，実用的なものへと発展させるためには，さまざまな工夫が必要となる。

本書では，特に伝統的なものに限定した説明が中心となる。より幅広く，より高度な内容について興味があるならば，文献4) で多くのトピックが網羅的に扱われている。信号処理的側面の理解だけであれば音声学の知識は必ずしも必要ないが，より高度なトピックを知ることは，他者の論文を読む際の手がかりとなる。

2.1 音声の生成メカニズムと音声の分類

音素の区分においては，**母音**（vowel）と**子音**（consonant）が広く知られている。一方，音声分析合成における音声の発声メカニズムは，おもに**声帯振動**（vocal cord vibration）が伴う/伴わないで区別する。ここでは，声帯振動を伴う音を**有声音**（voiced sound），伴わない音を**無声音**（unvoiced sound）とし，無声音についてはさらに**摩擦音**（fricative）と**破裂音**（plosive）まで分類する。音声分析合成では，一般的に摩擦音と破裂音を区別することなく合成するが，品質についての議論では，この 2 種類までの分類が必要となる。例えば「青い屋根」は/aoiyane/で母音と子音の組合せであり，これらをすべて連続的な声帯振動が並んでいる有声音の系列であると考えることになる。まずは，有声音が発声される仕組みについて説明する。

2.1.1 有声音の発声メカニズム

図 2.1 は，有声音がマイクロフォンで観測されるまでに含まれるパラメータを簡単にまとめたものである。有声音は，声帯に一定の張力を与え，肺から空気を勢いよく送り込むことにより，声帯が周期的に振動することで生じる。この振動により生じた空気の振動 1 回分を $g(t)$ とすると，有声音は，声帯振動 $g(t)$ が一定周期で規則的に生じているものとなる。生成された声帯振動 $g(t)$ は，口

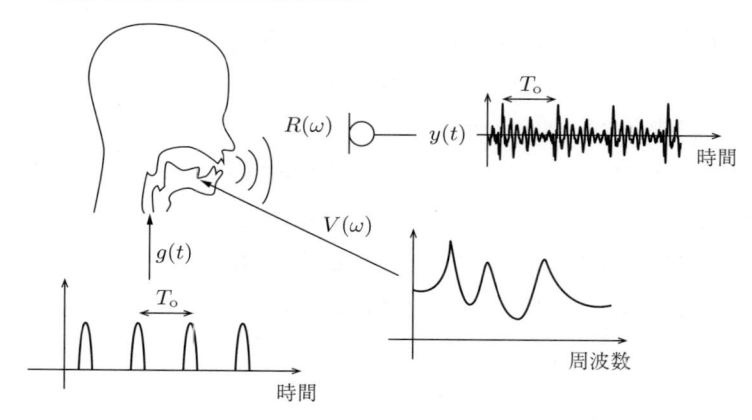

図 **2.1**　有声音が生成されるメカニズム。周期的に繰り返す声帯振動
$g(t)$ が，口の形に由来する調音フィルタ $V(\omega)$ と口から放射される
放射特性 $R(\omega)$ を通過して最終的な波形となる。

から放射されるまでに特定の音色付けがなされる。声帯振動のスペクトル $G(\omega)$
は，おおむね $-12\,\mathrm{dB/oct}$ の傾斜を持つパワースペクトルで近似できるといわ
れている。口唇から放射される際にもフィルタに相当する音色付けがなされ，
これを**放射特性** $R(\omega)$ と定義する。放射特性 $R(\omega)$ は，おおむね $6\,\mathrm{dB/oct}$ の傾
斜で近似できるとされる。

　$V(\omega)$ は，声帯から放射されるまでに音色付けされる，すなわち調音に利用さ
れるフィルタであり，**調音フィルタ**と呼ばれる。調音フィルタは，声帯で生じ
た振動が**声道**を通過する過程で音色付けされる特徴を記述するフィルタである。
いくつかの周波数が**共鳴**（あるいは**共振**）する特徴があり，共鳴により生じた
スペクトルのピークを**フォルマント周波数**（formant frequency）という。フォ
ルマントはスペクトル上に複数存在し，低い順に第 1 フォルマント（F1），第 2
フォルマント（F2）と数字を割り振る。**スペクトル包絡**（spectral envelope）
は，声帯振動 1 回分のスペクトル $G(\omega)$，調音フィルタ $V(\omega)$，放射特性 $R(\omega)$
を一つのフィルタと見なしたものであり，$G(\omega)V(\omega)R(\omega)$ となる。

　音声波形からテキスト情報を取り出す音声認識では，調音フィルタ $V(\omega)$ の
特性を分析することが必要であり，この目的を達成するため，スペクトル包絡か

ら調音フィルタに相当する成分を取り出す前処理が行われる。これが有名な**高域強調**（プリエンファシス; pre-emphasis）であり，以下の式が広く利用されている。

$$y(n) = x(n) - cx(n-1) \tag{2.1}$$

これは，単なる 1 次の FIR フィルタであるため，実装が容易な利点がある。係数 c は高域強調に用いられる数値で，音声認識では 0.97 を採用することが多い。この係数を与えたフィルタは，おおむね 6 dB/oct のパワースペクトルを有するため，声帯振動のスペクトル $G(\omega)$ と放射特性 $R(\omega)$ の積となる -6 dB/oct を打ち消す効果がある。実装が容易なことに加え，計算コストも小さいため，調音フィルタを必要とする音声分析の前処理に利用されている。

2.1.2　無声音の発声メカニズム

音声分析合成では摩擦音と破裂音を区別せず，声帯振動の有無により区分する。摩擦音は，声帯振動を伴わない子音であり，持続して発声できる点で破裂音とは異なる。摩擦音の中にも発声方法による区別が多々あり，該当する音素も多数存在する。発声方法の一例としては，声道内に狭い隙間を作り，空気を通過させることにより音を発する方法がある。例えば，/f/ は下唇と上歯によって狭い空間を作り，その隙間に息を通過させることで音を発生させる。一方，/s/ は舌端と歯茎により隙間を作り，その隙間に息を通過させることで音を発生させる。空気の通過により音を生成するため，持続して発声できる点が特徴となる。

破裂音も摩擦音同様にさらに細分化される音であるが，ここでは波形上の特徴に関してのみ説明する。破裂音は，口唇や舌を利用して生成する音であり，短時間でパルス的な振る舞いをする波形として観測される。例えば，/p/ は下唇と上唇で口腔内を閉鎖し，瞬時に開放することで空気の破裂を生成する。一方，/t/ は舌端と歯茎により破裂音を生成する特徴がある。発声方法は多岐にわたるが，破裂を伴うため，持続的な発声は不可能という共通した特徴がある。**図 2.2** は，

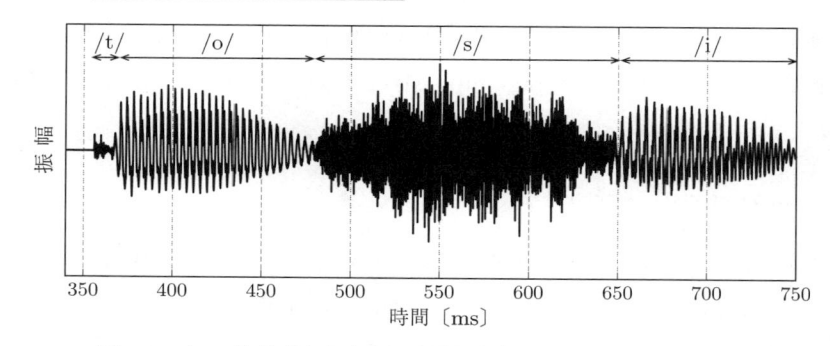

図 2.2　/tosi/と発音した音声の波形と音素ラベル情報。破裂音である/t/には短時間にパルス的なパワーの集中が観測できる一方，摩擦音である/s/は，定常的なパワーが長時間持続することが確認できる。

発話内容/tosi/の音声波形を示す。破裂音である/t/と摩擦音である/s/は，両方とも声帯振動を伴わないという点で共通するが，観測される波形に大きな違いが生じる。とりわけ，/t/は破裂音であるため，パワーが瞬時に集中する特徴がある。

2.2　音声を構成するパラメータ

　音声からなんらかのパラメータを取り出し，取り出したパラメータから波形を生成する考えが**ボコーダ**（vocoder）であり，そのパラメータにはいくつかの提案がある。本書で扱うチャネルボコーダに基づく方式は，図2.1を近似するための枠組みであり，声帯振動に関するパラメータ，フィルタに関するパラメータで音声を近似する。これは，声帯振動に関する情報をソースとし，声帯で生じたソースが声道を通過して口元から放射されマイクロフォンで観測されるまでの音色変化をフィルタと見なすことで音声生成を近似する，**ソース・フィルタモデル**（source-filter model）に由来する。ソース・フィルタモデルについては，文献5) が参考になる。

　ボコーダの語源は，声を表す voice と符号化装置を表す coder の組合せであり，ボコーダは，**音声符号化**によるパラメータ化，および符号化されたパラメー

タから波形を生成する仕組みの総称といえる。ボコーダの嚆矢であるチャネル
ボコーダ以外にも，**フェーズボコーダ**（phase vocoder）[6]が広く利用されてい
る。また，ボコーダの名は冠していないが，**正弦波モデル**[7]も音声分析合成シ
ステムの一種と見なすことができるだろう。

2.2.1　基 本 周 波 数

基本周波数は，周期的に生じる声帯振動の時間間隔のうち，最短の間隔として
与えられる**基本周期**の逆数として定義されるパラメータである。人間が知覚す
る声の高さにおおむね対応しており，**イントネーション**の解析など幅広い領域
で利用される主要なパラメータである。この定義は音響用語辞典[1]にも示され
ているが，後述する正弦波モデルなどにおいて，この捉え方は必ずしも適切で
はないことに注意する。基本周波数は，知覚する音声の高さにおおむね対応す
る**物理量**である。**音高**は音の高さの物理量を示す用語であり，心理量である**ピッ
チ**とは異なる。また，高さを表す用語として**音程**が使われることもあるが，音
程とは 2 音の高さの隔たりを示す用語であるため，絶対的な音の高さを示す用
語として用いるのは誤用となる。

　本書では，基本周波数に相当する記号として f_o を用いる。この記号の下付き文
字は，イタリックにはしないことに注意する。以前は，基本周波数を fundamental
frequency と定義し F0 と記載していた。アメリカ音響学会が，2015 年に表記
の修正について提案し[8]，F0 から f_o（o は oscillation の頭文字）へ修正する
ことを推奨することとなった。過去の教科書と明確に区別するため，本書では，
基本周波数を指す単語として f_o を採用する。この変更に伴い，本書では基本
周期や基本周波数の角周波数の表記についても，同様の修正を行う。具体的に
は，基本周期を示す記号 T_0 は T_o と表記し，基本周波数の角周波数表現に対応
する記号 ω_0 は ω_o と表記する。和名についての議論はいまのところ存在しない
ため，本書では基本周波数で統一する。なお，$\omega_\mathrm{o} = 2\pi f_\mathrm{o} = 2\pi/T_\mathrm{o}$ の関係に
ある。

　図 2.3 は，パルス列を対象に，波形と基本周期との対応を表している。基本

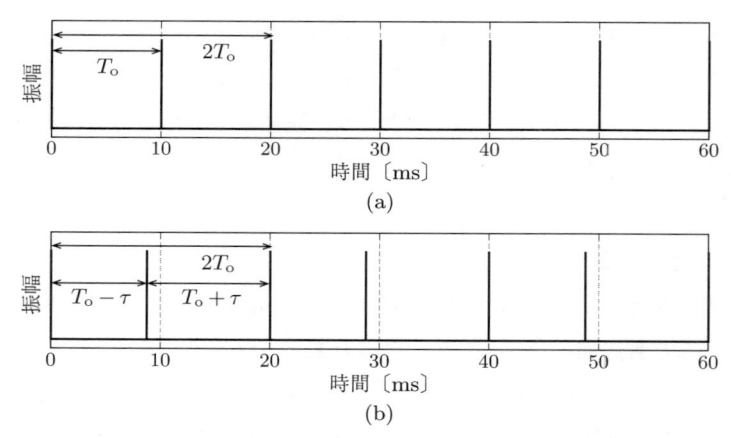

図 2.3　基本周波数の定義。声帯振動は周期的に生じるため，複数の声帯振動をまとめて一つの声帯振動と考えると，周期が T_o の整数倍の波形と見なせる。そのため，声帯振動の時間間隔のうちの最短のものと定義される。ただし，図 (b) のように，しばしば声帯振動が規則的に変化する現象があり，この場合の基本周期は短時間で変化し，長時間では $2T_o$ の周期として観測される。

周期の間隔で声帯振動が発生する波形を示しており，例えば二つの声帯振動をペアとすることで，$2T_o$ の**周期信号**とも見なすことができる。音声波形からの基本周波数推定においては，$2T_o$ の逆数である $f_o/2$〔Hz〕を正解と誤推定する**半ピッチエラー**（half pitch error）などへの対応が重要となる。また，一部の音声では，図 2.3 (b) のように，声帯振動が時間的にシフトする音声が観測されることもある[9]。このような音声の基本周波数は，短時間で振動する時系列として観測されるとともに，$f_o/2$ の基本周波数としても観測される。音声分析合成を構成する信号処理理論の多くは，音声の声帯振動が短時間に限定すれば周期的であることを条件に理論を成立させているため，このように短時間で大きく特性が変化する音声を分析することは困難である。これは，歌声におけるシャウトやグロウルなども同様であり，現状の枠組みの限界を示すものである。

　声帯振動が伴う音声であれば，なんらかの事情により規則的に声帯が振動しないなどの例外を除き，基本的には基本周波数が存在する。音声の短時間分析では，フレームごとに基本周波数が存在するかどうかを判定し，基本周波数が

存在する場合は有声音，存在しない場合は無声音とする。音声分析合成では，有声音と無声音とで波形を合成するプロセスが異なるため，音声の**有声無声判定**（V/UV 判定）は重要な役割を担う。有声無声判定については，基本周波数を推定し，その結果から判定する方法も存在するが，有声無声判定に特化した方法についても古くから検討されている[10]。

2.2.2 スペクトル包絡

スペクトル包絡は，ソース・フィルタモデルでいえばフィルタに相当するパラメータであり，知覚する音の**音色**に対応する。したがって，図 2.1 におけるスペクトル包絡は，音色の変化に相当するパラメータすべてを包含したものであり，以下の式により与えられる。

$$H(\omega) = G(\omega)V(\omega)R(\omega) \tag{2.2}$$

ここで，$H(\omega)$ がスペクトル包絡であり，推定すべきパラメータである。ただし，推定すべき対象は振幅であり，位相を推定対象とはしないことが多い。

スペクトル包絡の推定対象が振幅のみであることについて，理由はいくつか存在する。まず，位相は 2π の範囲での角度として与えられ，波形の時間的ずれに対して大きく変化するため推定が困難であると同時に，加工することも困難であることが挙げられる。したがって，有声音から位相スペクトルそのものを推定することよりは，位相スペクトルを周波数方向に微分した群遅延，時間方向に微分した瞬時周波数を推定対象とするアプローチが用いられる。もう一つの理由は，人間の位相に関する聴覚の感度が，パワーと比較して相対的に低いという知見に由来する。一つの事実として，響きの存在する室内で音声を放射すると，壁や天井などから反射した成分が遅延して観測される。この影響により，元信号の細かな位相はほぼランダム化されるため，位相を厳密に制御しても恩恵は得られない。

このような背景と，位相スペクトルそのものを推定することが困難であるという信号処理的な問題点から，スペクトル包絡の位相を厳密に扱う研究事例は

相対的に少ない状況にある。そもそも、音声分析合成システムにより合成された音声は、歴史的に、波形を接続する方法と比較して音質が低いものとして知られていたことも挙げられる。当時の技術ではスペクトル包絡の推定精度も十分ではなかったため、位相スペクトルを精密に取り扱うメリットは少なく、スペクトル包絡の推定精度を向上させるほうが合成品質に寄与していた。ただし、位相スペクトルの変化が音色に影響を与えること自体は知られており、群遅延を扱うアプローチ[11])や、**音声変換**に適した表現方法[12])などが検討されている。

2.2.3 非周期性指標

有声音は声帯振動により生じる音であるが、有声音が声帯振動に起因する周期的な成分(**周期性成分**)のみで構成されているとは限らない。有声音についても、例えば声帯振動において声帯が完全に閉じずに空気が定常的に通過するといった、なんらかの雑音成分(**非周期性成分**)が含まれる。この雑音成分は、有声音の波形に加算されているものとして定義すると、以下の式の $n(t)$ として与えられる。

$$y(t) = h(t) * x(t) + n(t) \tag{2.3}$$

観測できるのは、マイクロフォンで得られた波形 $y(t)$ のみであるため、$y(t)$ から $n(t)$ の波形そのものを導出することは現実的ではない。そのため、波形全体のパワーに対する非周期的な成分のパワーの割合を**非周期性指標**(aperiodicity)として定義し、推定対象とする。非周期性成分を含まずに合成された音声の品質は低く、そのブザー音的な独特の音色は **buzzy** であると評価されていた。非周期性成分を扱う初期の研究では、有声音か無声音かの二値を切り替えながら用いていた。しかしながら、実音声では有声音中にも非周期性成分が混在しており、帯域ごとのパワーは、周期性成分・非周期性成分のどちらについても異なる。この特徴を表現する初期のアイディアが、低域でパルス、高域ではノイズを用いて合成する **Mixed-source model**[13]) である。このモデルは、その後帯域ごとに有声・無声を設定して合成に用いる **Multiband excitation vocoder**[14])

に繋がる。

　非周期性指標は，スペクトル包絡と同様にスペクトル形状として与えられるパラメータであり，Mixed-source model をより厳密に実現するパラメータと見なせる。非周期性指標は，帯域ごとに有声音・無声音の判定を行う粗い近似ではなく，各周波数における波形全体のパワーと非周期性成分のパワーの比率となる。したがって，非周期性指標は，0 から 1 の範囲での値を有するスペクトルとして与えられ，0 であればすべて周期性成分，1 であればすべて非周期性成分であると解釈する。非周期性指標を $A_p(\omega)$ とすると，周期性成分と非周期性成分の関係は，以下の式で与えられる。

$$|H(\omega)| = |H(\omega)|(1 - A_p(\omega)) + |H(\omega)|A_p(\omega) \tag{2.4}$$

ここで，非周期性指標は 1 に近いほど非周期的であることを示すパラメータであるため，$|H(\omega)|(1 - A_p(\omega))$ が周期的な成分であり，$|H(\omega)|A_p(\omega)$ が非周期的な成分となる。なお，非周期性指標を用いたボコーダでは，実装により非周期性指標で分配する対象が振幅の場合とパワーの場合とが存在する。

2.2.4 有声音の定式化

　音声分析合成で解析するための手がかりとして，周期信号がどのように表現可能であるかについて述べる。ここでの定式化では，議論を簡単にするため，音声の基本周波数とスペクトル包絡は時間に対して不変であり，非周期性成分は存在しないものとして扱う。スペクトル包絡 $H(\omega)$ には，声帯振動のスペクトルも包含されるため，波形 $y(t)$ は，スペクトル包絡の時間波形 $h(t)$ と基本周期 T_o の間隔で周期的に繰り返すパルス列 $x(t)$ の畳み込みとして表現することができる。

$$y(t) = h(t) * x(t) \tag{2.5}$$

$$= h(t) * \sum_{n=-\infty}^{\infty} \delta(t - nT_\mathrm{o}) \tag{2.6}$$

ここで $\delta(t)$ はディラックのデルタ関数である。時間領域の畳み込みは，スペク

トル領域での積になるため，波形 $y(t)$ のスペクトル $Y(\omega)$ は，以下の式で与えられる。

$$Y(\omega) = H(\omega)X(\omega) \tag{2.7}$$

$$= H(\omega) \sum_{n=-\infty}^{\infty} \delta(\omega - n\omega_\mathrm{o}) \tag{2.8}$$

ここで，$\omega_\mathrm{o} = 2\pi/T_\mathrm{o}$ とする。基本周期が T_o であるパルス列のスペクトルは，周期が ω_o のパルス列として与えられる。厳密には，フーリエ変換に関する特定の係数を乗じる必要があるが，ここではこの成分を無視して扱う。この導出は，**複素フーリエ級数**（complex Fourier series）を用いて以下のように得られる。複素フーリエ級数は，周期 T の信号にして，以下の式により与えられる。

$$c_n = \frac{1}{T} \int_{-\frac{T}{2}}^{\frac{T}{2}} x(t)e^{-in2\pi t/T} dt \tag{2.9}$$

$$x(t) = \sum_{n=-\infty}^{\infty} c_n e^{in2\pi t/T} \tag{2.10}$$

周期が T_o であるパルス列を解析する場合，$x(t) = \delta(t)$ とし，積分範囲を $-T_\mathrm{o}/2$ から $T_\mathrm{o}/2$ に設定すればよいこととなる。式 (2.9) に上記を代入すると，係数 c_n が算出される。

$$c_n = \frac{1}{T_\mathrm{o}} \int_{-\frac{T_\mathrm{o}}{2}}^{\frac{T_\mathrm{o}}{2}} \delta(t)e^{-in2\pi t/T_\mathrm{o}} dt \tag{2.11}$$

$$= \frac{1}{T_\mathrm{o}} e^0 \tag{2.12}$$

$$= \frac{1}{T_\mathrm{o}} \tag{2.13}$$

この結果を式 (2.10) に代入すると，周期 T_o のパルス列は以下の式により与えられる。

$$x(t) = \frac{1}{T_\mathrm{o}} \sum_{n=-\infty}^{\infty} e^{in2\pi t/T_\mathrm{o}} \tag{2.14}$$

$$= \frac{1}{T_\mathrm{o}} \sum_{n=-\infty}^{\infty} e^{in\omega_\mathrm{o} t} \tag{2.15}$$

式 (2.15) は，周期が T_0 のパルス列は $n\omega_0$〔Hz〕の sin 波と cos 波の和であることを示す。これは，パルス列のスペクトル $X(\omega)$ は，ω_0 の整数倍でのみ値を有するパルス列になることと等価である。

2.3 伝統的な音声分析合成システム

音声分析合成システムは，これまで説明した音声の特徴を活用し，音声をパラメータとして表現する分析法，および，パラメータから合成する方法をまとめた方式を指す。本節では，最先端のシステムのベースとなるチャネルボコーダの説明を中心とするが，それ以外にも代表的な方法としてフェーズボコーダ[6]と正弦波モデル[7]について紹介する。

2.3.1 ボコーダ（非周期性指標を不使用）

チャネルボコーダの原型は，1939 年の Dudley による提案にある。チャネルボコーダは，音声波形から，基本周波数，有声無声情報，スペクトル包絡を推定する。基本周波数と有声無声情報から**励起信号**（excitation signal）を生成し，励起信号に対してスペクトル包絡に基づく音色付けを行う。古典的なチャネルボコーダでは，中心周波数の異なる複数の帯域通過フィルタにより励起信号を処理し，処理された信号のゲインを制御して総和を求めることで音声を合成する。調整する各チャネルのゲインがスペクトル包絡に相当するパラメータである。これは，複数の帯域通過フィルタに相当する帯域ろ波を行い，各帯域のパワーとして求めている。

その後，FFT の普及により，計算機によるディジタル信号技術が広く利用されるようになる。FFT を活用したスペクトル包絡推定法が発展し，音色付けにはディジタルフィルタが利用されるようになった。例えば，**LPC**（linear predictive coding）**ボコーダ**[15]は，以下に示す AR モデルにより励起信号に対する音色付けを行う。

$$y(n) = -\sum_{m=1}^{M} a_m y(n-m) + x(n) \tag{2.16}$$

ここで，係数 a_m が4章で説明する LPC により求められることが，LPC ボコーダの名前の所以である。**準同型ボコーダ**[16] (homomorphic vocoder[†]) は，MA モデルにより励起信号に対する音色付けを行う。

$$y(n) = \sum_{m=0}^{M} b_m x(n-m) \tag{2.17}$$

ここで，b_m はスペクトル包絡になんらかの位相を与え，逆 FFT により求めることができる。AR モデルは発散するリスクがつねに存在するが，MA モデルであれば，FIR フィルタであるため，そのような問題は原理的に生じない。本書では，おもに準同型ボコーダを対象とした理論を述べ，準同型ボコーダを単にボコーダと呼称する。

現在の高音質ボコーダの原型となる合成システムの概要を**図 2.4** に示す。ボコーダの特徴として，有声音はパルスを励起信号とし，無声音はホワイトノイズを励起信号とする点が挙げられる。破裂音と摩擦音の区別はせずに合成する

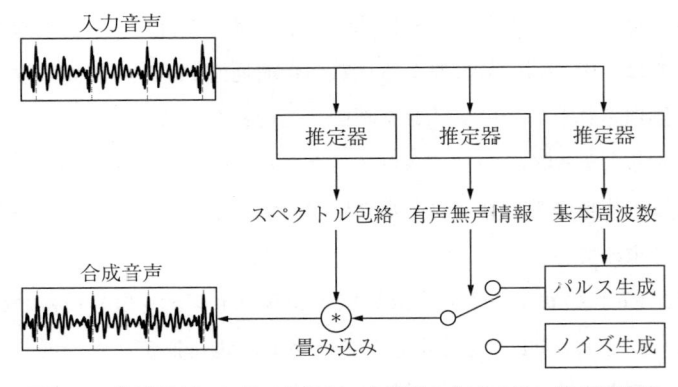

図 2.4 準同型ボコーダの仕組み。有声音の合成では，基本周波数に基づく時間間隔でパルス列を生成し，フィルタを畳み込む。無声音の合成では，ホワイトノイズを生成し，フィルタを畳み込む。

[†]　文献17) では，homomorphic を algebraically linear の意味で利用している。

ため，破裂音の特徴であるパルス的なパワーの集中を再現することは原理的に困難である。

〔1〕 フィルタの位相特性

有声無声情報は，波形の励起信号をパルスとするか，雑音（一般にはホワイトノイズ）とするかを決定するために利用される。図 2.4 では，有声無声情報と基本周波数は分離しているが，基本周波数が存在しない場合は自動的に無声音であることから，基本周波数推定結果の時系列から有声無声情報を与えることも可能である。生成された励起信号を推定されたスペクトル包絡から求めたフィルタと畳み込むことで，音声波形の再合成が行われる。スペクトル包絡は振幅情報のみを有するため，フィルタとするためには位相スペクトルを与える必要がある。

最も簡単な位相表現は，すべての周波数において 0 を与える**ゼロ位相**（zero phase）である。ただし，ゼロ位相で合成された音声は負の時刻に応答が存在する問題が生じるため，品質が低下する。**因果性**を満たす位相として**最小位相**（minimum phase）を用いることが多く，ゼロ位相と最小位相では，最小位相のほうが品質が高いことが示唆されている[16]。最小位相とは，z 変換により信号の極とゼロ点を分析した際，すべての極とゼロ点が単位円内に含まれる伝達特性における位相特性を指す。最小位相を有する信号は**最小位相応答**と呼ばれる。最小位相応答は因果性を満たすため，負の時刻に振幅を有さない特徴がある。最小位相に関する理論的な説明は，文献18), 19) が参考になる。

スペクトル包絡に最小位相を与える妥当性は，音声の声道の特性を近似する**音響管モデル**にある。音響管モデルは，声帯から口唇までを断面積の異なる円筒の縦続接続として近似したモデルであり，口の形状が音色に与える影響を観察するための教材として利用される。このモデルは，全極型の特性を有し，なおかつ安定であるため，特性はつねに最小位相であることが保証される。スペクトル包絡には声帯振動に起因する特性と放射特性が混在しているが，そのどちらも因果的であることは，音声波形が発散しないことからも容易に想像できる。したがって，音声波形から位相を推定することはあきらめ，最小位相応答を与

えてしまう方法には，一定の合理性がある。

　以下では，最小位相応答を求める手順と最小位相応答の意味を示す。便宜上，ここでは離散時間 n と離散周波数 k を用いたディジタル領域で述べる。よって，フーリエ変換は FFT となり，逆フーリエ変換は逆 FFT となる。振幅スペクトル $A(k)$ から最小位相特性を有するスペクトル $X(k)$ は，以下の手順により導出される。まず，**ケプストラム** $c(n)$ を以下の式により得る。

$$c(n) = \mathcal{F}^{-1}\left[\log\left(A(k)\right)\right] \tag{2.18}$$

ここで，$\mathcal{F}^{-1}[\cdot]$ は N 点の逆 FFT に対応する演算とする。なんらかの時間波形から N 点の FFT により得られたものを振幅スペクトル $A(k)$ とし，インデックスが $0, \cdots, N-1$ と与えられた場合，$N/2$ 点目を中心として対称の値を持つ。よって，$c(n)$ も同様に $N/2$ 点目を中心にした対称の特性であり，同時に実部のみを有することとなる。ついで，以下の式で与えられる重み $w(n)$ を算出する。

$$w(n) = \begin{cases} 1 & \text{if } n = 0, N/2 \\ 2 & \text{if } 0 < n < N/2 \\ 0 & \text{if } N/2 < n \end{cases} \tag{2.19}$$

振幅スペクトル $A(k)$ に対応する最小位相特性を有するスペクトル $X(k)$ は，以下の式により与えられる。

$$X(k) = \exp\left(\mathcal{F}\left[c(n)w(n)\right]\right) \tag{2.20}$$

ここで，$\mathcal{F}[\cdot]$ は N 点の FFT に対応する演算とする。これは，対数パワースペクトルに対する**ヒルベルト変換**（Hilbert transform）と位置付けられる。$X(k)$ を逆 FFT により処理することで得られた信号が，最小位相応答である。**図 2.5** に，あるパワースペクトルをゼロ位相で逆フーリエ変換した波形と，最小位相を与えて逆 FFT により算出した波形の違いを示す。ゼロ位相であれば，負の時刻にも応答が存在するが，最小位相では正の時刻にのみ応答が存在する，す

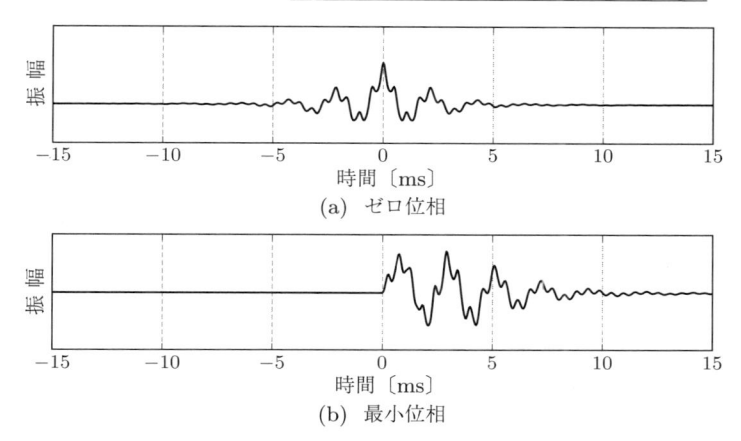

図 2.5 ゼロ位相で合成された波形 (a) と，最小位相で合成された波形 (b) の違い。ゼロ位相であれば，負の時刻にもなんらかの非因果的な成分が存在する。この非因果的な成分は，音質を低下させる要因となる。最小位相であれば，負の時刻に応答が存在しないため，この問題は原理的に発生しないという利点がある。

なわち因果性を満たすことが確認できる。また，最小位相応答の重要な性質として，他の因果性を満たす信号と比較して，時刻 0 付近にパワーが集中することが挙げられる。図 2.5 ではゼロ位相のほうが原点にパワーが集中しているが，これは因果性を満たさない応答であることが原因である。

最後に，最小位相応答の特徴である，時刻 0 付近にパワーが集中することについて証明する。まず，パーセバルの定理を N 点の離散信号について与えると，以下となる。

$$\sum_{n=0}^{N-1} |x(n)|^2 = \frac{1}{N} \sum_{k=0}^{N-1} |X(k)|^2 \tag{2.21}$$

この式で重要なことは，パワースペクトルが等しい場合，音声波形のパワーは位相に依存せず等しいということである。つまり，最小位相応答も**非最小位相応答**も，波形を 2 乗して総和を求めた結果は一致することになる。

ここで求めるべきは，最小位相応答は他の位相を持つ応答と比べ，時刻 0 付近にパワーが集中することである。すなわち，最小位相応答を $x_m(n)$ とし，同一のパワースペクトルを有するが位相が異なる非最小位相応答を $x(n)$ とする

と，時刻 0 から特定の時刻 M までのパワーについて，つねに以下が成立していることが証明できればよい。

$$\sum_{n=0}^{M} |x_m(n)|^2 \geqq \sum_{n=0}^{M} |x(n)|^2 \tag{2.22}$$

ここでは，右辺を移項して以下の式を証明することとする。

$$\sum_{n=0}^{M} \left(|x_m(n)|^2 - |x(n)|^2 \right) \geqq 0 \tag{2.23}$$

ここで，信号長が N ならば，M は $N-1$ 以下となる。M が $N-1$ であれば全時刻の総和の算出となるため，パーセバルの定理から両者の結果は必ず一致する。

まず，それぞれの離散信号を z 変換により変換し，結果を $X_m(z)$ と $X(z)$ とする。$X_m(z)$ と $X(z)$ は，それぞれ任意の最小位相特性 $X_g(\omega)$ となんらかの特性との積で表現することとする。具体的には，1 次の**全域通過フィルタ**（all-pass filter; APF）の分子と分母を利用する。1 次の全域通過フィルタの伝達関数 $H(z)$ は以下の式で与えられる。

$$H(z) = \frac{z^{-1} - \alpha^*}{1 - \alpha z^{-1}} \tag{2.24}$$

ここで，フィルタの安定性を考えると，$|\alpha| < 1$ が制約条件となる。この際，全域通過フィルタであることから $|H(z)| = 1$ が成立するため，$z^{-1} - \alpha^*$ と $1 - \alpha z^{-1}$ の振幅特性は等しい。また，最小位相の条件は，すべての極とゼロ点が単位円の内側に存在することであることから，$1 - \alpha z^{-1}$ は条件を満たし $z^{-1} - \alpha^*$ は条件を満たさない。したがって，$X_m(z)$ と $X(z)$ を以下のように与えることで，パワースペクトルは等しく，最小位相と非最小位相である特性を作ることができる。

$$X_m(z) = (1 - \alpha z^{-1}) X_g(z) \tag{2.25}$$

$$X(z) = (z^{-1} - \alpha^*) X_g(z) \tag{2.26}$$

なお，上式のどちらも，$x_g(n)$ に FIR フィルタを畳み込む処理と等価である。IIR フィルタは，安定ならばすべての極が単位円の内側に存在する。これは，発

散しない IIR フィルタは，自動的に最小位相になることを意味するため，導出は上記の FIR フィルタについてのみで十分である。

式 (2.25) と式 (2.26) を時間領域に戻すことで得られる差分方程式は，それぞれ以下となる。

$$x_m(n) = x_g(n) - \alpha x_g(n-1) \tag{2.27}$$

$$x(n) = -\alpha^* x_g(n) + x_g(n-1) \tag{2.28}$$

この際，α と $x_g(n)$ は両方複素数であることとする。$|x_m(n)|^2$ と $|x(n)|^2$ は，それぞれ以下のように導出される。

$$\begin{aligned}
|x_m(n)|^2 &= |x_g(n)|^2 + |\alpha|^2 |x_g(n-1)|^2 - 2\Re[\alpha]\Re[x_g(n)]\Re[x_g(n-1)] \\
&\quad + 2\Im[\alpha]\Re[x_g(n)]\Im[x_g(n-1)] - 2\Re[\alpha]\Im[x_g(n)]\Im[x_g(n-1)] \\
&\quad - 2\Im[\alpha]\Im[x_g(n)]\Re[x_g(n-1)]
\end{aligned} \tag{2.29}$$

$$\begin{aligned}
|x(n)|^2 &= |\alpha|^2 |x_g(n)|^2 + |x_g(n-1)|^2 - 2\Re[\alpha]\Re[x_g(n)]\Re[x_g(n-1)] \\
&\quad + 2\Im[\alpha]\Re[x_g(n)]\Im[x_g(n-1)] - 2\Re[\alpha]\Im[x_g(n)]\Im[x_g(n-1)] \\
&\quad - 2\Im[\alpha]\Im[x_g(n)]\Re[x_g(n-1)]
\end{aligned} \tag{2.30}$$

ここで，$|x_m(n)|^2 - |x(n)|^2$ を計算すると，以下が得られる。

$$|x_m(n)|^2 - |x(n)|^2 = |x_g(n)|^2(1 - |\alpha|^2) + |x_g(n-1)|^2(|\alpha|^2 - 1) \tag{2.31}$$

$$= |x_g(n)|^2(1 - |\alpha|^2) - |x_g(n-1)|^2(1 - |\alpha|^2) \tag{2.32}$$

$$= (1 - |\alpha|^2)\left(|x_g(n)|^2 - |x_g(n-1)|^2\right) \tag{2.33}$$

これを式 (2.23) に代入することで，以下が得られる。

$$\sum_{n=0}^{M}\left(|x_m(n)|^2 - |x(n)|^2\right) = (1 - |\alpha|^2)\sum_{n=0}^{M}\left(|x_g(n)|^2 - |x_g(n-1)|^2\right) \tag{2.34}$$

ここで，$x_g(n)$ は最小位相応答であり，負の時刻では振幅を持たない。二つの FIR フィルタも 2 時刻の差分方程式であることから，$x_m(n)$，$x(n)$ の両信号は負の時刻では値を持たないことに着目すると，最終的には以下となる。

$$\sum_{n=0}^{M} \left(|x_m(n)|^2 - |x(n)|^2 \right) = (1 - |\alpha|^2)|x_g(M)|^2 \qquad (2.35)$$

ここで，$|\alpha| < 1$ であり，$|x_g(M)|^2$ も最小値が 0 であり負値にはなり得ないため，$(1 - |\alpha|^2)|x_g(M)|^2$ はつねに 0 以上となる。これは，$X(\omega)$ を対象に成立するが，ここで，$X(\omega)$ に対して帰納的に考えると，任意の非最小位相応答について成立する。式 (2.23) の左辺はつねに正であることから，最小位相は他の位相と比べて時刻 0 付近にパワーが集中することが証明されたこととなる。

〔2〕 パルスが生じる時刻の算出

有声音を生成する際のパルス生成における一つの問題は，どの時刻で声帯振動を励起させるかである。最も簡単な方法は，有声音を励起する初期時刻を算出し，その時刻における基本周波数の逆数の時刻だけシフトさせ，その時刻につぎの応答を励起させる方法である。この方法は簡単であるが，基本周波数が短時間で変化する音声の合成における声帯振動の生じる時刻の近似としては，やや粗い。より厳密に近似するためには，これまで説明した基本周波数と矛盾する，もう一つの定義について考える必要がある。この定義は，後述する正弦波モデルにおいても重要な意味がある。

音声信号における基本周波数は，周期的に生じる声帯振動の最も短い間隔である基本周期の逆数として定義される。これは明確に正しい定義であるが，以下の式を改めて確認すると，特定時刻のスペクトルは，ω_o の整数倍でのみ値を有するパルス列であることもわかる。

$$Y(\omega) = H(\omega) \sum_{n=-\infty}^{\infty} \delta(\omega - n\omega_o) \qquad (2.36)$$

基本周期の逆数として定義される基本周波数が正しいとする。声帯振動が t_a と t_b（$t_a < t_b$ とする）に生じ，t_a から t_b の間には声帯振動が存在しない場合，t_a

から t_b の範囲における基本周波数は，同一の値を示す。すなわち，時刻ごとに基本周波数をプロットすると，階段状の変化になるはずである。一方，波形を窓関数により切り出してスペクトルを計算すると，切り出された区間に含まれる複数の声帯振動による影響が存在する。これを瞬時周波数として計算すると，ω_0 は，階段状ではなく，時々刻々と連続的に変化する時系列信号として観測される。

図 2.6 は，パルスが生じる時刻を 2 回に 1 回シフトさせることで基本周期を階段状に変化させたパルス列を対象とした基本周波数の推定結果である。破線は，波形の相関を計算することで T_0 を測るアプローチの結果であり，実線は，瞬時周波数を計算した結果である。詳細は 3 章で述べるが，基本周波数推定法には，時間波形に対して T_0 を求めるアプローチと，スペクトルに対して ω_0 を求めるアプローチが存在する。二つのアプローチは，時間的に基本周波数が変化しない信号に対しては同じ結果をもたらすが，基本周波数が時変であれば異なる結果になることに注意する必要がある。

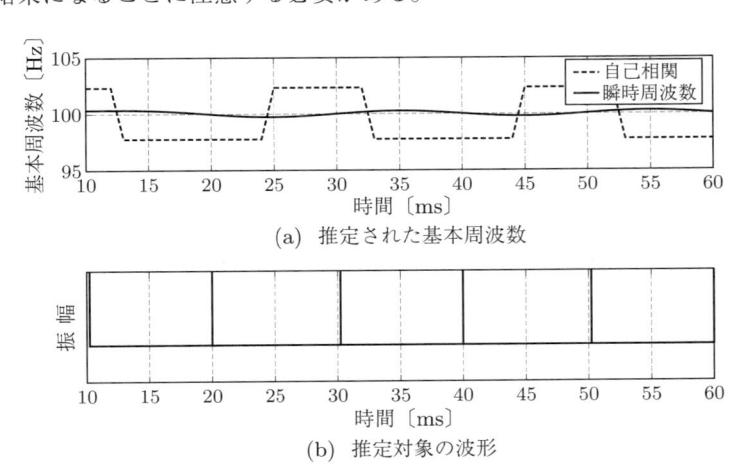

(a) 推定された基本周波数

(b) 推定対象の波形

図 2.6 励起時刻が 2 回に 1 回ずれたパルス列を対象とした基本周波数推定の例。相関を用いた方法では，階段状に変化する基本周波数の軌跡が与えられるが，瞬時周波数として計算すると連続的に変化することが確認できる。

　高品質な音声分析合成システムでは，音声の特徴を加工する都合から，基本
周波数は時間的に連続的に変化する信号として扱うほうが適している。合成法
に関しても，基本周波数の時系列である $f_\circ(t)$ を用いて，声帯振動が生じる時
刻をより正確に算出できる。まず，$f_\circ(t)$ を用いて，以下の式により時間的に変
化する位相を計算する。

$$\theta(t) = 2\pi \int_0^t f_\circ(\tau)d\tau \tag{2.37}$$

ここで，$\theta(t)$ は $f_\circ(t)$ に依存した位相の回転角度を表す。例えば，$f_\circ(t)$ が $100\,\mathrm{Hz}$
に固定されている場合，$10\,\mathrm{ms}$ で 2π 回転する。$\theta(t)$ を 2π で割った余りを算出
すれば，余りが 0 の時刻が声帯振動を励起させる時刻と見なせる。

　$\theta(t)$ では，時々刻々と変化する $f_\circ(t)$ に基づいた位相の回転が計算されるた
め，再合成音を対象に基本周波数を分析しても，既存の方法より元の基本周波
数に近い時系列が得られる利点がある。とりわけ，基本周波数が短時間で急峻
に変化する音声の合成において，声帯振動が生じる時刻を精密に算出する恩恵
を享受できる。声帯振動が生じる時刻は標本点で離散化されているため $1/f_s$ の
整数倍の時刻となるが，1 サンプル未満の声帯振動のずれも考慮に入れて合成
することは可能である。この具体的な方法については 6 章で説明する。

〔3〕　ピッチ同期重畳加算

　パルスが生じる時刻が決定すれば，その時刻を原点として声帯振動に相当す
る波形を生成し，その波形を加算することで音声波形を生成できる。この演算
は，**ピッチ同期重畳加算**（pitch synchronous overlap and add; **PSOLA**）[20]
の波形生成法に基づいている。声帯振動の波形長は FFT 長に依存し，基本周
期が FFT 長よりも短い場合，複数の声帯振動に関する成分が同時刻に存在す
ることになる。

2.3.2　ボコーダ（非周期性指標を使用）

　ここまでで，非周期性を利用しない伝統的なボコーダの仕組みについて説明
した。つぎは，非周期性指標を用いたボコーダについて，おもに非周期性指標

を利用することによる処理の差を説明する。

　非周期性指標 $A_p(\omega)$ は，スペクトルで表現されるパラメータである。それぞれの周波数における値は0から1の範囲に限定されており，0ならばその周波数におけるパワーがすべて周期的であることを，また，1ならばすべて非周期的であることを示す。スペクトル包絡 $H(\omega)$ が周期性成分と非周期性成分との和で表されていると仮定すると，以下の式により $|H(\omega)|$ が分配されていることとなる。

$$|H(\omega)| = |H(\omega)|(1 - A_p(\omega)) + |H(\omega)|A_p(\omega) \qquad (2.38)$$

　非周期性指標を含めたボコーダの合成方法を**図 2.7**に示す。非周期性指標を使用しないボコーダとのおもな違いは，無声音と有声音を完全に切り替えるのではなく，有声音ならば非周期性指標に基づいて分配されたスペクトルから無声音成分を合成して加算する点にある。よって，ノイズ生成部は切り替えが不要になり，有声音・無声音のどちらについても，つねに雑音が重畳される。完全に周期的な特性は，非周期性指標を全帯域において0とすることで実現可能である。有声無声情報によりパルス生成が行われるか否かが決定され，無声音と判断された場合，$A_p(\omega)$ が全周波数レンジにおいて1となるようにすること

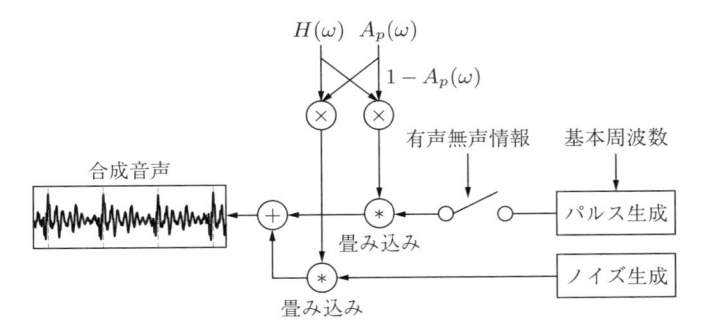

図 2.7　非周期性指標を利用したボコーダの仕組み。無声音の合成は従来のボコーダと同一であるが，有声音の合成については，非周期性指標に基づいて非周期的な成分が加算されている。なお，非周期性指標により分配された二つのフィルタには，それぞれ最小位相が与えられる。

で，全パワーが非周期性成分として合成に利用されるようになる。

　パワーを分配する例を図 **2.8** に示す。最小位相応答を計算するためには対数振幅を求める必要があるため，周期性スペクトルと非周期性スペクトルのどちらかの振幅が完全な 0 になることは避ける必要がある。近年実装されている例では，完全な有声音を生成する際にも，パワーの比が 60 dB となるように，非周期性成分へパワーを分配している。無声音の生成では，有声音の合成プロセスそのものが実施されないため，すべてのパワーを無声音に分配しても問題は生じない。

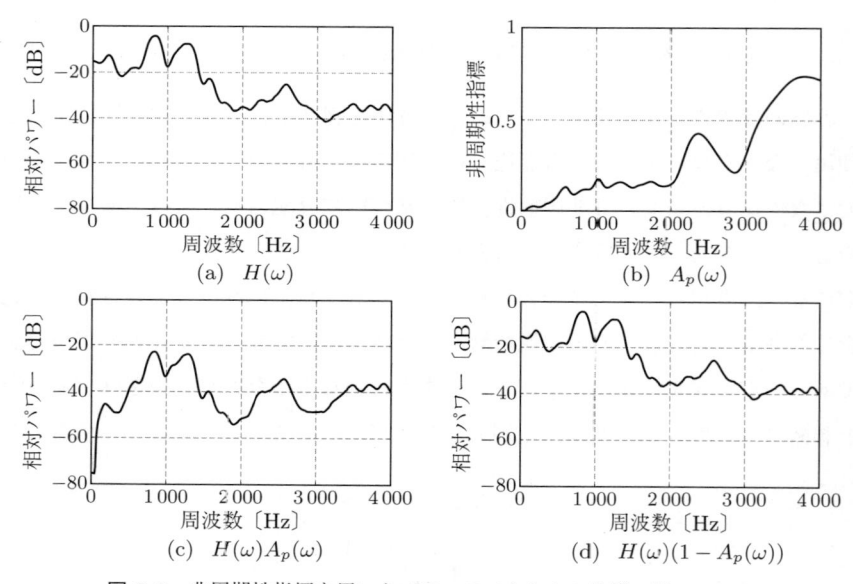

図 2.8 非周期性指標を用いたパワースペクトルの分離の例。スペクトル包絡から最小位相応答を求める都合があるため，非周期性指標はパワーの比が 60 dB 以下になるようにする。

2.3.3　フェーズボコーダ

　フェーズボコーダは，Flanagan らにより 1966 年に提案された，チャネルボコーダとは異なる構造を持つボコーダである。大雑把な違いは音声を表現するパラメータであり，フェーズボコーダで扱うパラメータは，音声の時間周波数解析により得られるスペクトログラムにおける振幅と瞬時周波数である。

本書では，おもに非周期性指標を用いるボコーダを扱うため，フェーズボコーダについては，伝統的な考え方について説明するに留める。本書で基本知識を身に付けた先の，実用に耐えうる品質を実現する改良については，他の文献を参照していただきたい[21]。初期の定義では，音声波形 $y(t)$ を，通過域における振幅がフラットで直線位相を有する N チャネルの帯域通過フィルタを通過させた N チャネルの信号の和として近似する。

$$y(t) \simeq \sum_{n=1}^{N} y_n(t) \tag{2.39}$$

これを図示すると**図 2.9** となる。各帯域通過フィルタの接続が完璧に行われない限り，信号になんらかのひずみが混入することは避けられない。最初期の論文では，帯域通過フィルタ $g_n(t)$ は以下の式を用いて与えられている。

$$g_n(t) = h(t) \cos(\omega_n t) \tag{2.40}$$

ここで，$h(t)$ は，理想フィルタではなく，実現可能な低域通過フィルタである。時間領域の積は周波数領域では畳み込みとなるため，$g_n(t)$ のスペクトルは，$\pm\omega_n$ にパルスを持つ。$\delta(\omega - \omega_n)$ を畳み込むことにより，$g_n(t)$ は $h(t)$ のスペクトルを ω_n〔Hz〕シフトさせた，チャネルに依存せず通過域と阻止域の特性が等しい帯域通過フィルタとなる。ここまでで得られた情報を用いると，$y_n(t)$ は以下の式で表すことができる。

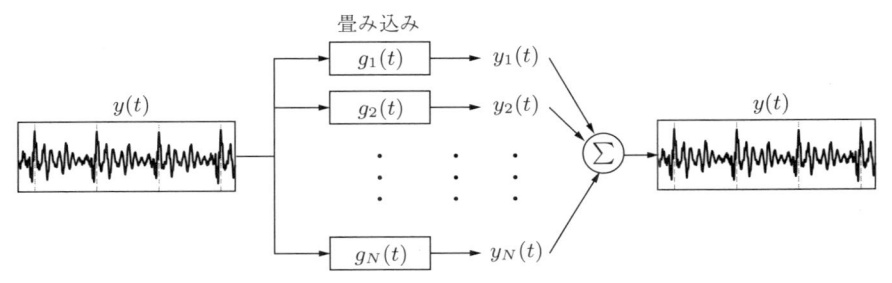

図 2.9 複数の帯域通過フィルタを用いた信号の分割と合成。理想フィルタを用いれば信号を完全に復元できるが，現実的な条件では，ある程度のひずみは避けられない。

$$y_n(t) = \int_{-\infty}^{t} y(\lambda)h(t-\lambda)\cos\left(\omega_n(t-\lambda)\right)d\lambda \tag{2.41}$$

$$= \Re\left[e^{i\omega_n t}\int_{-\infty}^{t} f(\lambda)h(t-\lambda)e^{-i\omega_n \lambda}d\lambda\right] \tag{2.42}$$

ここで，積分記号以降は，時刻 t にシフトした $h(t)$ で切り出して短時間フーリエ変換したスペクトルにおける ω_n 〔Hz〕の値となる。よって，$y_n(t)$ は以下の式と一致する。

$$y_n(t) = \Re\left[e^{j\omega_n t}Y(\omega_n, t)\right] \tag{2.43}$$

これを振幅と位相からなる極座標で表記すると，以下が得られる。

$$y_n(t) = |Y(\omega_n, t)|\cos\left(\omega_n t + \varphi(\omega, t)\right) \tag{2.44}$$

これは，$F(\omega_n, t)$ を極座標で表現すると $|F(\omega_n, t)|e^{i\varphi(\omega_n, t)}$ であり，$e^x e^y = e^{x+y}$ を使うことで導ける[†]。

位相である $\varphi(\omega, t)$ は，回転角度を示すパラメータであるため，2π の区間内の値で表現される。このようなパラメータは使いにくいため，フェーズボコーダでは，位相の時間微分である瞬時周波数をパラメータとする。最終的に n チャネルの信号の近似値 $\tilde{y}_n(t)$ は，瞬時周波数 $\omega_i(\omega, \tau)$ から求めた位相 $\tilde{\varphi}(\omega, t)$ を用いて以下の式により得られる。

$$\tilde{y}_n(t) = |Y(\omega_n, t)|\cos\left(\omega_n t + \tilde{\varphi}(\omega, t)\right) \tag{2.45}$$

$$\tilde{\varphi}(\omega, t) = \int_{0}^{t} \omega_i(\omega, \tau)d\tau \tag{2.46}$$

瞬時周波数の計算には時間微分が必要となるが，1 章で説明したように，時間微分した窓関数を用いることで，微分演算を差分近似で行わなくても実現可能である。瞬時周波数は，位相のような回転角度を表すわけではなく，位相の単位時間当りの回転速度に対応する。f 〔Hz〕の正弦波の位相を時間関数と見なすと，$1/f$ 秒で 2π 回転する線形の変動に対応する。

[†]   蛇足ではあるが，**オイラーの公式**（Euler's formula）が $e^{i\theta} = \cos\theta + i\sin\theta$ であることに着目し，$\Re\left[e^{i\theta}\right] = \cos\theta$ であることも用いている。

時間周波数表現における振幅 $|Y(\omega, t)|$ を時間の関数と考えると，時間に対する変化は緩やかである。位相 $\varphi(\omega, t)$ は回転角度であるため，π を通過するタイミングで大きなジャンプが生じる。一方，瞬時周波数 $\omega_i(\omega, t)$ であれば，ω_n 〔Hz〕周辺の値を有し，基本周波数軌跡の変化が緩やかであれば，時間的な変化も緩やかになる。この特徴は，時間周波数表現の操作による**時間伸縮**を可能にする。**図 2.10** は，瞬時周波数を時間伸縮することの意味を示す例である。位相

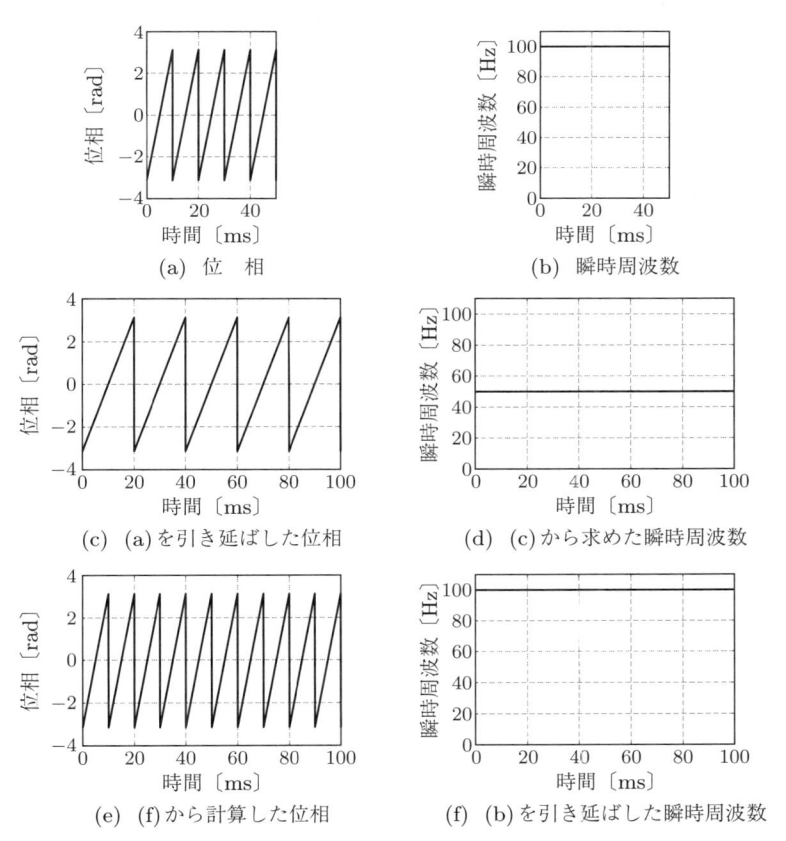

(a) 位　相　　　　　　　　(b) 瞬時周波数

(c) (a)を引き延ばした位相　　(d) (c)から求めた瞬時周波数

(e) (f)から計算した位相　　　(f) (b)を引き延ばした瞬時周波数

図 **2.10**　位相と瞬時周波数の時間伸縮。図 (a) の位相の時間微分が，図 (b) の瞬時周波数である。位相を時間方向に 2 倍引き延ばせば図 (c) が得られるが，瞬時周波数は図 (d) に示すように本来の半分となる。図 (f) のように瞬時周波数に対して伸縮を行うことで，図 (e) のように適切な位相を求めることができる。

は回転角度であり，時間に対する回転速度が周波数に対応する。すなわち，位相を時間方向に伸縮すると，信号の周波数が変化することとなる。例えば，時間軸を N 倍に伸縮する操作は

$$\varphi_s(\omega, t) = \varphi\left(\omega, \frac{t}{N}\right) \tag{2.47}$$

で表現することが可能であり，位相の時間微分を考えると，瞬時周波数が $1/N$ になることがわかる。フェーズボコーダのパラメータである瞬時周波数であれば，時間伸縮によりこのような影響は生じないため，波形の周波数に副作用なく時間伸縮を行える。同様に，周波数方向に伸縮することで，高さの変換にも対応可能である。とりわけ，各チャネルの位相情報を扱えることは，位相を捨てて最小位相応答を用いるチャネルボコーダとは明確に異なる特徴である。

　計算機におけるフェーズボコーダの実装では，短時間のフレームについて $\tilde{y}_n(t)$ を算出し，短時間ごとの波形をオーバーラップさせながら加算する**重畳加算法**（overlap-add method; **OLA**）が用いられる。フレーム間で不連続な変化が生じないように，窓関数により波形を切り出して処理する。この例として，ハニング窓を用いフレームシフト幅をフレーム長の半分にする OLA が，比較的広く利用されている。ハニング窓以外でも，シフトした際の窓関数の振幅の加算結果がつねに 1 となる条件（$w(t) + w(t + N/2) = 1$）を満たしていれば，実現可能である。

　本項で説明した内容は，1966 年に Flanagan らによって提案された，最も古いフェーズボコーダの説明に限定している。本書ではチャネルボコーダを中心に扱うが，他手法と比較した際の位置付けを明確にするために，代表的な方法の基盤となるアイディアは説明するようにしている。現代的なフェーズボコーダでは，短時間フーリエ変換を用いた方法が一般に用いられる[21]。これらの詳細については，文献22), 23) が参考になる。

2.3.4　正弦波モデル

　本章で述べる最後の手法が，**正弦波モデル**である。ここでは，文献7), 24) に

代表されるモデルを扱う。フェーズボコーダは，N チャネルの信号の位相と振幅を制御して総和を求める方法であり，各チャネルの中心周波数は固定である。これに対し，正弦波モデルは，基本周波数，およびその整数倍の成分の信号を算出し，総和を求める方法である。各チャネルがカバーする中心周波数が固定されるフェーズボコーダと比べると，基本周波数とその整数倍の成分を直接扱う点で差がある。

　正弦波モデルの具体的な説明の前に，一つ例題を述べる。**図 2.11** は，ある女性歌手の歌声から求めたスペクトログラムである。入力音声は，特定の高さに固定して基本周波数を小刻みに変動させる歌唱法である**ビブラート**（vibrato）をかけた歌声であり，基本周波数の軌跡からもその技巧は確認できる。ここで注目すべき点は，基本周波数の定義である「声帯振動が生じる時間間隔の最も短いものの逆数」では説明できない滑らかな軌跡が求められていることである。波形の瞬時周波数を求めると基本周波数が滑らかな軌跡になることは説明したが，これは，時間的に変化する基本周波数を窓関数により切り出して演算していることへの影響と考えたほうがよいであろう。すなわち，有声音は，時間とともに周波数が滑らかに変化する正弦波の重ね合わせで表現でき，この性質を利用したものが正弦波モデルである。

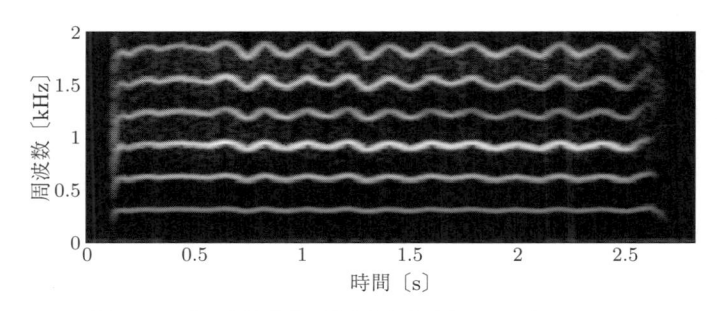

図 2.11 ある女性歌手の歌声から求めたスペクトログラム。300 Hz 程度に観測できる基本周波数が時間に対して滑らかに変化していることが観測できる。また，基本周波数の整数倍の倍音も滑らかな軌跡として確認できる。

正弦波モデルは，**図 2.12** のように，信号を励起する部分と音色を与える部分から構成される。チャネルボコーダの考え方と同様に，励起信号 $e(t)$ を生成し，時間ごとに特性の異なるフィルタ $h(t,\tau)$ を通すことで波形を得る。3 種のパラメータ $a_n(t), \omega_n(t), \varphi_n$ は，n チャネルの時系列であり，それぞれ振幅，周波数，**初期位相**に対応する。

$$e(t) = \Re\left[\sum_{n=1}^{L(t)} a_n(t)\exp\left(i\int_0^t \omega_n(\tau)d\tau + \varphi_n\right)\right] \tag{2.48}$$

総和記号に示される $L(t)$ は，**調波**の数が $\omega_1(t)$ に依存することに由来する。ナイキスト周波数以上の成分は不要であることから，各時刻における調波数は，ナイキスト周波数を $\omega_1(t)$ で割った値の小数点以下切り捨てとなる。

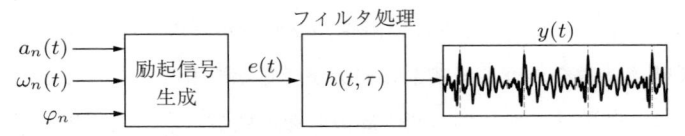

図 2.12　正弦波モデルを用いた音声合成の手順。パラメータは，励起信号 $e(t)$ を生成するための $a_n(t), \omega_n(t), \varphi_n$，および音色付けのフィルタ $h(t,\tau)$ から構成される。

時間とともに特性が変化する**時変フィルタ** $h(t,\tau)$ の時間周波数表現を $H(\omega,t)$ とすると，以下の式となる。

$$H(\omega,t) = |H(\omega,t)|e^{i\Phi(\omega,t)} \tag{2.49}$$

ここで，$\Phi(\omega,t)$ は時刻 t における位相であるが，記号の重複を避けるため別の記号を用いる。合成された音声波形 $y(t)$ は，励起信号 $e(t)$ とフィルタ $h(t,\tau)$ との畳み込みであるため，以下の式となる。

$$y(t) = \Re\left[\sum_{n=1}^{L(t)} a_n(t)|H(\omega_n(t),t)|\exp\left(i\int_0^t \omega_n(\tau)d\tau + \Phi(\omega_n(t),t) + \varphi_n\right)\right] \tag{2.50}$$

これらを整理すると，以下となる。

$$y(t) = \sum_{n=1}^{L(t)} \tilde{a}_n(t) \cos \left(\int_0^t \tilde{\omega}_n(\tau)d\tau + \tilde{\varphi}_n \right) \tag{2.51}$$

ここで，$\tilde{a}_n(t)$, $\tilde{\omega}_n(t)$, $\tilde{\varphi}_n$ は，それぞれ n 番目の調波の振幅，角周波数，初期位相を表す。音声を短時間分析し，分析時刻における各パラメータを推定することが目標となる。$\tilde{\omega}_1(t)$ は，基本周波数の軌跡とほぼ一致するため，この式は，図 2.11 における各調波に相当する応答を，時間的に周波数の変化する正弦波として近似していることとなる。

2.4　本章のまとめ

　この章で説明したフェーズボコーダと正弦波モデルは，最も基本的な考え方に留めている。各パラメータの推定法についてもさまざまな改良法が提案されており，品質を向上させるため，フレームワークそのものについても改良が加えられている。例えば正弦波モデルにおける非周期的な成分の合成なども検討されているが，本書ではターゲットとはしない。音声を表現するパラメータにはいくつもの考え方があることを知ることが大切である。

引用・参考文献

1 ）　日本音響学会 編：新版 音響用語辞典，コロナ社 (2003)
2 ）　国際音声学会 編，竹林　滋，神山孝夫 訳：国際音声記号ガイドブック，大修館書店 (2003)
3 ）　Dudley, H.: Remaking speech, J. Acoust. Soc. Am., **11**, 2, pp. 169–177 (1939)
4 ）　Benesty, J., Sondhi, M. M. and Huang, Y. eds.: Springer handbook of speech processing, Springer (2007)
5 ）　Fant, G.: Acoustic theory of speech production, De Gruyter Mouton (2012)
6 ）　Flanagan, J. L. and Golden, R. M.: Phase vocoder, The Bell System Technical Journal, **45**, 9, pp. 1493–1509 (1966)
7 ）　McAulay, R. and Quatieri, T.: Speech analysis/Synthesis based on a sinu-

soidal representation, IEEE Trans. on Acoustics, Speech, and Signal Process., **34**, 4, pp. 744–754 (1986)

8) Titze, I. R., Baken, R. J., Bozeman, K. W., Granqvist, S., Henrich, N., Herbst, C. T., Howard, D. M., Hunter, E. J., Kaelin, D., Kent, R. D., Kreiman, J., Kob, M., Löfqvist, A., McCoy, S., Miller, D. G., Noé, H., Scherer, R. C., Smith, J. R., Story, B. H., Švec, J. G., Ternström, S. and Wolfe, J.: Toward a consensus on symbolic notation of harmonics, resonances, and formants in vocalization, J. Acoust. Soc. Am., **137**, 5, pp. 3005–3007 (2015)

9) Fujimura, O., Honda, K., Kawahara, H., Konparu, Y., Morise, M. and Williams, J. C.: Noh voice quality, Logopedics Phoniatrics Vocology, **34**, 4, pp. 157–170 (2009)

10) Atal, B. S. and Rabiner, L. R.: A pattern recognition approach to voiced-unvoiced-silence classification with applications to speech recognition, IEEE Trans. on Acoustics, Speech, and Signal Process., **ASSP-24**, 3, pp. 201–212 (1976)

11) Nakano, T. and Goto, M.: A spectral envelope estimation method based on F0-adaptive multi-frame integration analysis, in Proc. SAPA-SCALE 2012, pp. 11–16 (2012)

12) 坂野秀樹, 陸　金林, 中村　哲, 鹿野清宏, 河原英紀：時間領域平滑化群遅延を用いた短時間位相の効率的表現方法, 電子情報通信学会論文誌 D-II, **J84-D-II**, 4, pp. 621–628 (2001)

13) Makhoul, J., Viswanathan, R., Schwartz, R. and Huggins, A. W. F.: A mixed-source model for speech compression and synthesis, in Proc. ICASSP '78, pp. 163–166 (1978)

14) Griffin, D. W. and Lim, J. S.: Multiband excitation vocoder, IEEE Trans. on Acoustics, Speech, and Signal Process., **36**, 8, pp. 1223–1235 (1988)

15) Atal, B. S. and Hanauer, S. L.: Speech analysis and synthesis by linear prediction of the speech wave, J. Acoust. Soc. Am., **50**, 2, pp. 637–655 (1971)

16) Oppenheim, A. V.: Speech analysis-synthesis system based on homomorphic filtering, J. Acoust. Soc. Am., **45**, 2, pp. 458–465 (1969)

17) Oppenheim, A. V. and Schafer, R.: Homomorphic analysis of speech, IEEE Trans. on Audio and Electroacoust., **16**, 2, pp. 221–226 (1968)

18) Oppenheim, A. V. and Schafer, R. W.: Discrete-time signal processing (3rd Edition), Pearson (2009)

19) 今井　聖：音声信号処理 POD 版，森北出版 (2005)

20) Moulines, E. and Charpentier, F.: Pitch-synchronous waveform processing techniques for text-to-speech synthesis using diphones, Speech Communication, **9**, 5-6, pp. 453–467 (1990)

21) Röbel, A.: A new approach to transient processing in the phase vocoder, in Proc. DAFx-03 (2003)

22) Griffin, D. and Lim, J.: Signal estimation from modified short-time Fourier transform, IEEE Trans. on Acoustics, Speech, and Signal Process., **32**, 2, pp. 236–243 (1984)

23) Laroche, J. and Dolson, M.: Improved phase vocoder time-scale modification of audio, IEEE Trans. on Speech and Audio Process., **7**, 3, pp. 323–332 (1999)

24) McAulay, R. J. and Quatieri, T. F.: Speech processing based on a sinusoidal model, The Lincoln Laboratory Journal, **1**, 2, pp. 153–168 (1988)

 基本周波数の推定

　残念ながら，現在のところ音声から基本周波数を完璧に推定する方法は存在しない。声帯振動が完全な**周期性**を持ち，毎回の声帯振動波形も均一な場合，あらゆる理論は期待どおり動作するように設計されている。実音声は完全な周期性を有することがなく，以下のようにさまざまな要因があり，正確な推定を阻害する。

1) 音声の基本周波数は時々刻々と変化するため，窓関数により短時間の波形を切り出したとしても，完全な周期性を仮定することができない。

2) 音声のスペクトルは，基本周波数とその整数倍でのみ値を有する**調波構造**である。半ピッチエラー以外にも，一部の推定法では，真値の倍の周波数を基本周波数と誤推定する可能性がある。これを**倍ピッチエラー**（double pitch error）と呼ぶ。

3) 音声には，周期的な成分だけではなく雑音も混入する。雑音の影響を除去して基本周波数を推定することが望まれる。

4) 収録環境の残響時間が長い場合，声帯振動に近い波形を有する初期反射音が，基本周期とは異なる時刻で観測される。

基本周波数推定の設定を，**図 3.1** を例にして説明する。図 3.1 は，女性が/a/を 2.5 秒程度，基本周波数を固定して持続的に発話して収録した波形の一部を切り出したもの (a) と，波形全体の長時間スペクトル (b) である。波形からも，T_0 の間隔で周期的に声帯振動が生じることが確認でき，スペクトル領域では f_0 の整数倍でのみ値を有する調波構造を確認できる。T_0 と f_0 は相互に変換可能であることから，基本周波数推定は，どちらを求めても結果的に差は生じない。

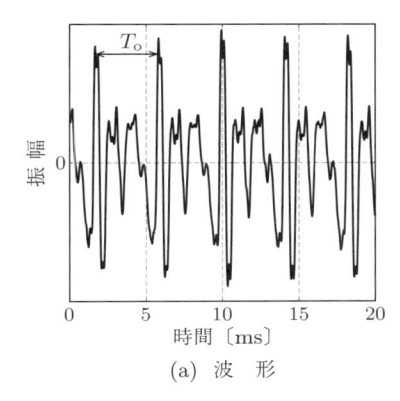

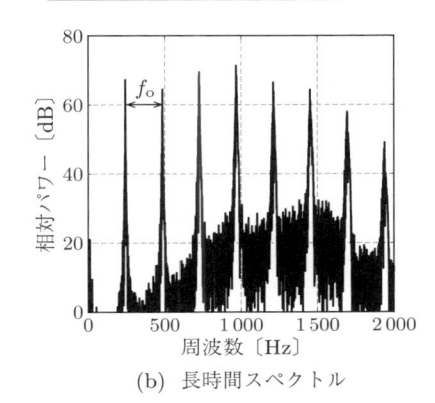

(a) 波 形 (b) 長時間スペクトル

図 3.1 ある女性発話の波形 (a) と長時間スペクトル (b)。(a), (b) におけ
る基本周期 T_0 と基本周波数 f_0 には，$T_0 = 1/f_0$ の関係がある。

ただし，前章で説明したように，基本周期を求める方法と瞬時周波数を求める
方法とでは，推定結果に差が生じることに注意する必要がある。高品質な音声
分析合成，および加工を行うことを考えると，階段状ではなく，滑らかな軌跡
が得られる方法で推定することが望ましい。

基本周波数推定法の歴史は長く，それ単独で分厚い文献1) になるほど多数の
方法が検討されており，現在もなお用途に応じた新しい方法が提案され続けて
いる。音声分析合成では，収録環境はクリーンな環境であることを想定しても
よく，雑音や残響に対する頑健性を高める方法については，本書では扱わない。
楽器音の解析のように，複数の音源が同時に収録された音源から基本周波数軌
跡を求める**多重音解析**（例えば文献2) の 1 章が詳しい）も対象から外すこと
とする。本書では，高品質な音声合成が可能な水準の精度を達成する方法を中心
に扱い，それらの方法の理解を容易にするための基礎理論までをターゲットと
する。また，基本周波数推定法の評価方法についても併せて述べる。

基本周波数推定法の論文をたどると，**ピッチ推定**（pitch estimation）と記述
したものが存在するが，聴覚分野においてピッチと基本周波数は明確に別の概
念である。基本周波数は物理量であり単位は Hz であるが，ピッチは心理量で
あり単位は **mel**（メル）である。例えば 1 000 mel は，1 kHz で 40 dB の音の

ピッチであり，1000 mel の 2 倍の高さとして感じられるとき，その音のピッチは 2000 mel である。ピッチは心理量であり，物理量である基本周波数とは非線形の関係であるため，本書では，参考文献や論文中において物理量を指してピッチと記載している事例については，すべて基本周波数と置き換えて表記する。ただし，ピッチの名前を含む専門用語については，その名称をそのまま用いる。

3.1 古典的な方法

基本周波数推定は歴史の長い分野であり，最先端の方法も，多くの場合その原点は古典的な方法にある。ここでは，後に説明する主要な方法を知るための準備として，古典的な方法の概要について紹介する。

3.1.1 ゼ ロ 交 差 法

最も古典的な方法の一つとして，**ゼロ交差法**が挙げられる。ゼロ交差法は，音声の振幅が 0 を交差する**ゼロ交差点**の時刻を算出し，ゼロ交差時刻から基本周期を求める方法である。伝統的な手順を，**図 3.2** に示す。音声波形は低域から高域までパワーを有するため，波形からそのままゼロ交差点を求めても目的とする基本周期は得られない。そこで，前処理として低域通過フィルタにより波形を処理する。音声のスペクトル $Y(\omega)$ をスペクトル包絡 $H(\omega)$ と基本周波数 $\omega_\mathrm{o} = 2\pi f_\mathrm{o}$ で表す 2 章の式を再掲する。この式は，基本周波数とその整数倍の周波数でのみ値が存在する調波構造を有する。

$$Y(\omega) = H(\omega) \sum_{n=-\infty}^{\infty} \delta(\omega - n\omega_\mathrm{o}) \tag{3.1}$$

図 3.2 からも明らかなように，ゼロ交差点の間隔が基本周期と一致するためには，フィルタに通した後の波形が ω_o〔Hz〕の正弦波となる必要がある。ここで，ω_o〔Hz〕の成分を**基本波**（fundamental component）と呼ぶ。基本波を取り出すことを目的としたフィルタリングは，**基本波フィルタリング**[3]といわ

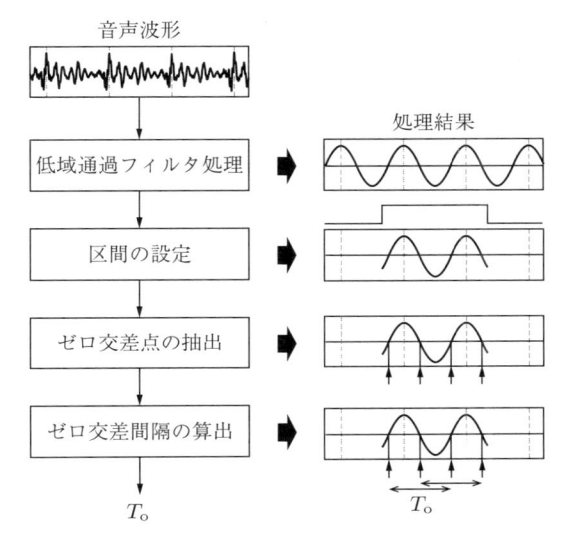

図 3.2 ゼロ交差法による基本周波数推定の流れ。
右側の図は，処理内容や結果のイメージを示し
ている。T_0 の逆数が推定結果となる。

れる。基本波フィルタリングでは，ω_0〔Hz〕の成分は通過するが，$2\omega_0$〔Hz〕
以上の調波は通過しないように，低域通過フィルタの遮断周波数を設計するこ
とが必要不可欠である。適切にフィルタリングされれば，ゼロ交差点の間隔を
求めると T_0 が得られる。ゼロ交差に関しては，振幅が正から負へ変化する交
差と負から正へ変化する交差があるため，それらを区別する必要がある。

　ゼロ交差法のおもな問題は，基本波フィルタリングに使われるフィルタの遮
断周波数の設計に集約される。低域通過フィルタの遮断周波数が高く基本波と
倍音までを含む場合，あるいは低く基本波までカットした場合のどちらも，適
切な基本周波数が得られない。また，基本波のパワーにのみ依存する方法であ
るため，低域に雑音が存在する収録環境での推定は苦手である。クリーンな環
境で収録された音声にターゲットを固定し，おもにフィルタの遮断周波数の問
題を解決できれば性能は大きく向上する。この問題を解決した方法の一例につ
いては，3.2.2 項で解説する。

3.1.2 自 己 相 関 法

自己相関法[4] も，基本周波数推定研究の比較的初期に提案された伝統的な方法の一つである。**図 3.3** に示すとおり，**自己相関関数**に生じるピークが T_o となることに着目した方法である。自己相関関数は，以下の式により定義される。

$$r(\tau) = \int_{-\infty}^{\infty} x(t)x(t+\tau)dt \tag{3.2}$$

自己相関は，平均値を減算し分散で割り算する正規化を行うこともあるが，基本周波数推定ではおもに自己相関関数のピークを検出するため，ここでは，それらの正規化を行わない形で述べる。$r(\tau)$ は，入力波形を τ シフトさせて相関を求める処理を任意の τ に対して計算する関数である。τ が 0 であれば波形の 2 乗和になり，τ が 0 以外であれば τ が 0 の場合の値以下になる特徴がある。実音声は完全な周期性を持たず，また，短時間の波形を切り出していることから，$r(0)$ が最大値となる。

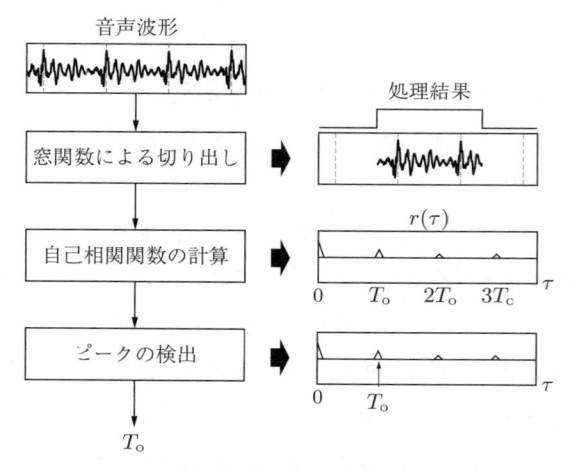

図 3.3 自己相関法による基本周波数推定の流れ。自己相関関数 $r(\tau)$ は，時刻 0 において最大値を持つほか，T_o の整数倍でピークを有する。

　自己相関関数の計算は，自己相関関数のフーリエ変換がパワースペクトルと一致するという**ウィーナー・ヒンチンの定理**（Wiener-Khinchin theorem）に基づき，以下のように簡単化できる。

$$r(\tau) = \mathcal{F}^{-1}[|X(\omega)|^2] \tag{3.3}$$

この証明は以下である。ただし，フーリエ変換と逆フーリエ変換を

$$X(\omega) = \int_{-\infty}^{\infty} x(t)e^{-i\omega t}dt \tag{3.4}$$

$$x(t) = \frac{1}{2\pi} \int_{-\infty}^{\infty} X(\omega)e^{i\omega t}d\omega \tag{3.5}$$

と，逆変換時に $1/2\pi$ を乗ずる形にする。

$$r(\tau) = \int_{-\infty}^{\infty} x(t)x(t+\tau)dt \tag{3.6}$$

$$= \int_{-\infty}^{\infty} x(t) \left(\frac{1}{2\pi} \int_{-\infty}^{\infty} e^{i\omega\tau} X(\omega)e^{i\omega t}d\omega \right) dt \tag{3.7}$$

$$= \frac{1}{2\pi} \int_{-\infty}^{\infty} X(\omega) \left(\int_{-\infty}^{\infty} x(t)e^{i\omega t}dt \right) e^{i\omega\tau}d\omega \tag{3.8}$$

$$= \frac{1}{2\pi} \int_{-\infty}^{\infty} X(\omega)X^*(\omega)e^{i\omega\tau}d\omega \tag{3.9}$$

$$= \frac{1}{2\pi} \int_{-\infty}^{\infty} |X(\omega)|^2 e^{i\omega\tau}d\omega \tag{3.10}$$

$$= \mathcal{F}^{-1}[|X(\omega)|^2] \tag{3.11}$$

途中の式展開において

$$X^*(\omega) = \int_{-\infty}^{\infty} x(t)e^{i\omega t}dt \tag{3.12}$$

を用いた。

　自己相関法の問題は，自己相関関数のピークが T_0 以外にも複数存在するため，別のピークを誤検出してしまうことにある。特に，$2T_0$ を推定値とすることは，真値の倍の周期，すなわち半分の基本周波数を真値と誤推定することになる。これは，**半ピッチエラー**と呼ばれ，基本周波数推定における代表的な誤りである。そのほかにも，予期せぬピークが発生し，それを真値と誤推定することでも推定誤りが生じる。波形の相関に着目した，これらの問題を緩和する改良も多数提案されているため，本章では，2000 年代に提案された代表的な方法に限定して 3.2.1 項で説明する。

3.1.3 ケプストラム法

〔1〕 ケプストラムの概要

ケプストラム法[5), 6)] は，1964 年に Noll らにより提案された基本周波数推定法であり，ソース・フィルタモデルによる音声表現において，ソース成分とフィルタ成分を分離するためのアイディアに基づく。ケプストラムという名称は，spectrum のアナグラム（spectrum の前半 4 文字を逆から記載して cepstrum）に由来する。2 章で説明したように，音声のスペクトル $Y(\omega)$ は，ソース由来のスペクトル $X(\omega)$ とフィルタ由来のスペクトル $H(\omega)$ で表現される。

$$Y(\omega) = H(\omega)X(\omega) \tag{3.13}$$

$$y(t) = h(t) * x(t) \tag{3.14}$$

この式は，スペクトルの積が時間領域では畳み込みとして与えられることを示す。ケプストラムは，対数振幅スペクトルを計算し，結果を逆フーリエ変換することで計算される。ここで，対数振幅スペクトルの計算において，積が和となることに着目する。

$$\log\left(|Y(\omega)|\right) = \log\left(|H(\omega)X(\omega)|\right) \tag{3.15}$$

$$= \log\left(|H(\omega)||X(\omega)|\right) \tag{3.16}$$

$$= \log\left(|H(\omega)|\right) + \log\left(|X(\omega)|\right) \tag{3.17}$$

音声分析ではこの式が広く利用されているが，ケプストラムには実数版と複素数版が存在することに注意する必要がある。最終的なケプストラム $c(\tau)$ は，以下により得られる。

$$c(\tau) = \mathcal{F}^{-1}\left[\log\left(|Y(\omega)|\right)\right] \tag{3.18}$$

$$= \mathcal{F}^{-1}\left[\log\left(|H(\omega)|\right)\right] + \mathcal{F}^{-1}\left[\log\left(|X(\omega)|\right)\right] \tag{3.19}$$

なお，この逆フーリエ変換を単なるフーリエ変換とすることもあるが，パワースペクトルは 0 Hz を中心とした偶関数であり虚部が存在しないため，大局的な構造は同一である。フーリエ変換前後における係数の差はあるが，ピークを検

出する問題を解く際，全体に乗じられた係数は結果に影響しない。スペクトル
を逆フーリエ変換したと考えると時間の関数と見なせるので，音声分野では逆
フーリエ変換を用いた説明が比較的多い。ただし，軸の単位は時間である一方，
ケフレンシー（frequency のアナグラムで quefrency）軸と呼称する。ケプスト
ラムの特徴は，時間領域における畳み込みが，ケプストラム領域では和として
表れることにある。

〔2〕　ケプストラムの算出

　図 **3.4** は，ケプストラムの算出に関する一連の処理の結果を示している。ケ
プストラムは，$\mathcal{F}^{-1}\left[\log\left(|H(\omega)|\right)\right] + \mathcal{F}^{-1}\left[\log\left(|X(\omega)|\right)\right]$ であり，基本周期との

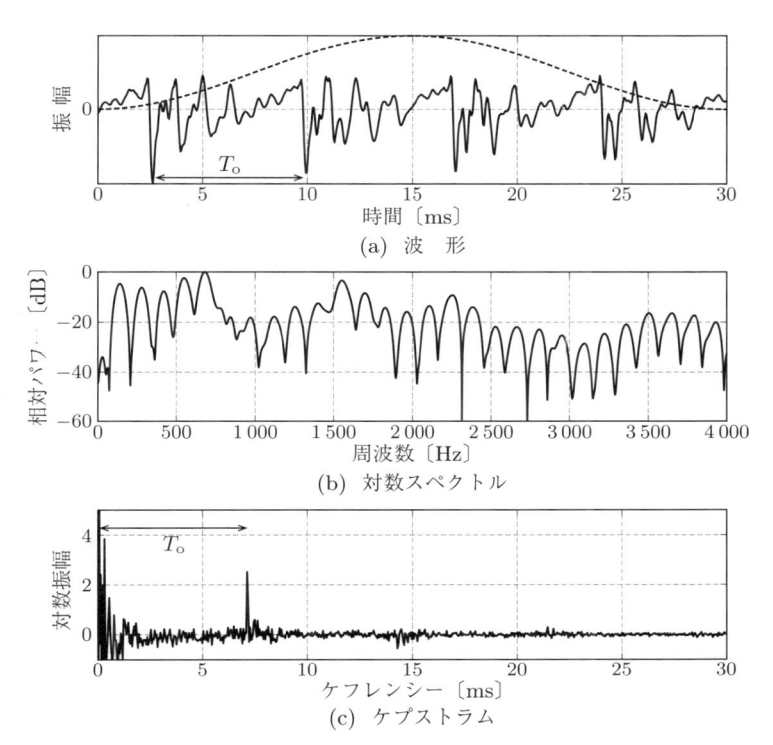

(a) 波　形

(b) 対数スペクトル

(c) ケプストラム

図 **3.4**　ケプストラム算出の流れ。図 (a) は波形 $y(t)$ で，実際にはなん
らかの窓関数を用いることが多い。図 (b) は対数スペクトル $|Y(\omega)|$，
図 (c) はケプストラム $\mathcal{F}^{-1}\left[\log\left(|Y(\omega)|\right)\right]$ である。図 (a) の基本周
期は，図 (c) のケプストラムのピークと一致する特徴を有する。

関係については，$\mathcal{F}^{-1}\left[\log\left(|X(\omega)|\right)\right]$ についてのみ考えればよい。$X(\omega)$ を以下に再掲する。

$$X(\omega) = \sum_{n=-\infty}^{\infty} \delta(\omega - n\omega_\mathrm{o}) \tag{3.20}$$

ここで，$\log(X(\omega))$ を計算すると，本来は振幅のない周波数における値は $-\infty$ になるが，計算機上では窓関数により波形を切り出すことの影響で多くの場合は 0 とならない。滅多に起こらないが，厳密な 0 が生じてしまうと，適切な演算が行われずケプストラム全体の計算ができない問題が生じる。そのため，振幅スペクトルを計算した後に，結果に影響を及ぼさない範囲で 0 より大きい振幅の雑音を加算することで，つねに 0 とならないことを保証する演算を入れて実装することもある。

〔3〕 ソース成分，フィルタ成分のケフレンシー軸における振る舞い

$|X(\omega)|$ に，結論に影響しない範囲のごく小さい雑音が加わり，振幅が 0 にならないこととして議論を進める。$\log\left(|X(\omega)|\right)$ は，振幅スペクトルと同様に ω_o の整数倍でのみ値を有するパルス列である。時間波形におけるパルス列は，スペクトルもパルス列になるため，ケプストラムにおける $\mathcal{F}^{-1}\left[\log\left(|X(\omega)|\right)\right]$ は，T_o とその整数倍でのみ値を有するパルス列となる。図 3.4 において，$2T_\mathrm{o}$ 以上の成分は観測できないが，これは，これまでの議論において無視していた，窓関数で切り出すことの影響である。時間波形に窓関数を乗ずる演算は，式 (3.13) に窓関数のスペクトルを畳み込むことに相当する。$Y(\omega)$ は振幅と位相の異なるパルス列であり，窓関数のスペクトルはメインローブ幅だけ広がりを持つ。つまり，窓関数のスペクトルを畳み込むことは，スペクトルを平滑化する処理と見なせる。この平滑化は，ケフレンシー軸において高域ほど振幅が低減する演算であることから，$2T_\mathrm{o}$ 以上の調波に起因するピークは抑制されている。

ソース・フィルタの成分のうち，一般的にソース成分はケプストラムの高次に，フィルタ成分はケプストラムの低次に集中するとされており，図 3.4 においてもその傾向は確認できる。これは，音声のスペクトルは ω_o の整数倍でのみ値を有する調波構造を持つことから説明できる。詳細は 4 章で説明するが，

スペクトル包絡は，本来高次のケプストラムの値を持つことも可能である。一方，窓関数による波形の切り出しと，ソース成分（パルス列）を畳み込むことで ω_0 の整数倍以外の周波数成分が損なわれることが，ケプストラムの高次の項を低減することに繋がる。窓関数による波形の切り出しは，スペクトルを平滑化させる処理に対応するため，これがケプストラムの高次を抑制する処理となる。さらに，本来連続的なものとして定義されるスペクトル包絡であるが，ソース成分を畳み込むことが A-D 変換に相当する処理となる。スペクトル包絡は，A-D 変換に必要な低域通過フィルタによる処理と離散化が行われたものと解釈できることから，スペクトル包絡に起因するケプストラムは，ケフレンシー軸の低次に成分が集中することになる。

3.1.4 共通する問題点

それぞれの改良法について述べる前に，基本周波数推定法をややこしくする問題点について整理する。実音声が完全な周期性を有さないことに起因する問題は初めに説明したのに対し，ここでの説明は，全方法に共通する方法論に関する問題である。

〔1〕 基本周波数が存在する範囲

女性の声の基本周波数は，一般的に男性の声の基本周波数より高い。歌声では，さらに高い周波数まで存在し，オペラのソプラノでは 1 000 Hz を超える基本周波数の音が譜面に示されている（モーツァルト作曲のオペラ「魔笛」の中で歌われる「夜の女王のアリア」では，最大で 1 396.91 Hz の基本周波数での歌唱を要求する）。基本周波数推定において，なんらかの情報により基本周波数が存在する範囲を限定できれば，推定精度を向上させることができる。残念ながら，未知の基本周波数に対応することを考えると，幅広い周波数に基本周波数が存在することを加味してアルゴリズムを考える必要がある。

現在までにさまざまな方法が提案されており，評価において推定範囲の下限を 40 Hz，上限を 800 Hz と設定して評価している文献もしばしば存在している。オペラ歌手のソプラノのような特殊な歌声までは対象としないが，それでも数

オクターブの範囲をカバーする方法が期待されている。入力される音声の基本周波数レンジがある程度推測可能ならば，事前に範囲を限定して推定することで，推定精度は改善できる。ただし，現実的には未知な基本周波数をターゲットとするため，幅広い範囲に基本周波数が存在する前提で推定法を検討することが要求される。

〔**2**〕 窓 長 の 決 定

　もう一つの問題点は，波形を切り出す窓長をどのように与えるべきかである。自己相関法やケプストラム法においては，音声が周期的であることが必要不可欠である。これは，短すぎる窓関数で 1 周期分以下の波形を切り出すと，手がかりとなる相関関数，あるいはケプストラムのピークが観測できないことを意味する。

　基本周期を観測する目的がある以上，最低限 2 周期分の波形は必要である。ハニング窓などの両端に向かって振幅が 0 に収束する窓関数を使った場合では，さらに窓関数を長く設定する必要がある。先ほど説明したように下限を 40 Hz に設定すると，1 周期が 25 ms なので，推定に必要となる窓長は最低でも 50 ms である。音声分析では 20～30 ms の窓長が利用され，30 ms の窓関数を用いた場合，66.6 Hz 以下の基本周波数の推定は，原理的に困難となる。

　長い窓関数の利用は，音声の基本周波数が時々刻々と変化することから，時間分解能の点で望ましくない。現状では，基本周波数で探索する下限と，切り出す窓関数の種類から窓長を決定することとなる。最適なパラメータは，後述する性能評価において，精度が最大となるよう計算機シミュレーション実験により与えられる。

3.2　精度を高めるための工夫

　古典的な方法は理解が容易である一方，大半は実音声に対して利用しても期待する性能は得られない。高品質音声分析合成においては，基本周波数の推定性能が品質に直結するため，推定精度を高めるための工夫が必要となる。現在利用されている方法の多くは，音声が完全な周期性を持たなくても頑健に動作

させるため，複数の最適化されたパラメータから構成されることも珍しくない。教科書に掲載される伝統的な方法はアルゴリズムとしては美しいが，現実的な音声処理には利用できず，ある意味で泥臭い処理により精度を向上させることで，実用的な方法になるのが現状である。

3.2.1　相関法の改良

相関に基づく方法にも多様な改良法が提案されており，ここでは，その中でも 2002 年に提案された **YIN**[7] を紹介する。YIN は，**相互相関**の考え方に基づき，誤推定を引き起こす要因を取り除くための工夫がなされている。先に**図 3.5** を用いて，関連するパラメータを含めた音声の分析例を示す。図 (a) が分析対象となる音声波形で，図 (b) が自己相関関数を示す。自己相関関数では，切り出した区間外の振幅が 0 になるため，時刻 0 における相関が最大で，その後減衰する特徴が確認できる。これは，T_0 の倍の時刻で生じるピークが検出されにくいメリットはあるが，原点付近のピークを誤検出するリスクが残る。

YIN では，以下の式により**相互相関関数** $r(n,\tau)$ を計算する。

$$r(n,\tau) = \sum_{k=n+1}^{n+W} y(k)y(k+\tau) \tag{3.21}$$

ここで，n は基本周波数を分析する時刻であり，τ が相関関数の時間軸に相当する。W は窓長に当たるパラメータであり，本式は，$n+1$ 点から $n+W$ 点まで観測していると解釈することができる。相互相関関数では自己相関関数に見られる減衰傾向はない。T_0 の整数倍においてピークが観測できるだけではなく，時刻 0 以外に最大値が存在する可能性もある。図 3.5 (c) が相互相関関数であり，T_0 の整数倍の時刻のピークが周期的に観測される。原点付近にピークが生じると誤推定する可能性があるため，YIN では，この原点付近のピークを検出しないための工夫をしている。まずは，以下の式によりパラメータ $d(n,\tau)$ を計算する。

$$d(n,\tau) = \sum_{k=n+1}^{n+W} \left(y(k) - y(k+\tau)\right)^2 \tag{3.22}$$

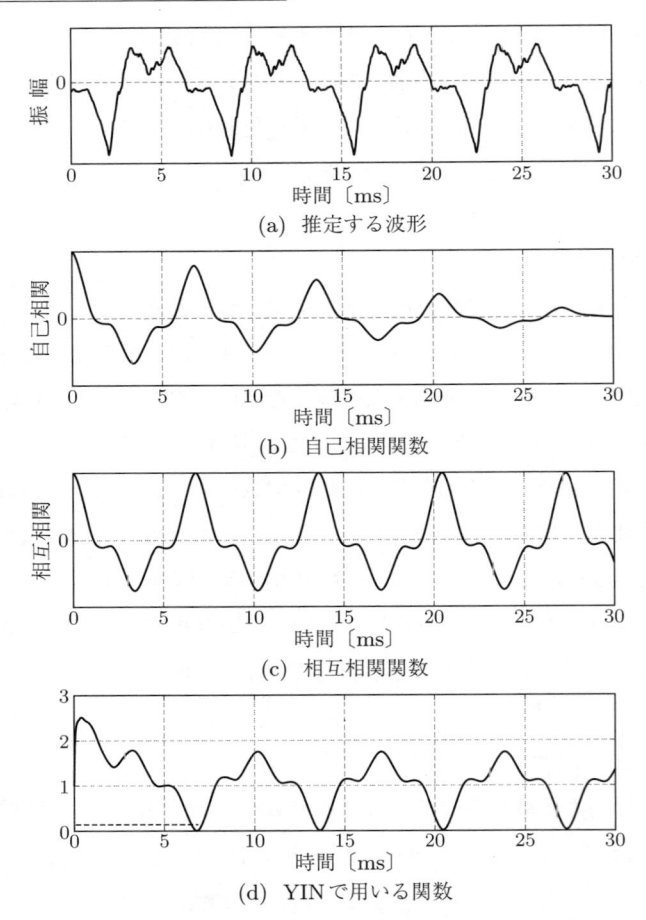

(a) 推定する波形

(b) 自己相関関数

(c) 相互相関関数

(d) YIN で用いる関数

図 3.5 相関に基づく基本周波数推定法の例。図 (a) から順番に，推定対象となる音声の波形（男性の母音/a/)，自己相関関数，相互相関関数，YIN で用いる関数を示している。YIN では，閾値を下回る極小点を算出し，放物線補間により正確な谷の時刻を算出する。

$d(n, T_\mathrm{o})$ は，入力波形が完全な周期性を有する場合 0 になる特徴を有する。この総和記号の中身を展開すると，以下が得られる。

$$d(n, \tau) = \sum_{k=n+1}^{n+W} y^2(k) - 2y(k)y(k+\tau) + y^2(k+\tau) \tag{3.23}$$

それぞれの項は相互相関関数として計算できるため，最終的には以下により計

算することができる。

$$d(n, \tau) = r(n, 0) - 2r(n, \tau) + r(n + \tau, 0) \tag{3.24}$$

上式を用いても，原点付近の振幅が 0 に近ければ誤検出が生じるリスクがある。そこで，以下の式により $d(n, \tau)$ を変形することで，この問題を回避する。

$$d'(n, \tau) = \begin{cases} 1 & \text{if } \tau = 0 \\ \dfrac{d(n, \tau)}{\dfrac{1}{\tau} \displaystyle\sum_{k=1}^{\tau} d(n, k)} & \text{otherwise} \end{cases} \tag{3.25}$$

式の分母は，$d(n, \tau)$ の 0 から τ までの平均値を求める演算に相当する。$d(n, \tau)$ は時刻 0 における値が 0 であり，その近辺でも小さい値となることから，$d'(n, \tau)$ は，0 周辺における値が閾値よりも大きくなる。図 3.5 (d) が $d'(n, \tau)$ であり，時刻 0 周辺の谷が消滅し，最初に閾値を下回る時刻は T_0 となることが確認できる。

YIN における W の決定は，推定精度に直結する重要な要素である。最適値は，分析対象となる音声の基本周波数分布にも依存するが，40 Hz から 800 Hz までを推定対象とする際には，25 ms を一つの最適値としている。そのほかにも，閾値以下の値に対する放物線補間により，サンプル点に依存しない T_0 を推定する方法などいくつかの工夫が存在するが，本書では核となるアイディアまでしか取り扱わない。

3.2.2 ゼロ交差法の改良

ゼロ交差法の問題は，基本波フィルタリングに利用する低域通過フィルタの遮断周波数の設定にある。基本周波数が未知である以上，基本波検出を一つの低域通過フィルタで実現することは非現実的な課題設定である。以下で紹介する方法[8], [9] は，複数の低域通過フィルタを用いて波形を処理し，得られた基本周波数群から最も信頼できる基本波を選択するアプローチにより，ゼロ交差法の問題を解決する。

　推定法は，**図 3.6** に示す流れで構成される。この方法は，低域通過フィルタを遮断周波数に対して一列（in-line）に並べることから **DIO**（distributed in-line filter operation）と命名されている。この手法は，自己相関やスペクトルを求める方法とは異なり，波形全体に対する低域通過フィルタ処理とゼロ交差点を求める演算のみで構成されるため，きわめて処理が軽い利点がある。

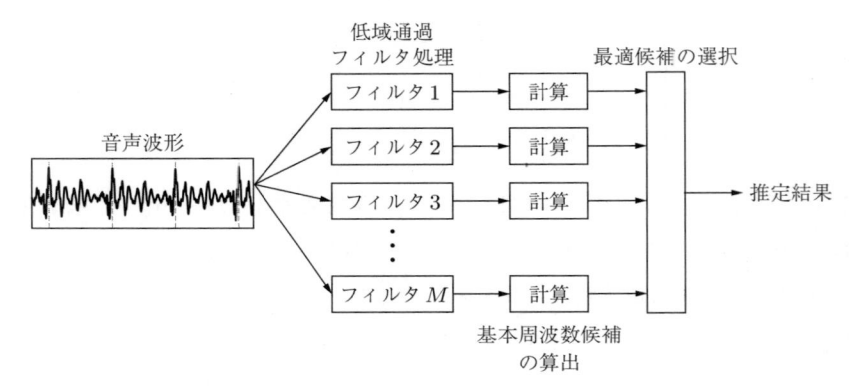

図 3.6　ゼロ交差法の改良法。おもに三つのステップ，すなわち，(1) 遮断周波数を低域から高域にかけて設定した低域通過フィルタ群により波形を処理するステップ，(2) 処理後の波形それぞれからゼロ交差点に基づく基本波らしさを計算するステップ，(3) 得られた基本波数候補から，基本波らしさに基づき最も信頼できる最適候補を選ぶステップ，から構成される。

〔1〕　複数の低域通過フィルタによる処理

　フィルタ処理を考えた場合，フィルタ長が長いということは，特定時刻の振幅を決定するために，長い時間の応答がフィルタ係数により重み付けされて加算されていることとなる。音声波形は，時々刻々と基本周波数が変化する特徴を有するため，フィルタ長は短いことが要求される。振幅が急峻に変化するフィルタほどフィルタ長が長くなる。また，基本波フィルタリングは基本波だけ検出できればそれでよい。一般的な低域通過フィルタほど遷移域を狭めるための工夫を必要としないが，減衰域における振幅は十分に抑制する必要がある。

　DIO では，これらの条件を満足するフィルタとして，窓長の異なる窓関数をフィルタとしてそのまま利用している。窓関数をフィルタと見なすと，メイン

ローブ幅が通過域となり，サイドローブの大きさが減衰域における減衰量となる。窓長を長くするほどメインローブ幅が狭くなるため，遮断周波数を低く設定することが可能になる。**図3.7**は，目標とする遮断周波数の範囲を示す図である。遮断周波数は，基本波よりも低く設定された場合，あるいは**倍音を含む**場合は，どちらもゼロ交差法により正確な基本周波数を求めることは不可能である。DIOが提案された論文では，サイドローブの減衰量が$90\,\mathrm{dB}$以上のナットール窓を低域通過フィルタとして採用している。また，基本周波数を探索する範囲において，1オクターブ当り二つのフィルタを与えることで，十分な性能を達成できることを実験的に示している。これらの条件でM個のフィルタにより波形を処理することで，Mチャネルの波形が得られる。

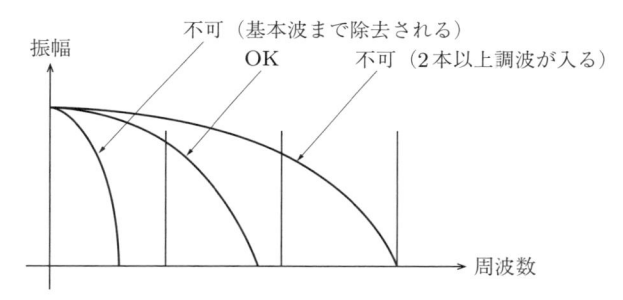

図 3.7 低域通過フィルタの良し悪し。遮断周波数が低すぎると基本波が含まれず，遮断周波数が広すぎると倍音まで含んでしまう。基本波のみが含まれる遮断周波数が最も信頼できるような指標を作ることが重要となる。

〔2〕 ゼロ交差間隔に基づく基本波らしさの計算

Mチャネルの信号を対象にゼロ交差点を計算し，各ゼロ交差点の時間間隔を計算する。この際，**図3.8**に示す四つの間隔を算出することに，DIOの特色がある。ある低域通過フィルタが適切に基本波のみを抽出できたならば，フィルタを通した後に信号は基本波の周波数を有する正弦波（$\sin(\omega_o t)$）となる。基本波すら含まない場合，あるいは倍音まで含む場合は，正弦波とは異なる信号になる。**基本波らしさ**は，波形が正弦波にどれだけ近いかを判断するような指標であればよい。

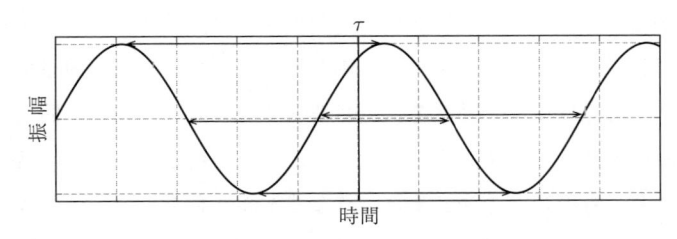

図 3.8　時刻 τ における四つのゼロ交差間隔の定義。元の波形のゼロ
交差の 2 種（正から負，負から正）に加え，時間差分した波形のゼ
ロ交差も求めることで，ゼロ交差は 1 時刻につき四つとなる。後者
については，実質的には極大点と極小点の間隔になる。

　図 3.8 からも明らかなように，正弦波であれば四つのゼロ交差間隔は同一の値
となる。この間隔の平均値の逆数は基本周波数の候補であり，標準偏差が小さ
いほど正弦波に近いこととなる。四つのゼロ交差間隔の逆数の平均値を f_{ave} と
し，標準偏差を f_{std} とすれば，基本波らしさ p は，以下の式により与えられる。

$$p = \frac{f_{\mathrm{std}}}{f_{\mathrm{ave}}} \tag{3.26}$$

分母については，基本波らしさに周波数の逆数で重み付けすることで，高さに
対する変動比率に変換する効果がある。実際の基本波らしさは，低域通過フィ
ルタのチャネルナンバー m とゼロ交差間隔を求めた時刻 n による 2 変数関数
$p(m, n)$ として定義される。同様に，基本周波数の候補についても $f_{\mathrm{ave}}(m, n)$
として定義される。時刻 n における基本周波数を，$p(m, n)$ と $f_{\mathrm{ave}}(m, n)$ から
求めることが最後のステップとなる。

〔**3**〕　**最終的な基本周波数の選択**

　時刻 n における最終的な基本周波数は，$p(m, n)$ が最小値を示すチャネルナ
ンバー m_b を算出し，$f_{\mathrm{ave}}(m_b, n)$ となる。これを音声波形の全時刻について求
めることで，基本周波数軌跡の推定結果が得られる。この手法では，有声無声
の判定を行っておらず，全時刻に特定の基本周波数が与えられることになる。
有声無声の判定を行う場合，$p(m, n)$ に対して閾値を設定し，最小値が閾値を
上回れば無声と判定するような方法を用いるか，あるいは，有声無声判定を別
のアルゴリズムで実装し，その結果を利用することとなる。音声の基本周波数

推定と有声無声判定は密接な関係にあり，**VAD**（voice activity detection）と呼ばれる研究領域においても，関連するアルゴリズムが実現されている。音声の基本周波数推定における万能な方法は，本書を執筆している段階では存在せず，さまざまなアルゴリズムを駆使して，可能な限り推定精度を高めるための工夫がなされている状況にある。

DIO は，基本波と周辺帯域の雑音との SNR に精度が強く依存するため，レコーディングスタジオや防音室・無響室のような特殊な環境で収録された音声がおもなターゲットとなる。一般的な室内での雑音は，低域に集中する傾向があるため，一般的な室内で収録された音声の分析には不向きである。YIN のように波形の相関を用いる方法や，パワースペクトルを用いる方法は，基本波フィルタリングを用いる方法と比較すると，雑音への頑健性に優れている。一方，フレームごとに相関やパワースペクトルを求める演算を実施する必要があるため，計算速度に問題が生じることとなる。このように，基本周波数推定の問題は，なにかを追求するために別のなにかを妥協するというトレードオフの問題についても，バランス良く考えなければならない。

3.3　実用レベルにある最先端の方法

精度を高めるための工夫が追加されるたび，アルゴリズムは複雑化していく。これは，実音声の基本周波数が**時変的**であり，さらに雑音混入や声帯振動が毎回微細に変化するなど，多くの問題に対する処理を加えることに起因する。例えば，精度を高めるための工夫として，複数の方法を組み合わせ，それらの候補群から基本周波数軌跡を求める方法が提案されるようになった[10]。高品質音声分析合成に求められる水準を満足するアルゴリズムは，教科書に掲載される定番のアルゴリズムに比べると，たいへん煩雑で，アドホックな処理を含むことが多々ある。これらの煩雑な処理は，従来法の特定の問題点にアプローチするために提案されるゆえ，理解するために前提とする知識を要求する。

本節では，そのように工夫を凝らした精度を追求する技巧的なアルゴリズム

の中で，高品質な音声分析合成を目指して提案された方法を紹介する。この方法は基本周波数の候補を多数集めて統合することを収穫と見なし，**Harvest** と命名されている[11]。これまで紹介した方法との違いは，各フレームについて独立して基本周波数を推定するのではなく，高品質な音声を合成するために適した基本周波数「軌跡」を求める工夫を含むところにある。

3.3.1 基本周波数候補の推定

〔1〕 基本的な考え方

図 **3.9** に示すように，Harvest の基本的な考え方は，DIO と同様に多数のフィルタ処理による基本波フィルタリングと四つのゼロ交差間隔による候補の選定であり，それ以外にいくつかの工夫が追加されている。したがって，たいへんステップが多く，アドホックな処理も多々存在する。教科書に載っているわかりやすくエレガントな方法とは反対の泥臭さがあるが，実音声そのものがそういう泥臭い信号であるためにこのような複雑な処理が必要とされると解釈すべきだろう。

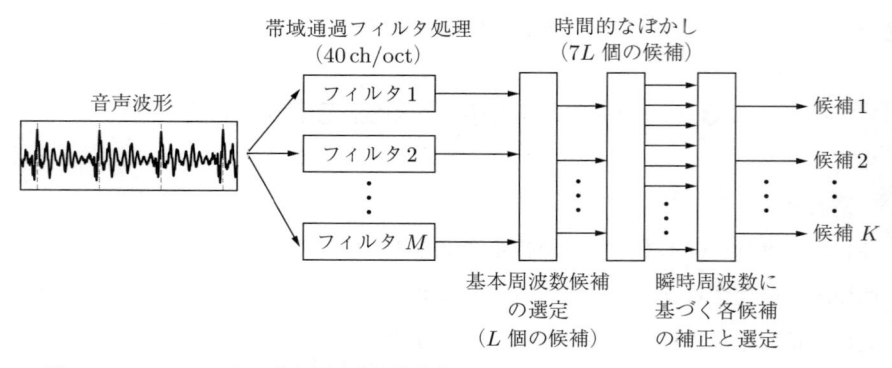

図 **3.9** Harvest による基本周波数候補選定の流れ。以下，基本的に筆者による文献11）から引用するか，あるいは同種の図を作り直している。

〔2〕 帯域通過フィルタによる基本波フィルタリング

Harvest では，低域通過フィルタではなく帯域通過フィルタにより基本波フィルタリングを行う。利用するフィルタは，ナットール窓 $w_N(t)$ と，cos 波の積により与えられる。

$$h(t) = w_\mathrm{N}(t)\cos(\omega_c t) \tag{3.27}$$

ここで，ω_c は中心周波数であり，窓長は，$8\pi/\omega_c$ として与えられる。波形とパワースペクトルの関係を図 **3.10** に示す。このフィルタは，中心周波数から 0 Hz に向かって減衰する特性を有する。低域通過フィルタを利用する方法と比較して，低域雑音に対する頑健性が向上するという利点がある。一方，時間波形の持続時間は低域通過フィルタよりも長くなる。これは，波形の持続時間が，パワースペクトルの微分の 2 乗に対する全周波数の積分で表されることから説明できる。このフィルタの通過域に基本波のみが含まれる場合，フィルタリング後の波形は正弦波となる。Harvest では，基本周波数の探索範囲の下限から上限について，40 ch/oct で帯域通過フィルタを設計する。

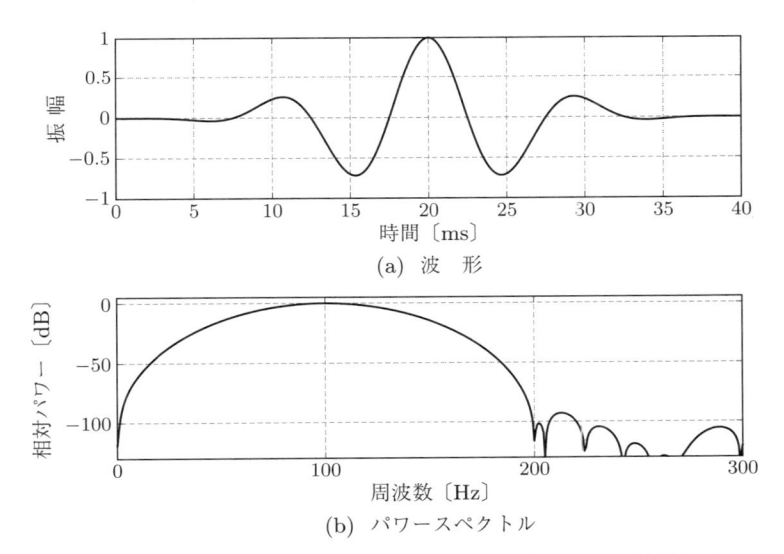

(a) 波　形

(b) パワースペクトル

図 **3.10** 中心周波数を 100 Hz としたときの帯域通過フィルタの波形とパワースペクトル。窓長を基本周期の 4 倍としたナットール窓と 100 Hz の cos 波の積の場合，0, 200 Hz で 0 となり，100 Hz にピークを持つ。

〔3〕 基本周波数候補の選定

つぎのステップとして，得られた多チャネルの信号に対し，DIO と同様に四つのゼロ交差点からゼロ交差間隔の平均値を求める。各時刻について基本周波

数の候補を求めたものを $p(m, n)$ とする。ここで，m はチャネルナンバー，n は離散時間（フレーム番号）に相当する。ゼロ交差間隔は，出力波形が正弦波ではなくても計算されるため，フィルタの中心周波数から大きく外れた周波数の候補は基本周波数に由来するものではない。閾値を中心周波数の $\pm 10\%$ とし，その範囲から逸脱したものを 0 と置き換える処理を行う。この処理により修正された基本周波数の候補 $p_r(m, n)$ は，以下の式により与えられる。

$$p_r(m, n) = \begin{cases} p(m, n) & \text{if } \left| \dfrac{p(m, n) - \omega_n}{\omega_n} \right| < 0.1 \\ 0 & \text{otherwise} \end{cases} \tag{3.28}$$

実音声について計算された $p_r(m, n)$ の例を**図 3.11** に示す。これは，基本周波数が 145 Hz 付近にある音声の例であり，目的とする周波数において適切な候補が得られている。Harvest では後の処理を実施する都合があり，1 ms 間隔で $p_r(m, n)$ を求める必要がある。

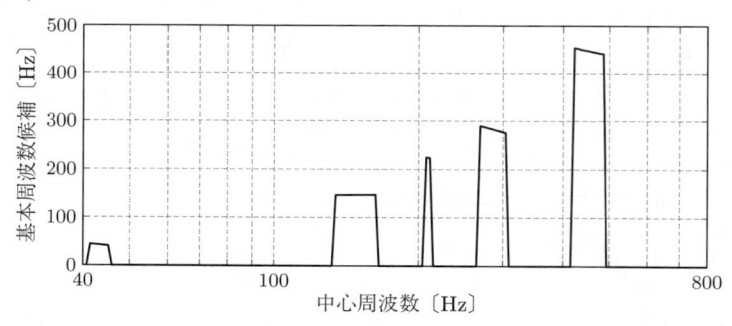

図 3.11 あるフレームにおける $p_r(m, n)$ の例。基本周波数は 145 Hz 付近にあるが，倍の周波数や電源ノイズと思われる 50 Hz 付近にも候補が存在する。

一方，2 倍，3 倍の周波数や，雑音由来と思われる 210 Hz 付近の候補，**電源ノイズ**と思われる 50 Hz 付近にも候補が存在する。Harvest では，0 を挟まずに連結した連なりについては，その平均値をもって一つの候補とする。図 3.11 では，五つの候補（それぞれ，おおむね 50, 145, 210, 290, 450 Hz）が選出されることとなる。現段階では，得られた全候補について序列を付けず，すべて候補として保持する。

〔4〕 時間的なぼかし

波形を短時間で観測する基本周波数推定における大きな問題の一つとして，局所的に存在する雑音に弱いことが挙げられる。特に基本波フィルタリングは，精度が基本波のパワーのみに依存するため，複数の調波を利用する方法と比較すると，相対的に雑音に弱い。特定のフレームに雑音が集中する場合，そのフレームについて適切な基本周波数候補が検出できない可能性が考えられる。

この問題に対して，$p_r(m,n)$ を時間的に「ぼかす」ことで対応する。具体的には，時刻 n の候補 $p_r(m,n)$ を $p_r(m, n \pm 3)$ の候補すべてとすることで，周辺フレームに存在するものすべてをそのフレームの候補とする。図 **3.12** は，ぼかしの効果を示す例である。図中の円は $p_r(m,n)$ で得られた候補であり，点が $p_r(m,n)$ を前後のフレームにコピーした基本周波数候補である。この例では，254 ms において候補が得られていないが，周辺の基本周波数候補を与えることで，目的に近い数値の基本周波数候補が得られる。この処理により，特定フレームの候補は，開始・終了数フレームを除き，7 倍に増えることになる。このような処理は，音声の基本周波数が短時間では跳躍しないという制約条件を前提に成立する。

基本周波数の時間変化が少なければ真値に近い候補が得られるが，図 3.12 の

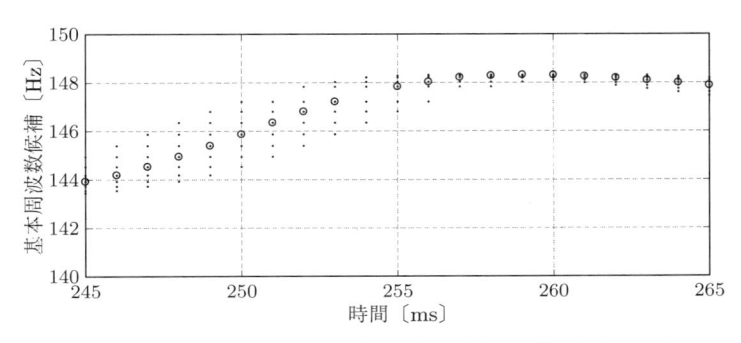

図 **3.12** 時間的な「ぼかし」の効果。○印が本来の基本周波数候補であり，黒い点が前後のフレームにコピーされた基本周波数候補である。254 ms では候補が得られていないが，周辺の基本周波数候補を与えることで，目的に近い数値の基本周波数候補が得られる。

ように時間的に変化する場合，真値に近い候補は得られない。雑音に弱い基本波フィルタリングに基づく方法である以上，この問題は他の時刻の候補についても同様にいえることである。つぎのステップでは，各フレームについて得られた候補を，瞬時周波数を用いた別の指標を用いて修正するとともに，**信頼度**に相当する指標も計算する。瞬時周波数を用いた基本周波数推定については，文献12) の考え方に基づいている。

〔5〕 **瞬時周波数を用いた候補の修正**

瞬時周波数を基本周波数推定に応用するためには，まず瞬時周波数の性質について知る必要がある。瞬時周波数の定義については 1 章を参照していただきたい。まず，1 章で説明した瞬時周波数の定義を再掲する。

$$\omega_i(\omega, n) = f_s \times \angle \frac{X(\omega, n+1)}{X(\omega, n)} \tag{3.29}$$

この式は Flanagan の式と同一のことを示すため，より直感的なこちらの式を議論に用いる。入力信号を周波数 ω_c〔Hz〕の正弦波であるとする。このスペクトルは，$\pm\omega_c$〔Hz〕でのみ振幅と位相を有するデルタ関数となる。この振幅を暫定的に α とすると，二つのスペクトルはそれぞれ以下となる。

$$X(\omega_c, n) = \alpha e^{in\omega_c} \tag{3.30}$$

$$X(\omega_c, n+1) = \alpha e^{i(n+1)\omega_c} \tag{3.31}$$

ここから，角度を得るために必要となる $X(\omega, n+1)/X(\omega, n)$ を求めると，以下が得られる。

$$\frac{X(\omega_c, n+1)}{X(\omega_c, n)} = \frac{\alpha e^{i(n+1)\omega_c}}{\alpha e^{in\omega_c}} \tag{3.32}$$

$$= e^{i\omega_c} \tag{3.33}$$

離散系における 1 サンプルは $1/f_s$〔s〕に相当するため，最終的な値は $e^{i\omega_c/f_s}$ となる。この角度が ω_c/f_s となることを瞬時周波数の式に代入すると，結果 ω_c が得られる。

これは，入力信号のスペクトルがデルタ関数になること，すなわち窓関数なしで無限の信号長であることを前提にした導出である。窓関数により切り出すこ

とによる影響を，**図 3.13** により説明する。なお，ここでは図を用いた観念的な説明であり，具体的な特徴に関する導出は 6 章で行う。これは，基本周波数が 100 Hz のパルス列を，30 ms のブラックマン窓により切り出した例である。図の上段は窓関数により切り出された波形，中段はパワースペクトル，そして下段は瞬時周波数を示す。図 (a), (b) で波形を切り出す時刻が変わっていることに注意する。図 (a) 中段のパワースペクトルを観察すると，50, 150, 250, 350 Hz に明確な谷が存在する。これらの周波数における瞬時周波数は，発散しているような振る舞いであることが，図 (a) 下段からわかる。一方，図 (b) は分析時刻がずれていることもあり，このような 0 が生じていない。結果，発散することはなく，周波数の変化に対して瞬時周波数が滑らかに遷移している。

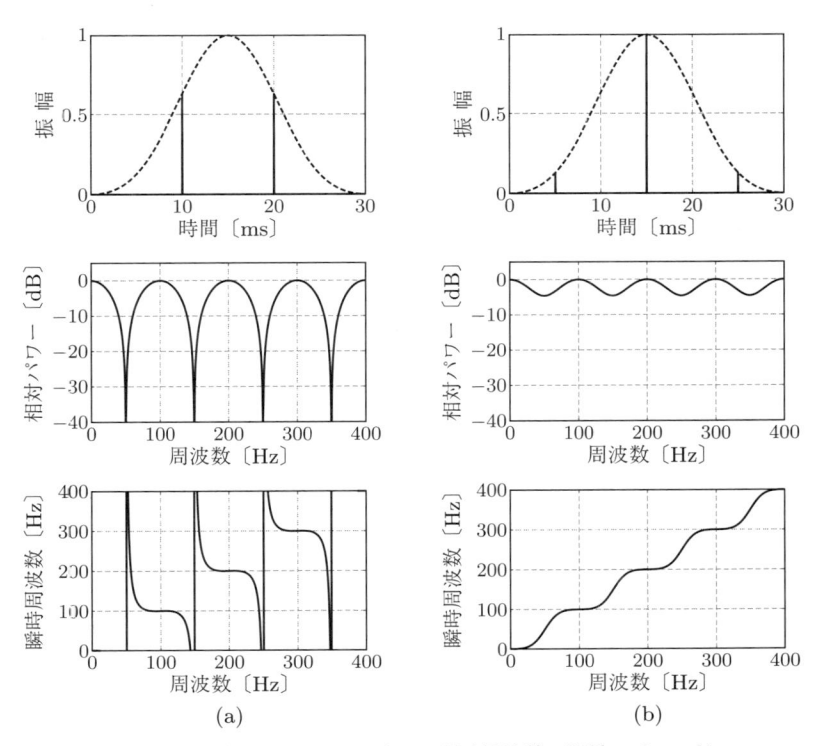

(a)   (b)

図 3.13 波形，パワースペクトル，瞬時周波数の関係。パワーが 0 ならば，位相が定義できず発散する。

　分析時刻によるパワースペクトルの定式化は 4 章で行うため，ここでは基本周波数推定に必要な特徴のみを説明する。ここで重要な性質は三つある。一つは，下段の横軸を入力，縦軸を出力と見なすと，基本周波数，および倍音の入力に対し，出力となる瞬時周波数も同値になる性質である。続いて，入力となる周波数が基本周波数よりややずれていても，出力は基本周波数に近い値となる性質である。これは，基本周波数に近い値が求められてさえいれば，瞬時周波数を用いることでより基本周波数に近い値へ補正できる特徴を示す。最後は，上記の特徴が分析時刻に依存しない性質である。これらが成立するのは，窓関数のメインローブ幅が基本周波数以下であり，サイドローブが十分に小さい窓関数により波形を切り出した場合であることに注意する。

　話を基本周波数推定に戻そう。本項〔4〕で説明したとおり，多数の基本周波数の候補が得られ，それらは基本周波数の周辺に分布している。これらすべての値を入力し，得られた瞬時周波数の値を修正後の候補とすれば，より高精度の基本周波数候補が得られる。ただし，基本波だけの SNR に依存させないため，複数の調波を利用して補正を行う。ある基本周波数候補 ω_{o} と修正後の候補 $\hat{\omega}_{\mathrm{o}}$ との関係を以下に示す。

$$\hat{\omega}_{\mathrm{o}} = \frac{\displaystyle\sum_{k=1}^{K} |X(k\omega_{\mathrm{o}}, n)|\omega_i(k\omega_{\mathrm{o}}, n)}{\displaystyle\sum_{k=1}^{K} k|X(k\omega_{\mathrm{o}}, n)|} \tag{3.34}$$

ここで，K は補正に用いる調波の数である。この式は，時刻 n における一つの候補の修正について示しているが，式が煩雑になることを避けるため，時間と何番目の候補かを示すインデックスは省略している。

　この補正の特徴は，分子・分母に存在する振幅スペクトル $|X(\omega, n)|$ の存在である。振幅の項が存在することで，パワーの大きい調波の影響が支配的になる。母音/a/は，第 1 フォルマントが高いため，基本周波数におけるパワーが小さく，基本波の SNR が低下する問題がある。倍音まで利用するように拡張することで，低域でパワーが強い調波の影響が支配的になるような補正がなさ

れる。なお，Harvest では，利用する調波の数は 6 に設定している。

〔6〕 瞬時周波数を用いた候補の信頼度の計算

各候補の信頼度も，瞬時周波数を利用して計算する。図 3.13 の特徴として，基本周波数に近い周波数を入力すると，真値により近い値が出力されることはすでに述べた。これは，補正前の基本周波数候補が真値と一致していれば，補正による値の変化が 0 になることを意味する。つまり，補正に用いた全調波と瞬時周波数の値との差を見ることで，補正前の候補がどの程度信頼できたかを測ることができる。具体的に，信頼度の指標 r は以下となる。

$$r = \cfrac{K}{\displaystyle\sum_{k=1}^{K} \left| \cfrac{\omega_i(k\omega_\mathrm{o}, t)}{k} - \omega_\mathrm{o} \right|} \tag{3.35}$$

ここで，分母は補正前後のズレが小さいほど小さくなるため，r の大きさが信頼度となる。また，r が小さすぎる場合はそもそも信頼できない候補である可能性が高いため，r に対して閾値を求め，閾値以下の候補を除去することも有効である。基本周波数の候補群を $\hat{\omega}_\mathrm{o}(m, n)$ とすると，その信頼度は $r(m, n)$ と 2 変数関数として与えられる。

こうして得られた基本周波数候補と信頼度スコアから，各フレームについて最も信頼度が高い候補を与える。これが基本周波数軌跡の初期値となる。ここまでの手順について，実音声による分析例を**図 3.14** に示す。図 (a) は入力となる波形，図 (b) はゼロ交差間隔に基づく候補群であり，時間的に基本周波数が変化する区間では，周波数方向に候補が分散する。一方，これを瞬時周波数により補正した図 (c) では，各フレームについての候補の分布が小さくなっていることが確認できる。これは，補正が良好に機能しており，多少のズレは真値に近い周波数に収束することを示している。実線は，最も信頼できると判断された候補を繋いだ基本周波数軌跡である。音声の開始時刻に関しては，声帯振動が不安定であることもあり，例えば 121 ms では 140 Hz 以上と周辺の候補から見て逸脱した数値が選ばれている。

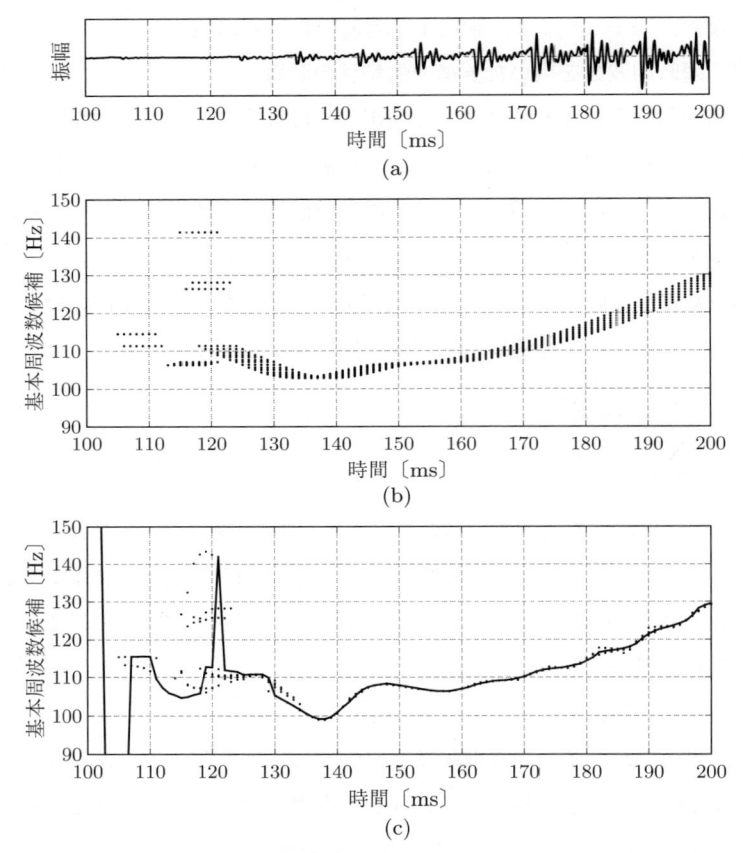

図 3.14　音声波形と基本周波数候補。図 (a) は入力となる波形，図 (b) はゼロ交差間隔に基づく候補とぼかしにより増やした候補群，図 (c) は瞬時周波数により補正した候補群と，最も信頼できると判断された候補の軌跡を示す。

　これまで説明してきた方法は，フレームごとに独立して基本周波数を与えていたが，基本周波数が時間的にどう振る舞うべきかを吟味し，必要に応じて 2，3 番目の候補を選ぶことが，性能の向上に繋がることもある。例えば，真値の倍や半分を誤推定するエラーが 1 フレームのみで生じた場合では，**メディアンフィルタ**のような後処理が有効に働く。真値に一定の雑音が含まれる場合，平滑化することも効果的である。問題を，各フレームについての基本周波数推定

から基本周波数「軌跡」の推定と捉えると，前後の情報を活用した軌跡の補正や後処理は，合理的な戦術である。Harvest では，この点を考慮し，軌跡の初期値と瞬時周波数により補正された候補群を利用した軌跡の修正を行う。

3.3.2　基本周波数軌跡の推定

基本周波数推定問題を基本周波数「軌跡」の推定だと考えると，すべてのフレームにおいて最も信頼できる候補を機械的に選ぶことは，必ずしも最適な結果をもたらさない。音声の基本周波数は，時々刻々と変化することはいまさらいうまでもないが，その変化が特定のフレームについてのみ前後と比べて 1 オクターブ下に跳躍した場合，半ピッチエラーが生じていることが容易に想像できる。Harvest では，最も信頼できる候補を接続して得られた基本周波数軌跡を初期値とし，瞬時周波数により補正された候補群に基づいて候補の修正を行う。

〔1〕　信頼できない基本周波数の除去

基本周波数は，その定義上ごく短時間に大幅な跳躍はしないため，初期軌跡における 1 フレーム間の跳躍を妥当ではない候補が選ばれていると解釈することは合理的である。初期の軌跡を $f_o(n)$ とすると，特定の跳躍が生じたものを 0，すなわち無声音と見なす処理を実施する。具体的には，以下の式により判定を行う。

$$\hat{f}_o(n) = \begin{cases} f_o(n) & \text{if } d < \text{threshold} \\ 0 & \text{otherwise} \end{cases} \tag{3.36}$$

$$d = \min\left(\left| \frac{f_o(n) - f_o(n-1)}{f_o(n-1)} \right|, \left| \frac{f_o(n) - 2f_o(n-1) + f_o(n-2)}{2f_o(n-1) - f_o(n-2)} \right| \right) \tag{3.37}$$

ここで，min( ) は，入力された複数の値のうち，小さい値を選択する演算を示す。Harvest では，$d = 0.008$ を採用している。これは，前フレームからの基本周波数の跳躍の範囲を 0.8 ％まで認めることを意味する。min( ) 内の 1 番目の値は前のフレームからの変動を表し，2 番目の値は，$n-2$ と $n-1$ の候補を

直線で結び，n における予測値としている。これらを図に示すと，**図 3.15** となる。$f_o(n)$ が図中の範囲に含まれればその値をそのまま残し，範囲外であれば 0，すなわち無声音とする。

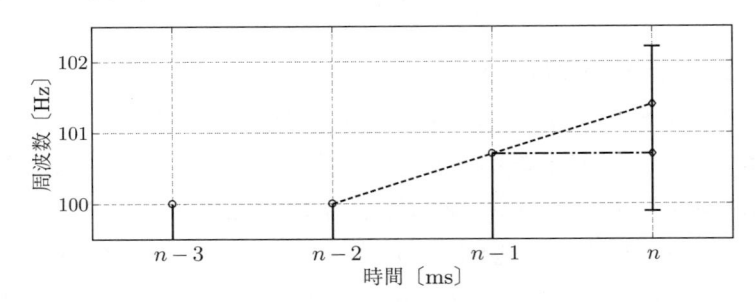

図 3.15　時刻 n における基本周波数候補 $f_o(n)$ が妥当であるかを判断する閾値。過去 2 点から線形に推移した際の予測値，および過去 1 点を起点に範囲を設定する。この範囲外に存在する $f_o(n)$ は 0 とする。

　この処理により，基本周波数候補が跳躍している領域をすべて無声音とすることになる。実際の音声は，特に声帯振動が不安定になりやすい発声開始・終了時刻では値がばらつく傾向にある。声帯振動が不安定であることは，本来は基本周波数の定義から議論し直す必要があるが，高さや音色の加工を行う用途を勘案すると，これらの加工に対して頑健な軌跡であることが要求事項である。多くの音声加工では，基本周波数軌跡は，時間的な跳躍を含まず滑らかに遷移するほうが都合が良いため，Harvest においても，基本周波数の厳密な定義より加工しやすい軌跡が得られることを優先する。このステップにより，得られた基本周波数は滑らかに遷移していることが保証される。

〔**2**〕　**短すぎる有声区間の除去**

　基本周波数の定義は声帯振動の時間間隔の逆数であり，この定義から考えれば，声帯振動は最低 2 回生じていなければならない。基本周波数の逆数が基本周期であるため，例えば 100 Hz の基本周波数を有する音声は，少なくとも 10 ms の間隔を隔てた 2 回の声帯振動が観測されている必要がある。前の処理により，滑らかな基本周波数軌跡が無音区間を隔てて複数観測されているが，それぞれ

の軌跡の持続時間から，軌跡としての信頼度を測ることができる。

　現段階では，さまざまな要因で生じた局所的なエラーを 0 に置き換えているため，ここでは極端に短いもののみをターゲットに区間全体を 0 に置き換える処理を行う。具体的には，6 ms 未満の有声区間をすべて無声区間として置き換える。こうして残った一定の長さを有する有声区間を，つぎのステップで拡張する。

〔**3**〕　**各有声区間の拡張**

　図 **3.16** は，前ステップで得られた基本周波数軌跡（実線）と，基本周波数候補群（点）をプロットしたものである。実線が無声音に切り替わるタイミングから前後方向を観測すると，一定区間「滑らかな軌跡」として延長できそうであることがわかる。図中での実線が早いタイミングで 0 になっていることは，声帯振動が不安定であり局所的にまったく異なる周波数を基本周波数候補としていたことに由来する。とりわけ，声帯振動の開始・終了時刻ではこの影響が顕著に見えるため，過去のステップでは，まずこれらをいったん無声区間とすることを目指している。その後，基本周波数が連続的に変化していると見なせる範囲を設定し，その範囲に存在する候補を有声音とすることで，有声区間を延長する。

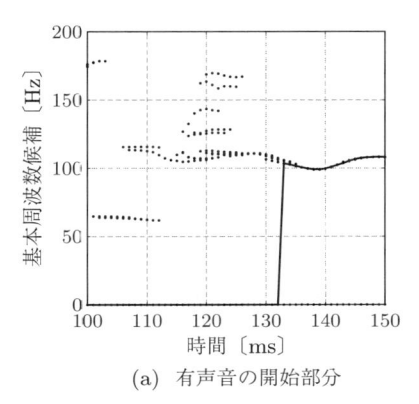 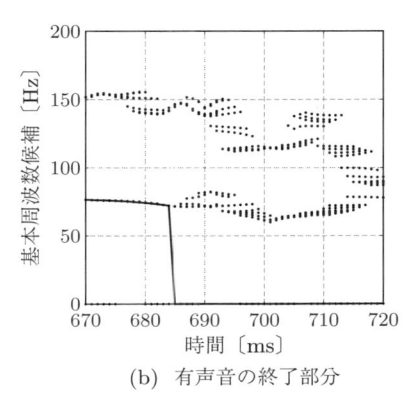

(a)　有声音の開始部分　　　　　(b)　有声音の終了部分

図 3.16　前ステップで得られた基本周波数軌跡（実線）と基本周波数候補群（点）。実線の基本周波数軌跡から無声区間と判断されている時刻にも，滑らかに変化する基本周波数候補群が存在する。

　時刻 n が有声で，$n+1$ が無声である状況を考える。$f_{\rm o}(n)$ の値から $\pm 18\,\%$ の範囲に一つ以上の候補が $n+1$ に存在する場合，最も $f_{\rm o}(n)$ に近い候補を $f_{\rm o}(n+1)$ として有声区間を延長する。$n+1$ に候補がなければ，$n+3$ まで同様の手順を繰り返す。例えば，$n+1$ に候補がなく $n+2$ に候補が存在する場合，$f_{\rm o}(n+2)$ を定め，$f_{\rm o}(n+1)$ の値は，$f_{\rm o}(n)$ と $f_{\rm o}(n+2)$ を線形補間して与える。この処理を再帰的に繰り返すことで有声区間が延長される。ただし，声帯振動が不安定な時刻では，近辺に多数の候補が存在し，軌跡があらぬ方向に延長される可能性があるため，最大延長幅を $100\,{\rm ms}$ と定める。上記の処理を，プラス方向だけではなくマイナス方向の延長についても同様に実施する。延長後，各有声区間の長さを算出する。本項〔2〕で述べたように，一定区間の長さを有さない有声区間は，周期的な声帯振動に由来しない雑音の影響である。各有声区間の基本周波数の平均値を算出し，それが平均基本周期の 2.2 倍未満であれば，その区間は有声音とは見なさないこととする。

　この延長は有声区間単位で実施するため，k 番目の有声区間を延長した結果，$k+1$ 番目の有声区間とオーバーラップする可能性がある。オーバーラップした際には，オーバーラップ区間において $r(m,n)$ の総和を計算し，値の大きい軌跡を採用する。

〔4〕 短すぎる無声音区間の補償

　基本周波数軌跡を求めるだけであれば，これまでの処理はいかにも過剰であると思うかもしれない。基本周波数の推定結果にはいくつか種類があり，簡単にまとめると，以下の4種類となる。

1) 推定結果が真値に十分近く，「適切な基本周波数が推定された」

2) 推定結果は真値から遠く，「不適切な基本周波数が推定された」

3) 真値が存在しない無声音・無音区間であるにもかかわらず，「存在しない基本周波数が推定された」

4) 真値は存在するが，適切な候補がなく，「無声音と判断された」

2), 3) は，適切な値を推定できなかったため同義なように思えるが，次節で述べる推定法の評価においては，異なる結果を与えるため区分する。ここで，音

声分析合成のための基本周波数推定法を考えると，最悪のケースは 4) であり，3) はある程度リカバリーできる。2) は可能な限り避けるべきであるが，4) ほど品質に影響は与えない。

2 章で示した非周期性指標を用いた音声分析合成の枠組みでは，無声音の合成では無声音だけが駆動され，有声音の合成では無声音＋有声音が駆動する。これは，無声音と判定された場合に有声音を合成することは確実に不可能であることを意味する。したがって，4) は有声音を雑音駆動で合成するため，品質に致命的な影響が生じる。3) は，非周期性指標推定において，$A_p(\omega) = 1$ と，全周波数において非周期的であるという推定結果が得られれば，結果的に無声音として合成されることになる。つまり，非周期性指標のアルゴリズムが適切に動作することを条件に，3) のエラーはリカバリー可能である。音声分析合成において避けるべきは，4) の誤りと 2) の誤りであり，3) はある程度許容してもよい。ここからの処理は，高品質音声分析合成に特化した処理となる。

この処理では，まず，前ステップで得られた結果について，k 番目の有声区間と $k+1$ 番目の有声区間との間に挟まれた無声区間のフレーム長を算出する。そのフレーム長が閾値を下回る場合，k 番目の有声区間の最後の値と，$k+1$ 番目の有声区間の最初の値を用い，線形補間により基本周波数を与える。一見，このようなアプローチは推定法とは呼べないと思われるかもしれないし，筆者もその意見には同意する。しかしながら，局所的に生じた雑音の影響がこれまでの処理でカバーできない例はあり，この処理は，そういう雑音が存在する音声に対して良好に働く。閾値は 9 ms と短く，音声のショートポーズに基本周波数を与えるような副作用は存在しないという利点がある。

3.3.3 最終的な軌跡の確定と平滑化

ここまでで得られた軌跡は，二つのステップで存在しない候補を線形補間により与えているため，折れ線のような挙動を示す区間がある。また，雑音による影響は基本周波数軌跡にホワイトノイズ的な雑音成分として表れるため，必要に応じて平滑化することには一定の合理性がある。Harvest では，基本周波数

軌跡が通過域の振幅や位相に与える影響が少なくなるよう，**バターワースフィルタ**（Butterworth filter）を用いた**ゼロ位相フィルタ**により基本周波数軌跡を処理する。ゼロ位相フィルタ処理は，信号 $x(t)$ にフィルタ $h(t)$ を畳み込んだ後，時間反転させて同じフィルタを畳み込み，再度時間反転を行う処理である。フィルタの特性を $|H(\omega)|e^{i\varphi(\omega)}$ とすると，時間反転してフィルタを畳み込むことは，$|H(\omega)|e^{-i\varphi(\omega)}$ でフィルタ処理したことと等価である。結果，$|H(\omega)|^2$ の振幅変化が生じつつ，位相変化が生じないフィルタリングがなされることになる。IIR フィルタは一般にゼロ位相とはならないが，時間反転した信号に対してフィルタを畳み込むことで，どのようなフィルタでもゼロ位相とすることができる。

　バターワースフィルタの遮断周波数を設定するためには，Klatt のモデル[13] について知る必要がある。ここでは，説明に必要なパラメータのみを記載する。

$$f_\circ(t) = \sin(2\pi 12.7t) + \sin(2\pi 7.1t) + \sin(2\pi 4.7t) \tag{3.38}$$

これは，人間の音声の基本周波数軌跡に含まれる時間的な**揺らぎ**を示すモデルであり，揺らぎはおおむね 12.7 Hz までで説明できることを示している。バターワースフィルタを，他の代表的なフィルタと比較すると，遮断周波数前後から比較的緩やかに減衰するため，12.7 Hz における影響を勘案して遮断周波数は 30 Hz に，次数は 2 と定めている。バターワースフィルタのパワースペクトル $|H_b(\omega)|^2$ は，以下の式により与えられる。

$$|H_b(\omega)|^2 = \frac{1}{1 + \left(\dfrac{\omega}{\omega_c}\right)^{2n}} \tag{3.39}$$

このフィルタの時間応答とパワースペクトルを**図 3.17** (a), (b) に示す。このフィルタでは，12.7 Hz に対する減衰量は 0.5 dB 未満である。

　このフィルタで基本周波数を処理すると，無声区間から有声区間への急峻な変化が，**過渡応答**として観測されることになる。この影響を緩和するため，フィルタ処理は有声区間ごとに独立して行い，処理前の波形に以下の前処理を行う。

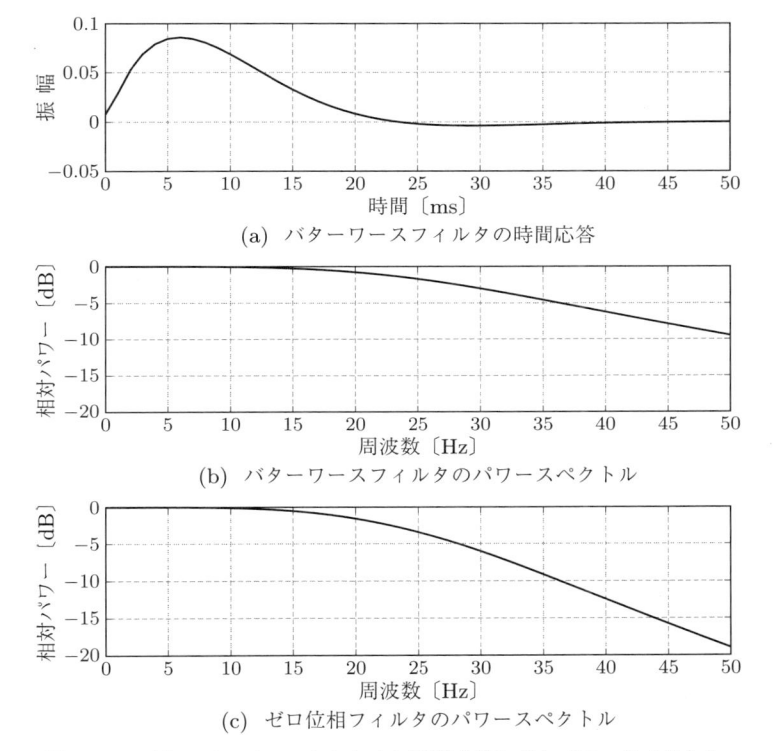

(a) バターワースフィルタの時間応答

(b) バターワースフィルタのパワースペクトル

(c) ゼロ位相フィルタのパワースペクトル

図 3.17 バターワースフィルタの (a) 時間応答と (b) パワースペクトル。(c) ゼロ位相フィルタのパワースペクトル。ゼロ位相フィルタ処理に対するパワースペクトルは，バターワースフィルタの 2 乗である。

有声区間長が N であれば，有声区間の開始時刻が 0 となるように時間シフトし，波形を以下のように設定する。

$$\hat{f}_o(n) = \begin{cases} f_o(0) & \text{if } n < 0 \\ f_o(N-1) & \text{if } n \geqq N \\ f_o(n) & \text{otherwise} \end{cases} \tag{3.40}$$

ここで，図 3.17 の時間応答から過渡応答の範囲を計算し，$-300 \sim N + 300$（サンプル）の範囲に対してフィルタ処理を行う。バターワースフィルタは IIR フィルタでもあり，位相特性が線形とはならないため，ゼロ位相フィルタ処理が必要

となる。この処理を **Zero-lag butterworth filtering** と呼ぶ。このパワースペクトルを示した図が，図 3.17 (c) である。ゼロ位相フィルタ処理は，振幅が 2 乗されるため，単独のフィルタリングと比べて急峻な特性を有することになる。急峻な特性によりフィルタの時間応答の持続時間が長くなるため，設計は慎重に行う必要がある。

　ここまで多数の処理が行われ，得られた結果が Harvest により推定された最終的な基本周波数軌跡となる。たいへん煩雑でアドホックなパラメータが存在するが，これらは音声データベースでの評価で誤差を最小化するために最適化された結果である。近年提案された現代的な方法の多くは，このような泥臭い処理により精度の向上を達成している。読者が独自のアイディアを実装した際に，その性能を比較するための評価法について，次節で説明する。

3.4　基本周波数推定法の性能評価

　新たなアルゴリズムを考案した結果，その性能が従来法を凌いでいればそれはたいへん素晴らしい方法であると称賛されるであろう。性能を適切に評価することは容易ではなく，特定の音声での分析で成功することが，普遍的に良好な性能を保証することにはならない。多くの場合，複数の音声データベースを活用した評価法を利用することになる。ここでは，評価法と評価指標について説明する。

3.4.1　Electroglottography（EGG）を用いた真値の定義

　基本周波数推定法では，**Electroglottography（EGG）**信号[14] を用いた評価が広く利用されている。2 章で述べたように，音声をソース・フィルタモデルで表現した場合，パルス列とフィルタの畳み込みにより音声を表現する。理想は真値となる基本周波数軌跡を直接得ることであるが，現実的ではない。声帯振動に関する情報 $x(t)$ を入手できれば，そこからなんらかの方法により基本周波数軌跡を推定することで，真値となる基本周波数軌跡（以下ではリファレ

ンスと呼ぶ）を求めることができる。EGG は，この $x(t)$ に相当する信号であり，マイクロフォンとは異なる装置で計測される。

EGG は空気の振動を変換するマイクロフォンとは異なり，**喉頭**の左右に非侵襲の電極を装着して高周波の電流を流し，電極に挟まれた喉頭のインピーダンスの変化として観測される信号である。声帯振動は，声帯が開放と接触を繰り返すことで生じており，接触が強いほど電流が流れやすくなる特徴があるため，声帯の開閉が直接観測される。**図 3.18** に，音声波形，EGG 信号，EGGの時間差分信号をそれぞれ示す。EGG 信号は，低域に強いパワーを持つため，時間差分 $y(n) = y(n) - y(n-1)$ により高域強調を行う。EGG の時間差分信

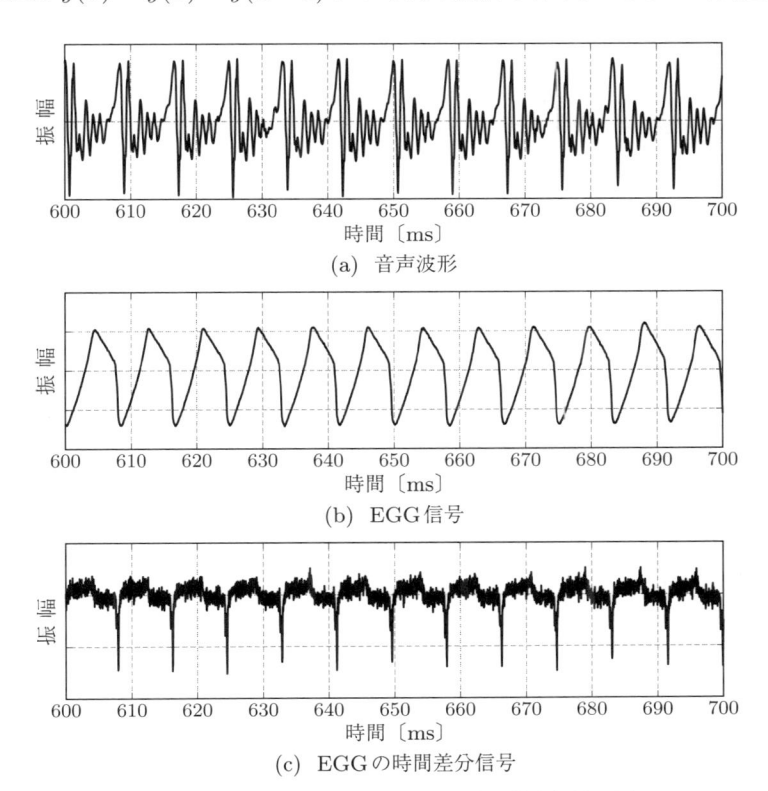

(a) 音声波形

(b) EGG 信号

(c) EGG の時間差分信号

図 3.18 音声波形，EGG 信号，EGG の時間差分信号の例。EGGの時間差分信号は，パルス列に近い信号として観測される。

号に対してなんらかの方法で基本周波数を推定することで，リファレンスが得られる。

　この軌跡の注意点として，EGG 信号は喉頭から直接観測している一方，音声信号は空気を伝達して計測されることが挙げられる。例えば，口元からマイクロフォンまでの距離が 34 cm，音速を 340 m/s とすると，観測時刻は 1 ms ずれることになる。EGG 信号から求めたリファレンスも完璧ではなく，有声・無声の境界付近の結果が信頼できないことは十分にありうる。特に，基本周波数推定法による依存性もあることから，一定水準を下回る誤差で優劣を議論することに意味はなく，あくまでも目安として利用するのが適切である。

3.4.2　評 価 指 標

　推定された基本周波数軌跡とリファレンスから推定精度を定量化する方法を紹介する。3.3.2 項〔4〕で示したように，基本周波数推定の誤りはいくつかの区分があり，推定された軌跡とリファレンスに対して単純に **2 乗平均平方根**（root mean square; **RMS**）で平均的な誤差を求めることは適切ではない。よく利用される指標として **GPE**（gross pitch error）と **FPE**（fine pitch error）[15] の組合せ，あるいは **Gross error**[7] がある。

〔1〕　GPE と FPE

　特定のフレームに限定すると，リファレンス $f_o(n)$ と推定値 $\hat{f}_o(n)$ において

1) $f_o(n)$ が無声区間であり，$\hat{f}_o(n)$ も無声区間である
2) $f_o(n)$ が無声区間であり，$\hat{f}_o(n)$ は有声区間である
3) $f_o(n)$ が有声区間であり，$\hat{f}_o(n)$ は無声区間である
4) $f_o(n)$ が有声区間であり，$\hat{f}_o(n)$ も有声区間である

の 4 パターンがある。それぞれ，目的に応じて評価すべきであるが，高品質な音声分析合成を目的とすると，いくつかについては無視してもよい。まず，1) は特に問題とはならず，これを正解としてカウントする必要はない。2) は非周期性指標でカバーできるため，品質保証の観点からはエラーとカウントしなくてもよい。3) は品質劣化の原因であるため，エラーとしてカウントする。4) は，

半ピッチエラーや倍ピッチエラーのように大幅に異なる値として推定した場合，あるいは真値に近い場合があり，それぞれを別に指標として評価するべきである。GPE は，真値に近い場合とそれ以外とで区別してエラーをカウントする指標である。まず，リファレンスを $f_\mathrm{o}(n)$，推定結果を $\hat{f}_\mathrm{o}(n)$ とすると，以下を計算する。

$$\mathrm{GPE}(n) = \begin{cases} 1 & \text{if } \left| \dfrac{1}{\hat{f}_\mathrm{o}(n)} - \dfrac{1}{f_\mathrm{o}(n)} \right| > 0.001 \\ 0 & \text{otherwise} \end{cases} \tag{3.41}$$

$\mathrm{GPE}(n)$ は，リファレンスと推定値のずれが 1 ms 以内であれば正解，そうでなければ不正解となる二値の関数となる。$\mathrm{GPE}(n)$ が 0 であれば FPE，1 であれば GPE であると表現する。ここで，$f_\mathrm{o}(n)$ の有声区間が N 点存在する場合，最終的なエラーレートは以下の式となる。

$$\mathrm{GPER} = \frac{1}{N} \sum_{n=0}^{N-1} \mathrm{GPE}(n) \tag{3.42}$$

GPER による評価は，値が 0 に近いほど性能が高いことを示す。

　FPE は，$\mathrm{GPE}(n)$ が 0，すなわち，推定値とリファレンスとの差が 1 ms 以下の n に限定し，推定値が真値にどの程度近いのかを示す指標となる。$\mathrm{GPE}(n)$ が 0 を示すすべての n を対象に，$e(n) = 1/f_\mathrm{o}(n) - 1/\hat{f}_\mathrm{o}(n)$ を計算し，$e(n)$ の平均値と標準偏差を求める。この平均値と標準偏差においても 0 に近いほど良好な性能であることを示す[†]。

〔2〕　**Gross error**

　GPE と FPE が時間的なズレを評価する指標であるのに対し，Gross error は周波数のズレに対する指標である。こちらも，3), 4) のケースについて計算する。Gross error は，推定値がリファレンスの ±20 ％に含まれるかどうかで判断する。

[†]　RMS で求めるほうが適切だと思われるが，該当論文ではそのように記載されている。

$$GE(n) = \begin{cases} 1 & \text{if } \dfrac{|f_o(n) - \hat{f}_o(n)|}{f_o(n)} > 0.2 \\ 0 & \text{otherwise} \end{cases} \tag{3.43}$$

Gross error についても GPER と同様に，リファレンスの全有声区間と Gross error のフレーム数の総和の比率が最終的なエラーレートとなる。

$$GER = \frac{1}{N} \sum_{n=0}^{N-1} GE(n) \tag{3.44}$$

現在，EGG と音声を同時に収録したデータベースがいくつか公開されているので[16), 17)]，基本周波数推定法の評価では，それらを用いて各手法の性能を相対的に比較する。EGG 信号からリファレンスを求める推定法をなににするか，リファレンスがどの程度信頼できるかなどの問題に存在するが，現状では音声データベースを使ってこれらの指標により評価する方法が，基本周波数推定法の性能比較実験に用いられる。近年では，基本周波数軌跡から**調波複合音**を生成し，真値となる基本周波数軌跡が既知である信号を対象に推定性能評価を試みる枠組み[18)] も検討されている。

3.4.3 基本周波数評価における課題

基本周波数推定法をどのように評価すべきかという問題は，じつはそれほど簡単ではない。これまで紹介した方法は波形全体に対する平均的なものであり，それは，合成音声の品質と厳密には結び付かないからである。例えば，多くの時刻で完璧な基本周波数が推定できるものの一部で有声音を無声音と誤推定する場合と，有声無声の判定は完璧ながら全体的な基本周波数に若干の誤差が含まれる場合を考える。推定誤差の平均値は両者で同一であっても，品質には明確な差が生じ，多くの場合は前者の音質のほうが低く感じられる。また，推定ミスが生じる時刻が有声音の開始部であるか終了部であるかによっても，知覚される劣化の度合いが異なる。

基本周波数推定法の評価を音声のパラメータ推定法とだけ考えたとしても，有声無声の判定ミスと有声音における推定のズレのどちらが致命的であるかの

判断は，容易ではない。とりわけ，近年では音声データベースにおける推定誤差が1%未満の領域で精度を競っているが，これもデータベースに対するパラメータ最適化により順位が入れ替わる程度の差になりつつある。きわめて小さな差での優劣が，本当に品質に直結する差であるのかについては，慎重に検討する必要がある。それらの内容と評価結果を勘案し，与えられた基本周波数推定法が目的を達成するために妥当なのかどうかを，研究者自身が判断し論ずることが求められる。

引用・参考文献

1) Hess, W.: Pitch determination of speech signals, Springer (2011)

2) Wang, D. and Brown, G. J. eds.: Computational auditory scene analysis, Wiley-IEEE Press (2006)

3) 大村　浩，田中和世：基本波フィルタリング法による精細ピッチパターンの抽出，日本音響学会誌，**51**, 7, pp. 509–518 (1995)

4) Rabiner, L. R.: On the use of autocorrelation analysis for pitch detection, IEEE Trans. on Acoustics, Speech, and Signal Process., **ASSP-25**, 1, pp. 24–33 (1977)

5) Noll, A. M.: Short-time spectrum and "cepstrum" techniques for vocal pitch detection, J. Acoust. Soc. Am., **36**, 2, pp. 269–203 (1964)

6) Noll, A. M.: Cepstrum pitch determination, J. Acoust. Soc. Am., **41**, 2, pp. 293–309 (1967)

7) de Cheveigné, A. and Kawahara, H.: YIN, a fundamental frequency estimator for speech and music, J. Acoust. Soc. Am., **111**, 4, pp. 1917–1930 (2002)

8) Morise, M., Kawahara, H. and Nishiura, T.: Rapid F0 estimation for high-SNR speech, in Proc. WESPAC 2009 (2009)

9) 森勢将雅，河原英紀，西浦敬信：基本波検出に基づく高 SNR の音声を対象とした高速な F0 推定法，電子情報通信学会論文誌 D，**J93-D**, 2, pp. 109–117 (2010)

10) Kawahara, H., de Cheveigné, A., Banno, H., Takahashi, T. and Irino, T.: Nearly defect-free F0 trajectory extraction for Expressive speech modifications based on STRAIGHT, in Proc. INTERSPEECH 2015, pp. 537–540

(2005)

11) Morise, M.: Harvest — A high-performance fundamental frequency esti-
mator from speech signals, in Proc. INTERSPEECH 2017, pp. 2321–2325
(2017)

12) 阿竹義徳, 入野俊夫, 河原英紀, 陸　金林, 中村　哲, 鹿野清宏：調波成分の瞬時
周波数を用いた基本周波数推定方法, 電子情報通信学会論文誌 D-II, **J83-D-II**,
11, pp. 2077–2086 (2000)

13) Klatt, D. and Klatt, L.: Analysis, synthesis, and perception of voice quality
variations among female and male talkers, J. Acoust. Soc. Am., **82**, 2, pp.
820–857 (1990)

14) 石毛美代子, 新見成二, 森　浩一：Electroglottography（EGG）, 音声言語医
学, **37**, 3, pp. 347–354 (1996)

15) Rabiner, L. R., Cheng, M. J., Rosenberg, A. E. and McGonegal, C. A.: A
comparative performance study of several pitch detection algorithms, IEEE
Trans. on Acoustics, Speech, and Signal Process., **24**, 5, pp. 399–418 (1976)

16) Bagshaw, P. C., Hiller, S. M. and Jack, M. A.: Enhanced pitch tracking
and the processing of f0 contours for computer aided intonation teaching,
in Proc. Eurospeech '93, pp. 1003–1006 (1993)

17) CMU_ARCTIC Speech synthesis databases, http://www.festvox.org/cmu_
arctic/（2018 年 4 月現在）

18) Morise, M. and Kawahara, H.: TUSK — A framework for overviewing the
performance of F0 estimators, in Proc. INTERSPEECH 2016, pp. 1790–
1794 (2016)

スペクトル包絡の推定

　ボコーダの考えに基づく音声分析合成のスペクトル包絡推定において基盤となるアルゴリズムは，**線形予測符号** (linear predictive coding; **LPC**)[1] とケプストラム[2] である。この二つは，スペクトル包絡をなんらかのパラメータにより表現するか否かにより，パラメトリックもしくはノンパラメトリックな推定法として区別されている。LPC は，**パラメトリック推定**としての基盤で，少数のパラメータにより音声を効率良く表現する符号化の方法として提案された。符号化されたパラメータはなんらかの手段により送信され，受信側により音声波形に復号することで効率の良い音声伝送を実現している。LPC の根本的な問題は，音声を AR モデルで表現することにある。

　AR モデルのフィルタは IIR であり，IIR フィルタは極を有するため，フィルタ係数によっては不安定になる。LPC では安定したパラメータを得られるが，送信・受信に対して重畳されるノイズによりフィルタの安定性が損なわれることが問題とされていた。安定フィルタであることを保証するための改良である**部分自己相関係数** (partial autocorrelation coefficient; **PARCOR**)[3] や**線スペクトル対** (line spectral pair; **LSP**)[4] など，後の世のスタンダードとなる方法の提案に繋がるため，LPC の提案は，きわめて重要な意味を有する。本章で割愛する理論を含めた関連知識については，音声分析に関する文献5) か，あるいは文献6) が詳しい。これらのパラメトリックな方法は，特定のモデルを仮定しており，そのモデルから逸脱しない範囲においては良好に動作する。この条件は，標本化周波数が 8 kHz の電話品質であれば満たされる一方，フルバンド音声が対象ならば適しているとはいえない。

高品質音声分析合成システムで幅広く利用されているスペクトル包絡推定で
は，もう一つの代表的な方法であるケプストラム分析に対する改良が用いられ
る。ケプストラムは特定のモデルを仮定しない**ノンパラメトリック推定**であり，
こちらについてもさまざまな改良が提案されている。これらの研究は1960年代
からあり，比較的長期間研究されてきた分野であるが，音声をパラメータによ
り表現するボコーダは，波形を接続する合成法（**波形接続法**）と比較すると音質
が悪いということが，ある種の常識として認知されていた。この常識は，1997
年に提案された **STRAIGHT**（speech transformation and representation
based on adaptive interpolation of weighted spectrogram）[7] により覆され
る。STRAIGHT はボコーダでありながら高品質な音声合成を実現できる方法
として注目され，1999年に提案されたバージョン[8] は，世界中で利用される音
声分析合成のデファクトスタンダードとなった。その後，STRAIGHT を用い
た音声合成・加工技術が多数提案され，さらには STRAIGHT 以外にも同様の
コンセプトの方法が複数提案され，現在に至る。本章では，代表的な方法を出発
点に，STRAIGHT を経由して現在最先端で利用されている推定法を紹介する。

4.1　線形予測符号

4.1.1　問　題　設　定

線形予測符号（LPC）の考え方は，離散信号である $x(n)$ を対象に，過去 p 点
の振幅から現在時刻の振幅を推定するというものである。

$$\hat{x}(n) = -\sum_{i=1}^{p} a_i x(n-i) \tag{4.1}$$

ここで，n は整数を表す。ここでの i は添え字であり，複素数を示す記号とは
異なる。LPC の目標は，誤差 $\epsilon(n)$ が最小となるように**線形予測係数** a_i を推定
することである。

$$\epsilon(n) = x(n) - \hat{x}(n) \tag{4.2}$$

$$= x(n) + \sum_{i=1}^{p} a_i x(n-i) \tag{4.3}$$

4.1.2 最適係数の導出

最適な線形予測係数の導出は以下のようになる。まず，$\epsilon(n)$ の式を以下のように変形する。

$$\epsilon(n) = \sum_{i=0}^{p} a_i x(n-i) \tag{4.4}$$

ここで，a_0 を 1 とすれば，前述の式と同じこととなる。つぎに，特定の区間 N_a から N_b の $\epsilon(n)$ における 2 乗和 ϵ を，以下のように与える。

$$\epsilon = \sum_{n=N_a}^{N_b} \epsilon^2(n) \tag{4.5}$$

$$= \sum_{n=N_a}^{N_b} \left(\sum_{i=0}^{p} a_i x(n-i) \right)^2 \tag{4.6}$$

$$= \sum_{i=0}^{p} \sum_{j=0}^{p} a_i a_j \left(\sum_{n=N_a}^{N_b} x(n-i)x(n-j) \right) \tag{4.7}$$

ここで，$\sum_{n=N_a}^{N_b} x(n-i)x(n-j)$ は自己相関関数であり，v_{ij} と表記すると，以下が得られる。

$$E = \sum_{i=0}^{p} \sum_{j=0}^{p} a_i a_j v_{ij} \tag{4.8}$$

ただし，$x(n)$ の**直流成分**は事前に除去されており，平均値は 0 であるとする。ここで E を a_i で微分すると，以下が得られる。

$$\frac{\partial E}{\partial a_i} = 2 \sum_{j=0}^{p} a_j v_{ij} = 0 \tag{4.9}$$

ただし，$i = 1, 2, \cdots, p$ である。a_0 が 1 であることを用いて，さらに以下のように変形する。

$$\sum_{j=1}^{p} a_j v_{ij} = -v_{i0} \tag{4.10}$$

この方程式を満足する a_i の解を安定に求めるため，自己相関関数に制約を設ける。具体的には $N_a = -\infty$，$N_b = \infty$ とし，$x(n)$ は，0 未満かつ N より大きい n に対して 0 であることとする。こうすることで，v_{ij} を以下のように変形できる。

$$v_{ij} = \sum_{n=-\infty}^{\infty} x(n)x(n+|i-j|) = r_{|i-j|} \tag{4.11}$$

この変形により，2 変数関数を 1 変数 $|i-j|$ の関数と見なすことができる。ここで，これまでの式を行列演算として記述すると，以下が得うれる。

$$\begin{pmatrix} r_0 & r_1 & \cdots & r_{p-1} \\ r_1 & r_0 & \cdots & \vdots \\ \vdots & \vdots & \ddots & r_1 \\ r_{p-1} & \cdots & r_1 & r_0 \end{pmatrix} \begin{pmatrix} a_1 \\ a_2 \\ \vdots \\ a_p \end{pmatrix} = - \begin{pmatrix} r_1 \\ r_2 \\ \vdots \\ r_p \end{pmatrix} \tag{4.12}$$

これは，**ユール・ウォーカー方程式**（Yule-Walker equation）と呼ばれ，AR モデルのパラメータ計算に利用される有名な形である。左辺左の行列の逆行列を求め，両辺に対して左側から掛ければ，以下のように a_i が得られる。

$$\begin{pmatrix} a_1 \\ a_2 \\ \vdots \\ a_p \end{pmatrix} = - \begin{pmatrix} r_0 & r_1 & \cdots & r_{p-1} \\ r_1 & r_0 & \cdots & \vdots \\ \vdots & \vdots & \ddots & r_1 \\ r_{p-1} & \cdots & r_1 & r_0 \end{pmatrix}^{-1} \begin{pmatrix} r_1 \\ r_2 \\ \vdots \\ r_p \end{pmatrix} \tag{4.13}$$

LPC で得られた線形予測係数を伝達関数にすると，以下となる。ここでは，定数項は無視して記載する。

$$A(z) = \frac{1}{1 + \sum_{i=1}^{p} a_i z^{-i}} \tag{4.14}$$

分母を p 次方程式と見なし，p 個の解を用いた総積記号により表すと，以下が得られる。

$$A(z) = \dfrac{1}{\displaystyle\prod_{i=1}^{p} \left(1 - p_i z^{-1}\right)} \tag{4.15}$$

一般に，各解 p_i は複素共役の関係にある対として得られるか，実数となる。一つの解が一つの極に対応するため，p 次の LPC は，p 個の極で誤差が最小となるようスペクトルを近似していると解釈できる。大きい p を設定することで誤差を低減させることは可能であるが，その分，声帯振動に起因する変動成分が

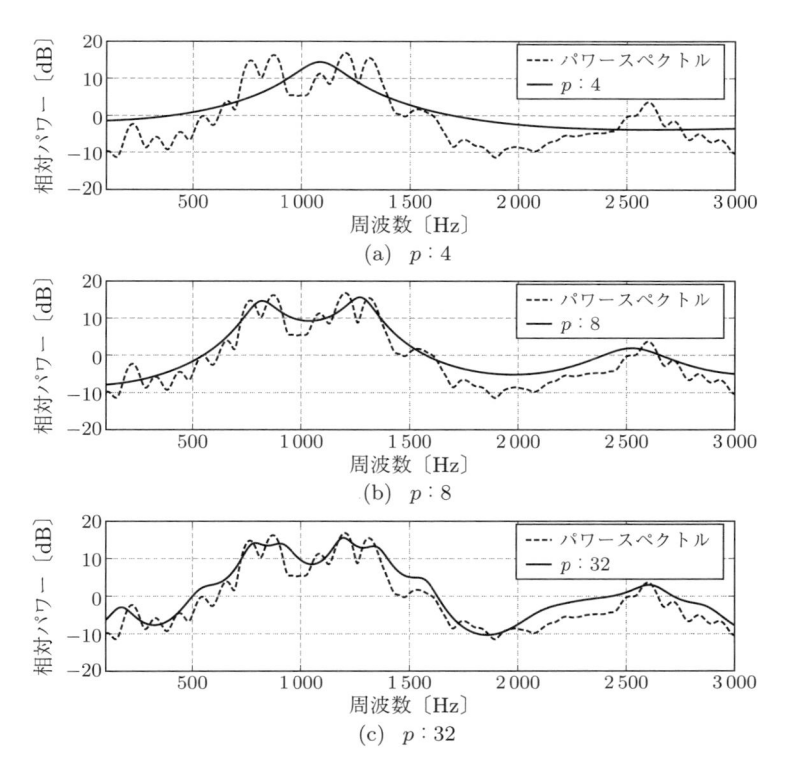

(a) $p : 4$

(b) $p : 8$

(c) $p : 32$

図 4.1　LPC による実音声の分析例。分析元は，男性の母音 /a/ を 25 ms 切り出し，高域強調を行った波形である。p が増えるとパワースペクトルの近似精度が向上するが，声帯振動由来の微細変動の影響も含まれるようになる。

推定結果に混入することになる。このバランスを勘案した p の設定が，線形予測における一つの課題となる。

図 4.1 は，次数 p が結果に与える影響を示す図である。次数が増えるごとに利用される極の数が増えるため，近似精度は向上していく。しかしながら，結果には，調音フィルタ由来だけではなく，声帯振動に由来する微細変動成分まで含まれていくことがわかる。

4.1.3　LPCの妥当性

LPC における誤差 $\epsilon(n)$ の最小化は，声道特性を全極モデルで誤差最小となるよう近似することといえる。音響管モデルが全極型のフィルタであることを考えると，LPC による近似は音響管モデルによる近似であり，相性が良いことを示唆する。一方，LPC の利点は，分析対象となる音声の標本化周波数に支えられてきた側面もある。近似すべきフォルマントはおおむね 4 kHz 以下に四つあるため，LPC を用いることで，きわめて低次元でスペクトル包絡を表現することが可能になる。この根拠は，一様な断面積を有する音響管を用いることで説明できる。まず，断面積が一定であり，一方が閉じもう一方が開いている**閉管の共鳴周波数**を考える。**図 4.2** は，この音響管により共鳴する周波数のうち，低いほうから 2 種類の周波数を記載している。この管を人間の声道と考え，解を簡単に求めるために**声道長**を 17 cm，音速を 340 m/s とする。図 4.2 (a) は，17 cm で全体の 1/4 波長であるため，共鳴周波数の波長は 68 cm である。音速を c，波長を λ とすると，周波数 f との関係式は

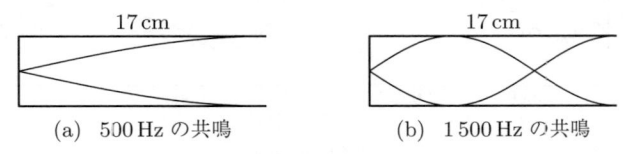

(a)　500 Hz の共鳴　　　　　　(b)　1 500 Hz の共鳴

図 4.2　一様音響管と共鳴周波数との関係。声道長が 17 cm で音速を 340 m/s とすると，図 (a) では 500 Hz が，図 (b) では 1 500 Hz が共鳴することを示す。同様に共鳴周波数を求めると，$500 + 1000n$（n は 0 以上の整数）となる。

$$f = \frac{c}{\lambda} \tag{4.16}$$

となる。音速が $340\,\mathrm{m/s}$, 波長が $0.68\,\mathrm{m}$ なので, 周波数は $500\,\mathrm{Hz}$ となる。図 (b) も同様に計算すると, $17\,\mathrm{cm}$ の間で $3/4$ 波長が含まれるため, 共鳴周波数の波長は $17\times4/3\,\mathrm{cm}$ となる。同様の手順で共鳴周波数を求めると $1\,500\,\mathrm{Hz}$ となる。以上の手順を繰り返すと, 声道長が $17\,\mathrm{cm}$ で音速が $340\,\mathrm{m/s}$ の場合の一様音響管の共鳴周波数は, $500 + 1\,000n$ (n は 0 以上の整数) として与えられる。実際の音声は一様音響管ではなく断面積が変化する音響管で近似するが, 一様音響管による近似から, 一般的に $4\,\mathrm{kHz}$ 以下に四つの主要なフォルマントを持つように分析することには合理性がある。

4.1.4 LPCの問題点

全極モデルによる近似の最大の問題点は, 音声は高域まで全極を仮定することができないことである。例えば, 声道下部には, **梨状窩**（piriform fossa）と呼ばれる分岐管が存在する。梨状窩の形状の個人差は, 音声の個人性を生む要因の一つとなり[9], また, スペクトル包絡の $4\,\mathrm{k}$ から $5\,\mathrm{kHz}$ にゼロ点を生じさせることが指摘されている[10]。よって, LPC は標本化周波数が $8\,\mathrm{kHz}$ までの音声には良好に動作するが, 梨状窩に起因するゼロ点を含む音声では, 適切な推定がなされない危険性が高まる。

スペクトル包絡における調音フィルタ以外の情報は, おおむね $-6\,\mathrm{dB/oct}$ の傾斜を有することを 2 章で示したが, これは, 高域の SNR が相対的に低いことを意味する。雑音による影響も全極モデルでは近似できないため, 音声の SNR が高い帯域でのみ良好な近似精度が得られる。つまり, LPC による近似性能は, 音声のスペクトルが全極として近似可能な $4\,\mathrm{kHz}$ 以下では比較的良好であるが, それ以上の帯域の近似には適していないことが示唆される。結果として, フルバンド音声を対象としたスペクトル包絡推定には, 全極モデルは, 特に高域成分の推定に適しているとはいいがたい。全極モデルで近似可能である周波数レンジは電話帯域の $4\,\mathrm{kHz}$ 程度であるため, 標本化周波数が $8\,\mathrm{kHz}$ 以上になると, 梨状

窩の影響を避けることができない。ARMA モデルによる近似[11]や，**ARX モデル**（autoregressive exogenous model）[12]も検討されている一方，高品質な音声分析合成が目的であれば，現状ではモデルを仮定せずに声帯振動由来の成分を除去するノンパラメトリックな方法のほうが，良好な結果をもたらしている。

　本章ではノンパラメトリックな方法をおもなターゲットとするため，パラメトリックな方法についてはこれ以上踏み込んで説明しない。ただし，フォルマントの時系列の変化を追いかける**フォルマントトラッキング**などでは，極の位置がフォルマントの手がかりとなるため，パラメトリック推定は強力なツールとなる。高品質な音声分析合成においては，ノンパラメトリックな方法が，現状ではパラメトリックな方法より高い性能を達成できるというだけのことである。

4.2　ケプストラム

　モデルを仮定する方法は，そのモデルと合致する場合，効率良くパラメータ表現することができる。LPC は電話音質の音声に対しては良好な近似であるが，フルバンド音声を対象とすると必ずしも適切ではない。まずは，モデルを仮定しない方法の代表としてケプストラムを用いた方法について説明する。ケプストラムには，現在利用されている高品質音声分析技術にも繋がる重要なアイディアが含まれる。

4.2.1　ケプストラムによるスペクトル包絡推定

　ケプストラムの基本は 3 章で説明しており，ポイントは，時間領域における畳み込みが対数振幅スペクトルの和となることである。ここでは，離散時間と離散周波数を用いて説明する。

$$y(n) = h(n) * x(n) \tag{4.17}$$

$$\log|Y(k)| = \log|H(k)| + \log|X(k)| \tag{4.18}$$

ここで，$\log|X(k)|$ は基本周期 T_0 においてピークを有し，$\log|H(k)|$ は低ケフ

レンシーに集中する特徴があることに注目する。ケプストラム分析では，ケプストラム $c(n)$ の低次を取り出す処理を行うことで，$\log|H(k)|$ と $\log|X(k)|$ の分離を試みる。

$$\hat{c}(n) = c(n)w(n) \tag{4.19}$$

ここで，$w(n)$ は以下で示される。

$$w(n) = \begin{cases} 1 & \text{if } |n| < N \\ 0 & \text{otherwise} \end{cases} \tag{4.20}$$

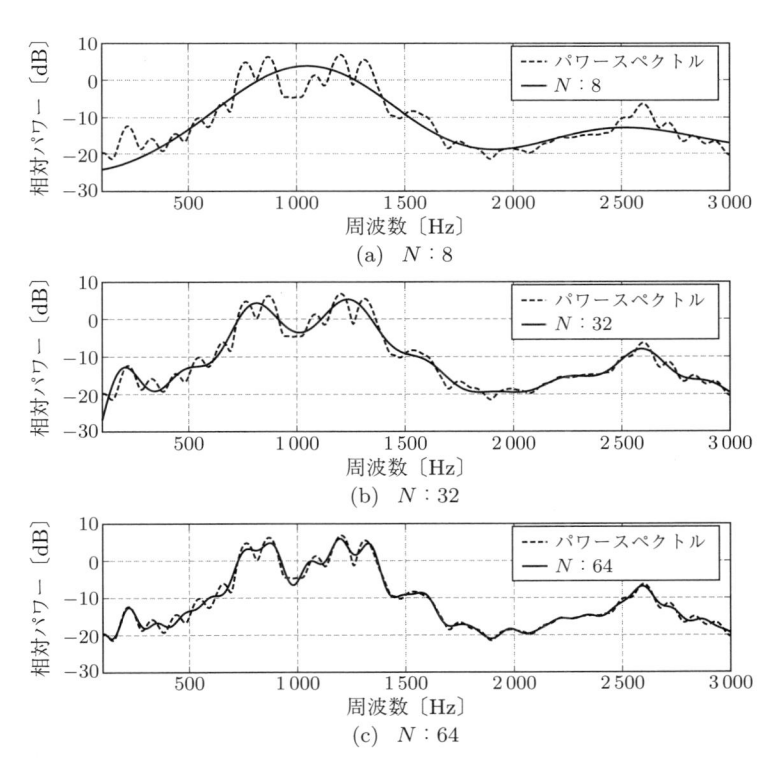

(a) $N:8$

(b) $N:32$

(c) $N:64$

図 **4.3** ケプストラムを用いた実音声の分析例。分析元は図 4.1 と同一である。LPC と同様に，次数 N が増えるとパワースペクトルの近似精度が向上するが，極を用いないため，次数向上に伴うスペクトル包絡のフィッティング傾向は異なる。

ケプストラムの乗算は，対数振幅スペクトルに対するフィルタリングに相当する。この処理を，ケプストラムと同様に，フィルタリングのアナグラムを用い**リフタリング**（liftering）と呼ぶ。また，$w(n)$ のことをフィルタのアナグラムとして**リフタ**（lifter）と呼ぶ。矩形窓を乗ずるリフタリングは，対数振幅スペクトルにおいて，sinc 関数を畳み込むことに等しい。つまり，特定の周波数のパワーが，全帯域に散らばることを意味する。$w(n)$ の定義より，位相スペクトルはゼロ位相となることがわかるため，位相変化によるひずみは存在しない。

図 4.3 は，次数 N と分析結果との関係性を示すグラフである。次数が増えるごとにパワースペクトルへフィットしていくが，LPC のように極を用いた近似ではないため，傾向が異なる。

4.2.2　ケプストラムの問題点

ケプストラムにおける次数の設定は，$\log |X(k)|$ との分離が可能な範囲に限定される。基本周期が T サンプルであれば，ケプストラムのピークもケフレンシー軸における T サンプルに生じる。T より低い次数に主要な成分がすべて含まれれば影響を完全に分離することができるが，基本周波数が高くなるほど分離は困難になる。T はスムージングの程度に対応するパラメータであるため，原理的に基本周波数が高いほど平滑化後のスペクトル包絡は滑らかな形状となる。

4.3　高品質音声分析合成のための課題の整理

LPC とケプストラムのどちらも，適切な次数を設定しなければならないという点で共通する問題がある。それとは別に，高品質音声分析合成を目指した場合，もう一つ重要な問題が出てくる。それは，**図 4.4** のように，周期信号を切り出す時刻により，振幅スペクトルが大きく変化することである。図 4.4 の例はパルス列であるため，推定すべきスペクトル包絡 $H(\omega)$ はパルスのスペクトル（$H(\omega) = 1$）である。しかしながら，波形を切り出す時刻により，振幅スペ

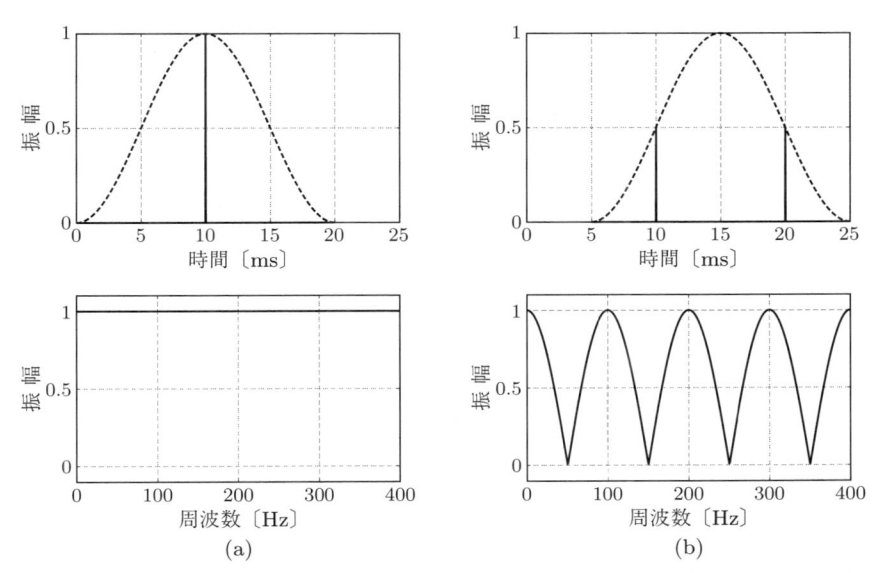

図 4.4　波形を切り出す時刻が振幅スペクトルに与える影響。パルス列のた
めスペクトル包絡の真値はフラットであるが，切り出す時刻によって異な
る結果となる。

クトルには大きな変化が観測される。この切り出す時刻による影響は，ここま
での説明では扱っていないが，これを取り除くことが重要な課題設定となる。

4.4　STRAIGHT

　STRAIGHT の根幹となるアイディアは，周期的な駆動である有声音のスペ
クトログラムが，周波数方向で基本周波数の整数倍，時間方向で基本周期の整数
倍で標本化されたと解釈することである。このアイディアに基づく最初のバー
ジョンが文献7) により提案されており，そこでは，格子状の標本点を時間周波
数領域におけるピラミッド型の**三角窓**（triangular window，あるいは**バート
レット窓**（Bartlett window））で平滑化するアプローチが採用されていた。現
在，このアプローチは採用されていないので，この技術的な解説は割愛する。
　現在の STRAIGHT は，高い時間分解能とどの時刻で推定したとしても同一

の結果を与えるという二つの条件を両立したスペクトル包絡推定法として知られている。核となるアイディアは，波形の切り出しに用いる窓関数の設計と，**相補的時間窓**（compensatory time window）という窓関数にある。二つの窓関数で切り出された波形からパワースペクトルを求め，それらを適切な比率で加算することにより分析時刻に依存した成分の除去を実現する。STRAIGHT によるスペクトル包絡推定の手順はおもに二つであり，相補的時間窓により分析時刻に依存しないパワースペクトルを求めるステップと，分析時刻に非依存なパワースペクトルに対する平滑化などの処理を行うステップから構成される。

STRAIGHT は，分析時刻に非依存なパワースペクトルを与えるが，分析時刻に依存した項の定式化を行わず，パラメータ最適化により時間変動量を最小化している。具体的な定式化は，その後提案された **TANDEM-STRAIGHT** のコアアルゴリズムである **TANDEM**（temporally aligned, non-dispersive envelope measurement）によりなされている[13]。

4.4.1 STRAIGHT で用いる窓関数

STRAIGHT は，提案されてから何回かの修正がなされており，最新の技術解説は文献14) で示されている。しかしながら，実際に配布されて多くの人に利用されているバージョンは，大筋は資料に準ずる一方，いくつかの点で違いがある。本節で説明するものは，2016 年 7 月にリリースされた STRAIGHT_007f のソースコードを解析したものであり，パラメータはプログラムに準拠する。ただし，アルゴリズムの根幹を解説することを目的とし，軽微な調整に関する処理は割愛する。

STRAIGHT で用いる窓関数は，以下の式に示すとおり，**ガウス窓**（Gauss window; Gaussian window）と三角窓の畳み込みとして計算される。

$$w(t) = e^{-\pi(t/T_\circ)^2} * h\left(\frac{t}{T_\circ}\right) \tag{4.21}$$

$$h(t) = \begin{cases} 1 - |t| & \text{if } |t| < 1 \\ 0 & \text{otherwise} \end{cases} \tag{4.22}$$

T_0 は基本周期を表す。$w(t)$ はガウス窓であり，時間的な広がりが基本周期に依存して変化する。また，ガウス窓は不確定性が最小となる特性がある。

　ガウス窓においては，理論上はゼロ点が生じないが，三角窓との畳み込みにより，メインローブ幅は基本周波数と一致する。また，有限の時間で切り出すため，その影響も受ける。このように，窓長を基本周波数により決定する分析は，1961 年に提案された**ピッチ同期分析**（pitch synchronous analysis）[15] の考え方に基づいている。論文中で提案されるピッチ同期分析は，1 周期分を切り出して分析することを 1 周期ごとに行っているため，これが狭義のピッチ同期分析となる。

　数学的な意味での周期信号であれば，1 周期分を切り出してフーリエ級数を求めることにより，切り出し時刻に依存しないパワースペクトルを得ることができる。しかしながら，実音声は完全な周期性を持たないため，1 周期分を切り出したパワースペクトルは，切り出し時刻を基本周期と同期させない限り変化する。さらに，切り出しの長さが正確に周期と一致しない場合は，その誤差に起因する成分が，推定結果の誤差として混入する問題が生じる。STRAIGHT は，このような切り出し幅を厳密に計算することを要求せず，分析時刻に依存しないスペクトル包絡を求めることが可能な方法である。また，STRAIGHT による推定結果は，厳密な周期信号である場合に得られるピッチ同期分析と一致する利点がある。単に切り出し時刻に依存しないスペクトルが必要であれば，長い時間窓を用いることで推定可能である[16]。STRAIGHT は，時間分解能に優れた短い窓関数により，分析時刻に依存しない結果を得る点が特色である。

　窓長を基本周期と同期させる音声分析には，隣接する調波に与える影響を計算しやすい利点がある。図 4.4 からも明らかなように，分析時刻に依存して変化するのは，二つの調波の間に存在する周波数レンジである。これは，隣接する二つの調波が窓関数を乗ずることにより周波数軸上で広がり，干渉することにより生ずる。振幅の差は，干渉が生じている左右の調波の位相差が原因であり，特に振幅が等しく**逆位相**で干渉すると，振幅が 0 となる。

　相補的時間窓 $w_c(t)$ は，干渉している周波数の振幅が 0 になる時刻において

ピークを持つパワースペクトルを与えるように設計される。

$$w_c(t) = \xi w(t) \sin\left(\pi \frac{t}{T_\mathrm{o}}\right) \tag{4.23}$$

同時刻で切り出した結果のパワースペクトルを**図 4.5** に示す。相補的時間窓には，ξ を乗じて振幅補正を行ってから波形処理を行う。ξ は 0.36 に設定されており，このパラメータを用いることで分析時刻に対する変動量が実質的に無視できる程度となる。これを，**時間的に不変なパワースペクトル**（temporally static power spectrum）と呼称している。

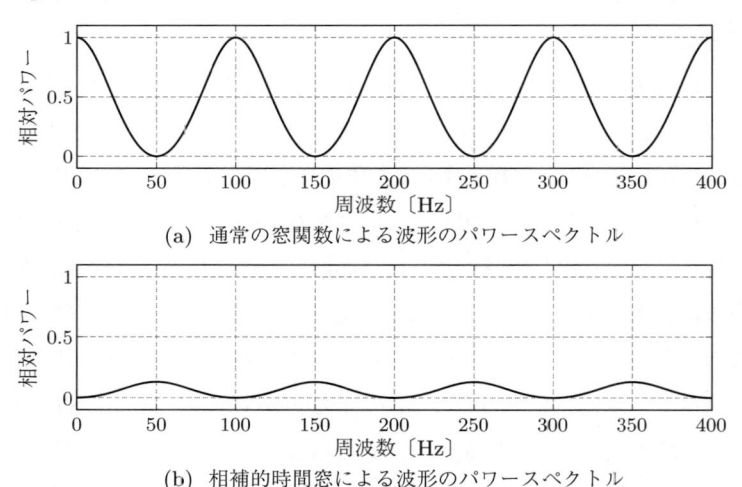

(a) 通常の窓関数による波形のパワースペクトル

(b) 相補的時間窓による波形のパワースペクトル

図 4.5　通常の窓関数で切り出した波形のパワースペクトルと，相補的時間窓により切り出された波形のパワースペクトル。通常のスペクトルのディップ（谷）の周波数においてピークを有することが確認できる。

　二つのパワースペクトルを加算することで，時間的に不変なパワースペクトル $P_r(\omega, t)$ が得られる。

$$P_r(\omega, t) = P(\omega, t) + P_c(\omega, t) \tag{4.24}$$

$P(\omega, t)$ と $P_c(\omega, t)$ は，それぞれ通常の窓関数と相補的時間窓により切り出した波形から求めたパワースペクトルである。分析時刻に依存しないため，以下では，2 変数関数から t を省略して ω の関数として記述する。

4.4.2 平滑化とスペクトル補償

音声分析合成において高い品質での合成を実現するためには，スペクトル包絡推定においてフォルマントに起因するピークの鋭さを保存することが要求される。音声変換などによりフォルマントが鈍くなったスペクトル包絡で音声を合成すると，鼻声のようにくぐもり，また音色が buzzy になることが知られている。スペクトルの平滑化を線形のパワースペクトルに対して行うと，フォルマントピークが鈍るという副作用が生じることが問題となる。STRAIGHT では，この問題に対処するため，以下のようにパワースペクトルを γ 乗した非線形軸上で一連の処理を実施する。

$$H_r(\omega) = (P(\omega) + P_c(\omega))^{\gamma/2} \tag{4.25}$$

最新版の STRAIGHT では，$\gamma = 0.6$ が利用されている。この処理は，振幅スペクトルを γ 乗する操作であるため，パワースペクトルを $1/2$ 乗して振幅スペクトルに変換する処理まで含んでいる。

続いて，非線形軸上の $H_r(\omega)$ を，大局的な変動成分 $H_l(\omega)$ と局所的な変動成分 $H_h(\omega)$ とに分離する処理を行う。

$$H_r(\omega) = H_l(\omega)H_h(\omega) \tag{4.26}$$

$$H_l(\omega) = H_b(\omega) * H_r(\omega) \tag{4.27}$$

$$H_b(\omega) = \begin{cases} 1 - \left|\dfrac{\omega}{3\omega_o}\right| & \text{if } |\omega| < 3\omega_o \\ 0 & \text{otherwise} \end{cases} \tag{4.28}$$

$H_b(\omega)$ は三角窓であるため，この処理は平滑化に対応する。$H_r(\omega)$ は**非負**であることが保証されており，$H_l(\omega)$ には 0 が存在しないことになる。これは，$H_h(\omega)$ が無限大のゲインを持つことなく，演算上の不具合が生じないことを示す。

図 4.6 は，男性の母音/a/を対象に計算した，ある時刻での $H_r(\omega)$, $H_l(\omega)$, $H_h(\omega)$ である。大局的な構造を事前に取り除くことで，フィルタ処理において，フォルマントピークのような強いパワーが離れた周波数へ与える影響を低減で

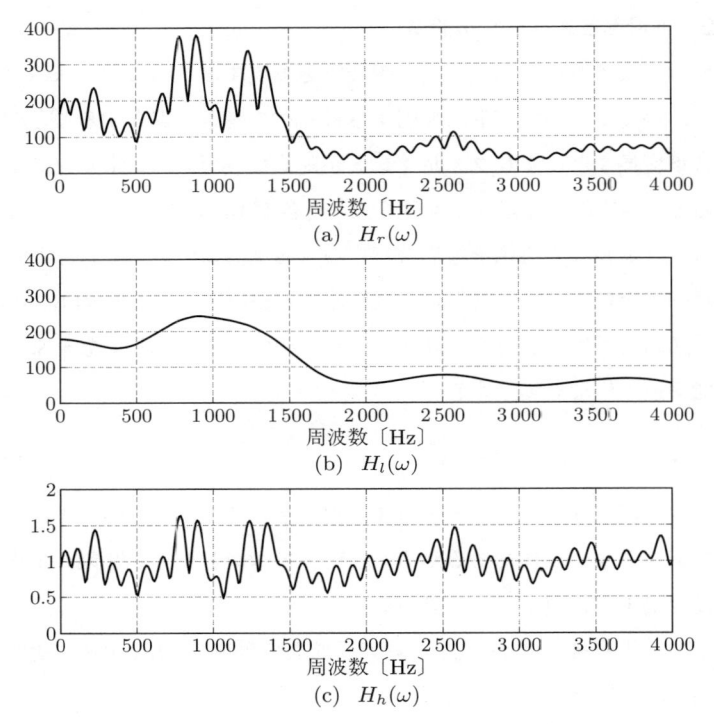

(a) $H_r(\omega)$

(b) $H_l(\omega)$

(c) $H_h(\omega)$

図 **4.6** 男性の母音/a/を対象に計算した，ある時刻での
$H_r(\omega)$, $H_l(\omega)$, $H_h(\omega)$。STRAIGHT では，$H_h(\omega)$ に対
して逆フィルタ処理と平滑化を行い，その後 $H_l(\omega)$ を乗ず
る処理を行う。なお，縦軸は非線形変換されたパワーであ
るため，単位は記載していない。

きる。

　平滑化と**スペクトル補償**（spectral recovery）は，周波数軸における畳み込みで
あるため，リフタリングで行っても問題は生じない。厳密には，対数振幅スペク
トルに対する逆フーリエ変換ではないので，リフタリングという呼称は適切では
ないかもしれないが，便宜上この表現を利用する。平滑化用のリフタ $l_s(\tau)$ と**逆
フィルタ**（inverse filter）に相当するリフタ $l_q(\tau)$ は，それぞれ以下で与えられる。

$$l_s(\tau) = \left(\frac{\sin(\pi f_\circ \tau)}{\pi f_\circ \tau} \right)^2 \tag{4.29}$$

$$l_q(\tau) = \tilde{q}_0 + 2\tilde{q}_1 \cos(2\pi f_\circ \tau) + 2\tilde{q}_2 \cos(4\pi f_\circ \tau) \tag{4.30}$$

$l_s(\tau)$ は，底辺が $2\omega_\circ$ となるよう設計された三角窓のスペクトルである。これは $\omega_\circ$ の矩形窓同士の畳み込みと等価であることから，矩形窓のスペクトルを 2 乗することで得られる。$l_q(\tau)$ が逆フィルタに相当するリフタであり，$\tilde{q}_i$ がフィルタの係数に相当する。STRAIGHT では事前に最適化を行っており，$\tilde{q}_0 \fallingdotseq 1.097\,35$，$\tilde{q}_1 \fallingdotseq -0.236\,36$，$\tilde{q}_2 \fallingdotseq 0.050\,35$ で与えられる。平滑化とスペクトル補償を行った結果のスペクトル $H_s(\omega)$ は以下となる。

$$H_s(\omega) = \mathcal{F}\left[l_s(\tau)l_q(\tau)h_h(\tau)\right] \tag{4.31}$$

$$h_h(\tau) = \mathcal{F}^{-1}\left[H_h(\omega)\right] \tag{4.32}$$

　スペクトル補償の処理で負値が生じてしまうことは，そのままではパワースペクトルとして利用できないことを意味する。パワースペクトルは非負値であるため，処理後の**非負性**を保証する必要がある。**半波整流**によりこの保証は可能だが，スペクトルにおける急峻な変化が過渡応答として時間波形に表れるのを避けるため，STRAIGHT では**滑らかな半波整流**と呼ばれる独特の処理を行う。$r(x)$ は，この滑らかな半波整流に相当する処理である。

$$r(x) = 0.125 \log\left(2\cosh\left(\frac{4x}{1.4}\right)\right) + 0.5x \tag{4.33}$$

図 4.7 に滑らかな半波整流の例を示す。半波整流に関する係数群は STRAIGHT 用に最適化されたものであり，0 付近での滑らかさに影響を与える。最終的なスペクトル包絡 $H(\omega)$ は，大局的な構造を復元し，非線形変換された振幅を逆

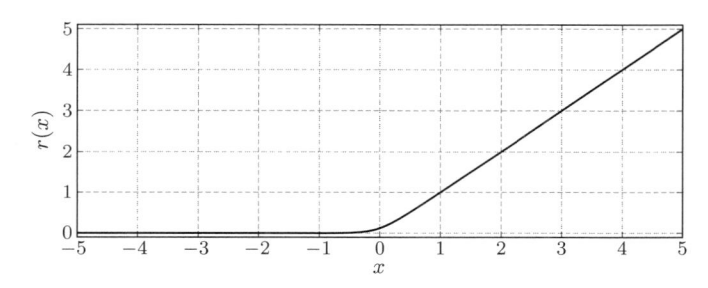

図 4.7　滑らかな半波整流の効果。0 周辺における不連続な点が解消されている。

変換することで得られる。

$$H(\omega) = (r\,(H_s(\omega))\,H_l(\omega))^{1/\gamma} \tag{4.34}$$

なお，ここでは，スペクトル包絡は振幅スペクトルとして定義するため，最後に $1/\gamma$ 乗している。パワースペクトルとして与える場合は $2/\gamma$ 乗すればよい。

4.4.3　スペクトル補償の意味

$l_q(\tau)$ は，スペクトルに対して $0,\ \pm\omega_\circ,\ \pm2\omega_\circ$ にシフトした合計五つのデルタ関数を畳み込んでいることになる。目的とする周波数と離散周波数がつねに合致するとは限らないため，リフタリングにより処理する。スペクトル領域で表現すると，以下のようになる。

$$\tilde{H}_r(\omega) = \tilde{q}_0 H_r(\omega) + \tilde{q}_1 H_r(\omega - \omega_\circ) + \tilde{q}_1 H_r(\omega + \omega_\circ)$$
$$+ \tilde{q}_2 H_r(\omega - 2\omega_\circ) + \tilde{q}_2 H_r(\omega + 2\omega_\circ) \tag{4.35}$$

これを図示すると**図 4.8** となる。図 (a) ではベースとなるスペクトルが $\tilde{q}_0$ 倍され，$\pm100\,\mathrm{Hz}$ にシフトしたスペクトルがそれぞれ $\tilde{q}_1$ 倍されて加算される。$\pm200\,\mathrm{Hz}$ についても同様である。加算されたスペクトル（図 (b) の実線）は，基本周波数の整数倍で 0 を持つ。このスペクトルを有する窓関数で波形を切り出すと，$100\,\mathrm{Hz}$ の整数倍にシフトして任意の振幅・位相が与えられることになる。図 (b) のように，基本周波数の整数倍で 0 を持つようにすれば，基本周波数の整数倍の値は他の調波から干渉されないことになる。理論的には，$\tilde{q}_n$ はさらに高次元まで利用することが可能であるが，STRAIGHT で用いた係数からも明らかなように，係数は指数的に減衰する特性がある。実音声は，完全な周期性を持たないなどの理由から，理想的な条件とはならない。高次係数の利用は，副作用のほうが大きくなる危険性があるため，STRAIGHT では 2 次までとしている。

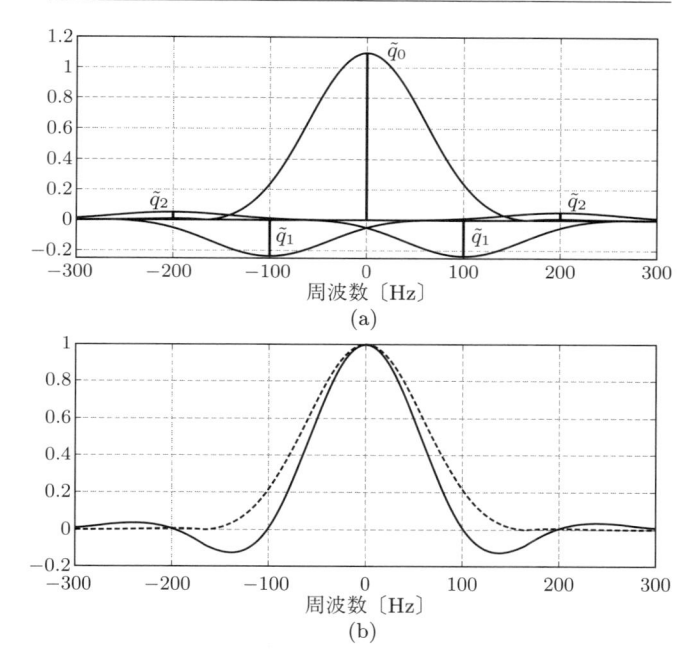

図 **4.8**　スペクトル補償の意味。基本周波数が 100 Hz の場合,
100 Hz の整数倍において 0 になるようにフィルタリングす
る。このスペクトル補償により, 0 Hz における値が 100 Hz
の整数倍に影響することはなくなる。

4.5　分析時刻に非依存なスペクトル包絡推定の前提知識

　STRAIGHT は, ボコーダでありながら高品質な音声分析合成を実現した。
相補的時間窓によるアイディアは, 調波間で生じる干渉の影響を除去し, 時間
的に不変なスペクトル包絡を与えたが, 時間変動成分の導出を厳密に行ってい
ない。結果的に複数のパラメータを最適化する方法を採用しており, 理論的背
景が不透明で力づくの実装であることが, 著者自身により指摘されていた[17]。
以下で説明する二つの推定法は, STRAIGHT の考え方を踏襲しつつ, 前提と
して時間変動成分の定式化を行う。この定式化は両方において共通するため,

ここで前提知識として説明する。

初めに，スペクトル包絡推定法が，厳密な解の推定が不可能であり，なんらかの制約条件下で最適値を求める問題であることを示す。その理由を出発点に，時間変動成分を求めるための前提となる式を導出する。

4.5.1 スペクトルの離散化

これまで説明してきたように，周期信号 $y(t)$ のスペクトルは，以下のようにパルス列となる。

$$Y(\omega) = H(\omega) \sum_{n=-\infty}^{\infty} \delta(\omega - n\omega_{\mathrm{o}}) \tag{4.36}$$

本来であれば，パルス列のフーリエ変換に伴い特定の係数が付くが，本書では無視する。ここで注意すべき点は，$Y(\omega)$ はスペクトル包絡とパルス列との掛

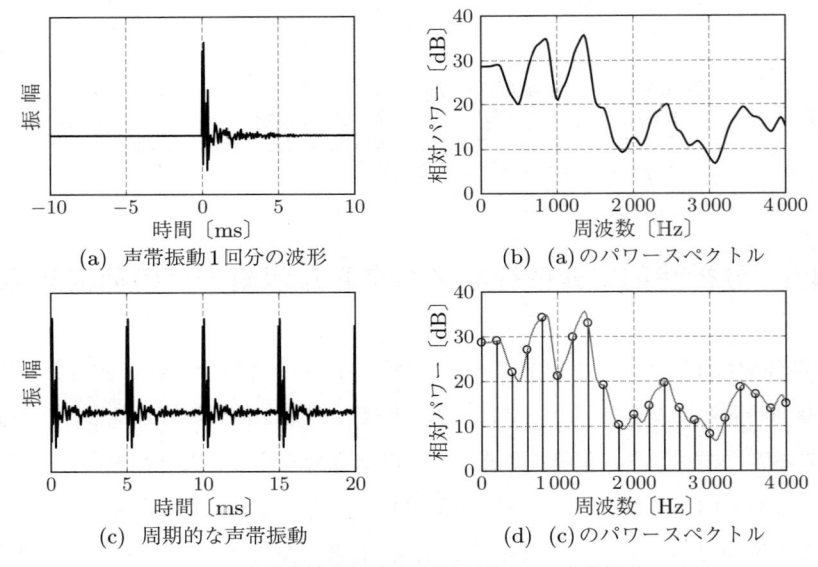

(a) 声帯振動1回分の波形   (b) (a) のパワースペクトル

(c) 周期的な声帯振動   (d) (c) のパワースペクトル

図 4.9 スペクトル包絡推定のおもな問題。図 (a) の声帯振動のパワースペクトルを図 (b) に示す。これを f_{o} が 200 Hz のパルス列に畳み込むと図 (c) の波形が得られる。この周期信号のパワースペクトルが図 (d) である。スペクトル包絡推定問題は，図 (d) の離散化された信号から図 (a) のアナログ信号を復元する D-A 変換の問題と位置付けられる。

け算となることである。**図 4.9** は，ある声帯振動を周期的に繰り返すことがスペクトルに与える影響を示している。時間軸においてパルス列を畳み込む演算は，周波数領域においてパルス列を乗ずることと等価であることから，スペクトルの離散化に相当する。この離散化は，スペクトルの A-D 変換であると解釈でき，すなわちスペクトル包絡の推定は，離散化されたスペクトルからの D-A 変換と位置付けられる。A-D 変換では標本化定理による制約が発生するため，原理的にある水準を超えて急峻に変化するスペクトル包絡を取り出すことは不可能となる。同時に，基本周波数が高いほどスペクトルの標本化間隔が広くなるため，滑らかなスペクトル包絡しか得ることができないことを意味する。ただし，これはケプストラムを前提とした議論であり，LPC では極の帯域幅を狭くすることにより，この制約以上に鋭いフォルマントを与えることも可能である。これは，モデルを仮定することによるメリットである。

4.5.2 窓関数により切り出す時刻の影響

ケプストラム分析については，短時間で切り出した波形の短時間フーリエ変換によりスペクトル包絡を推定する。しかしながら，その導出過程において，窓関数により波形を切り出す影響については論じられていない。これまで述べてきたように，音声波形 $y(t)$ は，声帯振動に起因する周期が T_0 のパルス列 $x(t)$ と，声帯振動，調音フィルタ，放射特性を包含したフィルタ $h(t)$ の畳み込みで表現される。実際の音声は，時間とともに，基本周波数，スペクトル包絡，非周期性指標のすべてが変動する。導出においては，基本周波数とスペクトル包絡が時間に対して不変であり，非周期性指標は存在しないものとして扱う。窓関数を掛ける処理は，任意の時刻 τ に窓関数をシフトして乗ずる処理となる。すなわち

$$y(t) = h(t) * \sum_{n=-\infty}^{\infty} \delta(t - nT_0) \tag{4.37}$$

の $y(t)$ に対する $y(t)w(t-\tau)$ の計算となる。切り出された波形からスペクトルを求め，切り出す時刻 τ に依存した項を除去することで，時間的に不変な成分

のみを残すことができる。この条件のみでは解は無数に存在するため，推定法ではさらにいくつかの条件を追加して考える。

4.5.3　分析時刻に依存した成分の定式化

時間変動成分の導出には，事前にいくつかの定義を行う必要がある。まず，任意のスペクトル包絡 $H(\omega)$ について以下を得る。

$$
Y(\omega) = H(\omega) \sum_{n=-\infty}^{\infty} \delta(\omega - n\omega_{\mathrm{o}})
$$

$$
= \sum_{n=-\infty}^{\infty} H(\omega - n\omega_{\mathrm{o}}) \tag{4.38}
$$

この際，$Y(\omega)$ は，基本波（ω_{o}）の周波数の整数倍のでのみ値を有することがわかる。ここで，各調波の振幅と位相をそれぞれ α_n, β_n で与えれば，$Y(\omega)$ を以下の形に一般化することができる。

$$
Y(\omega) = \sum_{n=-\infty}^{\infty} \alpha_n e^{i\beta_n} \delta(\omega - n\omega_n) \tag{4.39}
$$

$H(\omega) = |H(\omega)|e^{i\angle H(\omega)}$ とすると，$\alpha_n = |H(n\omega_{\mathrm{o}})|$ であり，$\beta_n = \angle H(n\omega_{\mathrm{o}})$ である。スペクトル包絡は，振幅のみが推定対象であるため，ここでは α_n を推定できればよく，β_n は推定対象としない。

窓関数で波形を切り出すことは，$Y(\omega)$ に窓関数のスペクトルを畳み込むことと等価である。分析時刻に依存する成分を定式化するため，以下の条件を満たす窓関数を設定する。

- 窓関数のメインローブ幅は ω_{o}〔Hz〕以下である
- 窓関数のサイドローブは $-\infty$〔dB〕である

2番目の条件を満たす窓関数は存在しないため，現実的にはサイドローブが小さいハニング窓，ブラックマン窓などを，実質的にサイドローブの影響を無視できる窓関数として用いる。時間変動だけを取り除けばよい場合，メインローブ幅を $\omega_{\mathrm{o}}/2$ 以下になるよう設計すれば，調波間での干渉が生じないため，時間変動に与える影響は窓関数のサイドローブのみとなる。式 (4.39) は，周期信

号のスペクトルが，$\omega_\circ$ の整数倍でのみ値を持つパルス列であることを示している。窓関数を乗ずると，窓関数のスペクトルが $n\omega_\circ$ にシフトされ，各調波が有する振幅が乗じられ，位相による回転が加えられることとなる。

　上述の条件を満たす窓関数を用いることで，無限に存在するパルス列を二つのパルスに限定することが可能である。**図 4.10** は，上述の条件を満たす窓関数を乗ずることがスペクトルに与える影響のイメージを示したものである。サイドローブが存在しない窓関数であれば，$0 \sim \omega_\circ$〔Hz〕の帯域には，図 (a) における 0 および $\omega_\circ$〔Hz〕のパルスと窓関数のスペクトルが畳み込まれた成分による影響のみが存在する。二つの調波には β_0 と β_1 による位相差が存在し，また，切り出す時刻により時間シフトに相当する項が追加される。ただし，無限に存在するパルス列のうち，隣接する調波のみで議論すればよいことは大きなメリットとなる。各調波の振幅，位相は任意に与えているため，0 および $\omega_\circ$〔Hz〕について干渉の影響を定式化すれば，$n\omega_\circ$ および $(n+1)\omega_\circ$〔Hz〕に一般化できる。さらに，振幅，位相の差は相対的であっても結果に影響しないため，分析時間に依存する項を導出するために必要なスペクトルは，最終的には以下の形に一般化される。

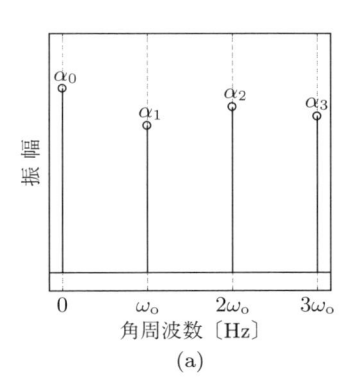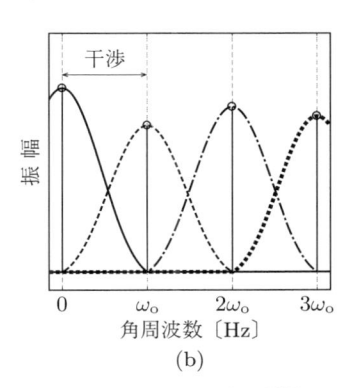

図 4.10　メインローブ幅が $\omega_\circ$ の窓関数を用いて波形を切り出す影響。サイドローブが存在しないため，隣り合う調波でのみ振幅が干渉する。スペクトルのパルス列は無限に存在するが，隣接する二つの調波間の干渉のみで分析時刻に対する影響を定式化できる。

$$Y(\omega) = \delta(\omega) + \alpha e^{i\beta}\delta(\omega - \omega_{\mathrm{o}}) \tag{4.40}$$

このスペクトルに対して窓関数のスペクトルの畳み込みを計算し，$0 \sim \omega_{\mathrm{o}}$〔Hz〕の帯域に含まれる分析時刻に依存した成分が，除去すべき時間変動となる。

4.6　TANDEM-STRAIGHT

TANDEM-STRAIGHT には，前節で説明した考え方を用いて時間変動成分を定式化し，それを除去する TANDEM と呼ばれる方法と，平滑化とスペクトル補償を行う処理を併用したスペクトル包絡推定法がある[18), 19)]。まず，4.5.3 項で示した隣り合う調波の干渉を計算する。式 (4.40) の波形を，メインローブ幅が ω_{o} 以下でサイドローブが $-\infty$ の窓関数を時刻 τ にシフトして切り出すと，スペクトルの畳み込みとして表現される。

$$Y(\omega, \tau) = W(\omega, \tau) * \bigl(\delta(\omega) + \alpha e^{i\beta}\delta(\omega - \omega_{\mathrm{o}})\bigr) \tag{4.41}$$

$$= W(\omega, \tau) + \alpha W(\omega - \omega_{\mathrm{o}}, \tau)e^{i\beta} \tag{4.42}$$

ここで，フーリエ変換の性質 $\mathcal{F}[x(t-a)] = e^{-ia\omega}X(\omega)$ を利用すると，$W(\omega, \tau) = e^{-i\tau\omega}W(\omega)$ で表せる。

$$Y(\omega, \tau) = e^{-i\tau\omega}W(\omega) + \alpha e^{-i\tau(\omega - \omega_{\mathrm{o}})}W(\omega - \omega_{\mathrm{o}})e^{i\beta} \tag{4.43}$$

$$= e^{-i\tau\omega}W(\omega) + \alpha e^{-i\tau\omega}e^{i(\tau\omega_{\mathrm{o}}+\beta)}W(\omega - \omega_{\mathrm{o}}) \tag{4.44}$$

$$= e^{-i\tau\omega}\left(W(\omega) + \alpha e^{i(\tau\omega_{\mathrm{o}}+\beta)}W(\omega - \omega_{\mathrm{o}})\right) \tag{4.45}$$

つぎに，パワースペクトル $|Y(\omega, \tau)|^2$ を計算すると，以下が得られる。2 変数 $|xy|^2$ が $|x|^2|y|^2$ であることに着目すると，$|e^{-i\tau\omega}|^2 = 1$ であることを利用して，以降の計算は簡略化できる。

$$|Y(\omega, \tau)|^2 = \Re\left[Y(\omega, \tau)\right]^2 + \Im\left[Y(\omega, \tau)\right]^2 \tag{4.46}$$

実部と虚部はそれぞれ以下となる。ここで，窓関数は時刻 0 を軸として対称形で

あると仮定すると，スペクトルは実部のみ存在すると見なすことができ，導出を簡略化できる。本書で説明する窓関数は，この制約条件をすべて満足している。

$$\Re\left[Y(\omega,\tau)\right] = W(\omega) + \alpha\cos(\tau\omega_{\mathrm{o}} + \beta)W(\omega - \omega_{\mathrm{o}}) \tag{4.47}$$

$$\Im\left[Y(\omega,\tau)\right] = \alpha\sin(\tau\omega_{\mathrm{o}} + \beta)W(\omega - \omega_{\mathrm{o}}) \tag{4.48}$$

ここから $|Y(\omega,\tau)|^2$ を計算すると，以下が得られる。

$$|Y(\omega,\tau)|^2 = (W(\omega) + \alpha\cos(\tau\omega_{\mathrm{o}} + \beta)W(\omega - \omega_{\mathrm{o}}))^2$$
$$+ (\alpha\sin(\tau\omega_{\mathrm{o}} + \beta)W(\omega - \omega_{\mathrm{o}}))^2 \tag{4.49}$$
$$= W^2(\omega) + \alpha^2 W^2(\omega - \omega_{\mathrm{o}})$$
$$+ 2\alpha W(\omega)W(\omega - \omega_{\mathrm{o}})\cos(\tau\omega_{\mathrm{o}} + \beta) \tag{4.50}$$

これで，分析時刻 τ に依存する成分は $2\alpha W(\omega)W(\omega - \omega_{\mathrm{o}})\cos(\tau\omega_{\mathrm{o}} + \beta)$ であることが確認できた。$2\alpha W(\omega)W(\omega - \omega_{\mathrm{o}})$ は，時間変動成分を持たないことから，実質的な時間変動は $\cos(\tau\omega_{\mathrm{o}} + \beta)$ で表すことができる。

4.6.1 TANDEM

TANDEM は，この定式化された時間変動が $\cos$ 波になっていることに着目したスペクトル推定法である。同一の窓関数を用いて，任意の時刻 τ から相対的に $T_{\mathrm{o}}/2$ だけシフトして波形を切り出すと，以下のパワースペクトルが得られる。

$$\left|Y\left(\omega,\tau + \frac{T_{\mathrm{o}}}{2}\right)\right|^2 = W^2(\omega) + \alpha^2 W^2(\omega - \omega_{\mathrm{o}})$$
$$+ 2\alpha W(\omega)W(\omega - \omega_{\mathrm{o}})\cos\left(\left(\tau + \frac{T_{\mathrm{o}}}{2}\right)\omega_{\mathrm{o}} + \beta\right) \tag{4.51}$$

ここで，$\omega_{\mathrm{o}} = 2\pi/T_{\mathrm{o}}$ であることに着目して式を展開すると，以下が得られる。

$$\left|Y\left(\omega,\tau + \frac{T_{\mathrm{o}}}{2}\right)\right|^2 = W^2(\omega) + \alpha^2 W^2(\omega - \omega_{\mathrm{o}})$$
$$+ 2\alpha W(\omega)W(\omega - \omega_{\mathrm{o}})\cos(\tau\omega_{\mathrm{o}} + \beta + \pi) \tag{4.52}$$

$$= W^2(\omega) + \alpha^2 W^2(\omega - \omega_\mathrm{o})$$

$$- 2\alpha W(\omega) W(\omega - \omega_\mathrm{o}) \cos{(\tau\omega_\mathrm{o} + \beta)} \qquad (4.53)$$

よって，$|Y(\omega, \tau)|^2$ と $|Y(\omega, \tau + T_\mathrm{o}/2)|^2$ の平均値を求めることで，時間依存項 τ が消えることとなる。

$$\frac{|Y(\omega, \tau)|^2 + |Y(\omega, \tau + T_\mathrm{o}/2)|^2}{2} = W^2(\omega) + \alpha^2 W^2(\omega - \omega_\mathrm{o}) \quad (4.54)$$

時間分解能を考えると上記二つの項の和で十分であるが，時間変動項が正弦波的振る舞いになることに着目すれば，以下のように任意の項の平均値に拡張することもできる。

$$\frac{1}{K} \sum_{k=0}^{K-1} \left| Y\left(\omega, \tau + \frac{kT_\mathrm{o}}{K}\right) \right|^2 = W^2(\omega) + \alpha^2 W^2(\omega - \omega_\mathrm{o}) \qquad (4.55)$$

時間的にシフトした窓関数で得られたパワースペクトルを平均することで，パワースペクトルの変動を低減できることは，**ウェルチ法**（Welch's method）[20] により知られている。例えば，ホワイトノイズは大局的にはフラットな特性であるものの，各周波数単位で観測すると分析時刻に対する変動が大きい。ウェルチ法により K 個の窓関数で得られたパワースペクトルを平均することで，変動を $1/\sqrt{K}$ にすることができる。

　TANDEM の場合，ウェルチ法とは異なり，基本周期を等分割した時刻で得たパワースペクトルを平均することで，時間変動成分が完全に打ち消せるメリットがある。実際には，窓関数のサイドローブ分の影響があるため，TANDEM-STRAIGHT では，時間分解能とサイドローブのバランスを勘案し，2.5 倍のブラックマン窓を採用している。また，切り出す時刻が τ と $\tau + T_\mathrm{o}/2$ では，波形の重心が τ からずれるため，以下のように $\pm T_\mathrm{o}/4$ とすることで重心を τ となるようにしている。

$$\frac{1}{2} \left| Y\left(\omega, \tau - \frac{T_\mathrm{o}}{4}\right) \right|^2 + \frac{1}{2} \left| Y\left(\omega, \tau + \frac{T_\mathrm{o}}{4}\right) \right|^2 = W^2(\omega) + \alpha^2 W^2(\omega - \omega_\mathrm{o})$$

$$(4.56)$$

ここで，$0 \sim \omega_\mathrm{o}$〔Hz〕の振る舞いは，窓関数のスペクトルに依存する。

　例えば，$2T_\mathrm{o}$ のハニング窓の振幅スペクトルを考えると，0 Hz における振幅が 1 であれば，$\omega_\mathrm{o}/2$〔Hz〕の振幅は 0.5 となる。パルス列を分析する場合，$W(\omega) + W(\omega - \omega_\mathrm{o})$ において $\omega_\mathrm{o}/2$〔Hz〕におけるパワーは，同位相であれば 1 となり，逆位相であれば 0 である。TANDEM では，同位相と逆位相の和となるため，平均的には 0.5 となる。この成分は ω_o の間隔で周期的であるため，ケフレンシー軸における影響は，ケプストラムと同様に T_o の整数倍に表れる。

4.6.2 平滑化とスペクトル補償

　TANDEM-STRAIGHT では，ケプストラムと同様の平滑化ではなく，一つの調波が遠方の調波に与える影響を低減するよう配慮した平滑化を行う。また，窓関数の設計条件により隣接する調波に与える影響が 0 ではなくなるため，STRAIGHT と同様にその影響を除去するスペクトル補償も行う。

　STRAIGHT では，三角窓による畳み込みで平滑化を実施していたのに対し，TANDEM-STRAIGHT では ω_o の幅の矩形窓により平滑化する。矩形窓を用いることで，一つの調波が周辺の調波に与える影響の範囲を，STRAIGHT よりもさらに限定している。この差は，スペクトル補償において利用する次数に影響しており，TANDEM-STRAIGHT では $\tilde{q}_0, \tilde{q}_1$ までで補償を行う。また，STRAIGHT では 0.6 乗という非線形軸でスペクトルを処理していたが，TANDEM-STRAIGHT では対数パワースペクトルに対して処理を行う。対数パワースペクトルを対象とすることで，非負性の問題が解消され半波整流が不要となる。以上をまとめると，平滑化とスペクトル補償を，以下の式により行うことになる。

$$P_l(\omega) = \exp\left(\mathcal{F}\left[l_s(\tau)l_q(\tau)p_s(\tau)\right]\right) \tag{4.57}$$

$$l_s(\tau) = \frac{\sin(\pi f_\mathrm{o}\tau)}{\pi f_\mathrm{o}\tau} \tag{4.58}$$

$$l_q(\tau) = \tilde{q}_0 + 2\tilde{q}_1 \cos\left(\frac{2\pi\tau}{T_\mathrm{o}}\right) \tag{4.59}$$

$$p_s(\tau) = \mathcal{F}^{-1}\left[\log\left(P_s(\omega)\right)\right] \tag{4.60}$$

ここで，$P_s(\omega)$ は TANDEM により計算されたパワースペクトルであり，$P_l(\omega)$ は最終的な推定結果である。TANDEM-STRAIGHT におけるスペクトル補償の係数には，最適化された結果 $\tilde{q}_0 = 1.18$，$\tilde{q}_1 = -0.09$ が採用されている。

平滑化のリフタリングの効果については，図 **4.11** のようにケフレンシー領域でケプストラムとリフタを重ねてプロットすると，T_o の整数倍で生じるケプストラムの周期的な振動成分と，リフタの 0 が一致していることが確認できる。TANDEM-STRAIGHT は，STRAIGHT よりも理論的な見通しが良く，実質的に同等な結果を得る方法として利用されている。

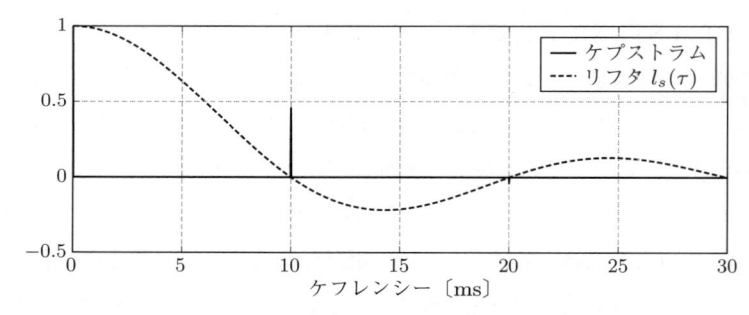

図 **4.11** パルス列を TANDEM により分析した結果のケプストラムと，リフタ $l_s(\tau)$ との関係。周期的な変動成分が T_o の整数倍に存在し，リフタはその時間において 0 となる。

4.7 CheapTrick

STRAIGHT と TANDEM-STRAIGHT に共通する考え方として，二つの窓関数により得られたパワースペクトルを加算して時間変動成分を取り除くこと，およびその後に平滑化を行うことで，基本周波数の整数倍の値を正確に保持するスペクトル包絡を得るという流れがある。**CheapTrick** は，得られる結果が上記 2 手法と同様の条件を満たす一方，一つの窓関数を用い時間変動の除去と平滑化を分離せず行う方法である[21), 22)]。CheapTrick は，STRAIGHT を上回る品質をコンセプトに提案された **WORLD**[23)] に採用されているアルゴリズムである。

4.7.1 分析時刻に依存した項の再解釈

CheapTrick を詳説する前に，TANDEM-STRAIGHT の図 4.11 を別の視点から理解する必要がある。TANDEM を使わずにパワースペクトルを求める式を再掲する。

$$|Y(\omega, \tau)|^2 = W^2(\omega) + \alpha^2 W^2(\omega - \omega_{\mathrm{o}})$$
$$+ 2\alpha W(\omega) W(\omega - \omega_{\mathrm{o}}) \cos(\tau \omega_{\mathrm{o}} + \beta) \tag{4.61}$$

ここで，分析時刻に依存する項が周波数領域に与える影響を考える。窓関数の条件から，0 および ω_{o}〔Hz〕における値は分析時刻に対して不変である一方，その間は分析時間に依存して変化する。つまり，ω_{o} の周期で振動する成分の量は変化するが，振動する周波数は分析時刻に依存せず，ω_{o} の周期を有していることとなる。これは，ケフレンシー軸における時間変動成分は，T_{o} の整数倍における振幅の変化として与えられることを意味する。

もう一つの重要な知見は，窓関数で切り出された波形のパワーである。目的とするスペクトル包絡推定では，分析時刻に依存しない結果が前提条件である。分析時刻により切り出した波形のパワーが変化することは，スペクトル包絡の推定結果にもパワーの変化に伴うなんらかの時間依存項が与えられることを意味する。STRAIGHT や TANDEM では，アルゴリズムの制約上，二つの窓関数で切り出した波形から求めたパワースペクトルに重みを付けて加算することが，全体のパワーを均一にする効果をもたらす。一つの窓関数で同様の結果を得るためには，切り出された波形のパワーが等しいことが必要不可欠となる。

4.7.2 窓関数の設計

前項で示した理由により，CheapTrick の窓関数の条件は，他の手法よりさらに厳しい。具体的には，TANDEM-STRAIGHT で示した条件を満たしつつ，さらに分析時刻に依存せず切り出された波形のパワーを一致させる窓関数が必要となる。CheapTrick では，この条件を満たす窓関数として，基本周期 T_{o} の 3 倍の長さを有するハニング窓を用いる。切り出した波形のパワーが分析時刻

に依存しないことの導出は，基本周期が $T_\circ$ で，1周期の区間で任意の振幅を持つ周期信号 $y(t)$ を窓関数 $w(t)$ で切り出すところから始める。

　切り出した波形を $y(t)w(t)$ とすると，この波形のパワーは $\displaystyle\int_0^{3T_\circ}(y(t)w(t))^2\,dt$ となる。$y(t)$ を任意としているため，この式から計算されるパワーが一定になることを示せば，任意の周期信号から分析時刻に依存せず不変なパワーが得られることが示される。導出のため，まず，積分区間を以下の三つに分割する。

$$\int_0^{3T_\circ}(y(t)w(t))^2\,dt = \int_0^{T_\circ} y^2(t)w^2(t)dt + \int_{T_\circ}^{2T_\circ} y^2(t)w^2(t)dt$$
$$+ \int_{2T_\circ}^{3T_\circ} y^2(t)w^2(t)dt \tag{4.62}$$

周期信号3周期分が含まれるため，$y(t)=y(t+T_\circ)=y(t+2T_\circ)$ であることを利用すると，積分区間を以下のように統一できる。

$$\int_0^{3T_\circ}(y(t)w(t))^2\,dt = \int_0^{T_\circ} y^2(t)w^2(t)dt + \int_0^{T_\circ} y^2(t)w^2(t+T_\circ)dt$$
$$+ \int_0^{T_\circ} y^2(t)w^2(t+2T_\circ)dt \tag{4.63}$$

結果，0 から $T_\circ$ の積分にまとめることができる。

$$\int_0^{T_\circ} y^2(t)\left(w^2(t)+w^2(t+T_\circ)+w^2(t+2T_\circ)\right)dt \tag{4.64}$$

つぎに，$w^2(t)+w^2(t+T_\circ)+w^2(t+2T_\circ)$ の計算を行う。$w(t)$ はハニング窓であることから，三つの項はそれぞれ以下となる。なお，ここでは窓の長さは0から $3T_\circ$ のため，窓は $w(t)=0.5-0.5\cos\left(\dfrac{2\pi}{3T_\circ}t\right)$ とする。この定義は，1章の定義とは異なるが，窓関数の形状は同一である。

$$w^2(t) = 0.25 - 0.5\cos\left(\frac{2\pi}{3T_\circ}t\right) + 0.25\cos^2\left(\frac{2\pi}{3T_\circ}t\right) \tag{4.65}$$

$$w^2(t+T_\circ) = 0.25 - 0.5\cos\left(\frac{2\pi}{3T_\circ}t + \frac{2\pi}{3}\right) + 0.25\cos^2\left(\frac{2\pi}{3T_\circ}t + \frac{2\pi}{3}\right)$$
$$\tag{4.66}$$

$$w^2(t+2T_\circ) = 0.25 - 0.5\cos\left(\frac{2\pi}{3T_\circ}t + \frac{4\pi}{3}\right) + 0.25\cos^2\left(\frac{2\pi}{3T_\circ}t + \frac{4\pi}{3}\right)$$
$$\tag{4.67}$$

$w^2(t + 2T_\text{o})$ は，位相を -2π 回転させることで以下とする．

$$w^2(t + 2T_\text{o}) = 0.25 - 0.5 \cos\left(\frac{2\pi}{3T_\text{o}}t - \frac{2\pi}{3}\right) + 0.25 \cos^2\left(\frac{2\pi}{3T_\text{o}}t - \frac{2\pi}{3}\right)$$
(4.68)

以下では，定数項と $\cos$ の項と $\cos^2$ の項のそれぞれについて計算する．定数項については，0.25 の 3 倍なので 0.75 である．$\cos$ の項は，以下を計算することとなる．

$$-0.5\left(\cos\left(\frac{2\pi}{3T_\text{o}}t\right) + \cos\left(\frac{2\pi}{3T_\text{o}}t + \frac{2\pi}{3}\right) + \cos\left(\frac{2\pi}{3T_\text{o}}t - \frac{2\pi}{3}\right)\right)$$
(4.69)

ここで，$\cos\left(\frac{2\pi}{3T_\text{o}}t + \frac{2\pi}{3}\right)$ と $\cos\left(\frac{2\pi}{3T_\text{o}}t - \frac{2\pi}{3}\right)$ を**加法定理**で展開し，以下を得る．

$$\cos\left(\frac{2\pi}{3T_\text{o}}t + \frac{2\pi}{3}\right) = \cos\left(\frac{2\pi}{3T_\text{o}}t\right)\cos\left(\frac{2\pi}{3}\right) - \sin\left(\frac{2\pi}{3T_\text{o}}t\right)\sin\left(\frac{2\pi}{3}\right)$$
(4.70)

$$\cos\left(\frac{2\pi}{3T_\text{o}}t - \frac{2\pi}{3}\right) = \cos\left(\frac{2\pi}{3T_\text{o}}t\right)\cos\left(\frac{2\pi}{3}\right) + \sin\left(\frac{2\pi}{3T_\text{o}}t\right)\sin\left(\frac{2\pi}{3}\right)$$
(4.71)

式 (4.70) と式 (4.71) を加算すると，右辺の第 2 項は消える．$\cos\left(\frac{2\pi}{3}\right) = -0.5$ であることを活用すると，第 1 項は $-\cos\left(\frac{2\pi}{3T_\text{o}}t\right)$ となる．この結果を式 (4.69) に代入すると，けっきょく $\cos$ の項は 0 になる．

最後は，以下に示す $\cos^2$ の項を求める．

$$0.25\left(\cos^2\left(\frac{2\pi}{3T_\text{o}}t\right) + \cos^2\left(\frac{2\pi}{3T_\text{o}}t + \frac{2\pi}{3}\right) + \cos^2\left(\frac{2\pi}{3T_\text{o}}t - \frac{2\pi}{3}\right)\right)$$
(4.72)

これまでと同様に，加法定理で展開した結果の 2 乗を求めると，以下が得られる．

$$\cos^2\left(\frac{2\pi}{3T_\mathrm{o}}t + \frac{2\pi}{3}\right) = 0.25\cos^2\left(\frac{2\pi}{3T_\mathrm{o}}t\right) + 0.75\sin^2\left(\frac{2\pi}{3T_\mathrm{o}}t\right)$$
$$+ \frac{\sqrt{3}}{4}\cos\left(\frac{2\pi}{3T_\mathrm{o}}t\right)\sin\left(\frac{2\pi}{3T_\mathrm{o}}t\right) \tag{4.73}$$

$$\cos^2\left(\frac{2\pi}{3T_\mathrm{o}}t - \frac{2\pi}{3}\right) = 0.25\cos^2\left(\frac{2\pi}{3T_\mathrm{o}}t\right) + 0.75\sin^2\left(\frac{2\pi}{3T_\mathrm{o}}t\right)$$
$$- \frac{\sqrt{3}}{4}\cos\left(\frac{2\pi}{3T_\mathrm{o}}t\right)\sin\left(\frac{2\pi}{3T_\mathrm{o}}t\right) \tag{4.74}$$

式 (4.73) と式 (4.74) を加算すると，$0.5\cos^2\left(\dfrac{2\pi}{3T_\mathrm{o}}t\right) + 1.5\sin^2\left(\dfrac{2\pi}{3T_\mathrm{o}}t\right)$ が得られる。最終的には以下となる。

$$0.25\left(\cos^2\left(\frac{2\pi}{3T_\mathrm{o}}t\right) + 0.5\cos^2\left(\frac{2\pi}{3T_\mathrm{o}}t\right) + 1.5\sin^2\left(\frac{2\pi}{3T_\mathrm{o}}t\right)\right) \tag{4.75}$$

$$= 0.25\left(1.5\cos^2\left(\frac{2\pi}{3T_\mathrm{o}}t\right) + 1.5\sin^2\left(\frac{2\pi}{3T_\mathrm{o}}t\right)\right) \tag{4.76}$$

$$= 0.25\left(1.5\left(\cos^2\left(\frac{2\pi}{3T_\mathrm{o}}t\right) + \sin^2\left(\frac{2\pi}{3T_\mathrm{o}}t\right)\right)\right) \tag{4.77}$$

$$= 0.375 \tag{4.78}$$

これに定数項である 0.75 を加算すると，$w^2(t)+w^2(t+T_\mathrm{o})+w^2(t+2T_\mathrm{o}) = 1.125$ となる。よって，求めるべき，切り出された波形のパワーは，以下となる。

$$= 1.125\int_0^{T_\mathrm{o}} y^2(t)dt \tag{4.79}$$

この式は，基本周期 T_o の 3 倍の窓長のハニング窓により切り出すことで，任意の周期信号のパワーを分析時刻に依存せず一定にすることができることを示す。また，窓関数のパワースペクトルの谷が ω_o にあり，サイドローブも 30 dB 以上小さい。実音声の解析ではダイナミックレンジが 30 dB を超えることもあるが，音声の特性が時間的に変化することや，毎回の声帯振動が微細に変化する影響などを勘案すると，ブラックマン窓など別の窓関数よりハニング窓のほうが都合が良いとされている。

4.7.3 パワースペクトルの変形

この窓関数で切り出した波形のパワースペクトルを $P(\omega)$ とする。利用する窓関数の都合上，調波と調波との間の振幅差が大きいため，$P(\omega)$ を平滑化することでダイナミックレンジを下げる。これは，最終ステップで対数パワースペクトルに対して処理を行うため，パワーが 0 となる周波数の存在を回避する狙いがある。平滑化はパワースペクトルに対して矩形窓を畳み込むことで行う。窓関数の幅が狭すぎると，対数パワースペクトルに対する処理での誤差が拡大する一方，広すぎると隣接する調波への影響が大きい。サイドローブを $-\infty$ 〔dB〕であるとすると，$2\omega_\mathrm{o}/3$〔Hz〕の幅までの平滑化は，メインローブ幅が ω_o 以下となる。CheapTrick では，この制約の上限である $2\omega_\mathrm{o}/3$〔Hz〕の幅で平滑化する。

$$P_s(\omega) = \frac{3}{2\omega_\mathrm{o}} \int_{-\frac{\omega_\mathrm{o}}{3}}^{\frac{\omega_\mathrm{o}}{3}} P(\omega + \lambda) d\lambda \tag{4.80}$$

4.7.4 平滑化とスペクトル補償

ここまでの処理により得られた $P_s(\omega)$ に対して，時間変動成分の除去はなされていない。しかし，すでに示したように，時間変動成分がケフレンシー軸において T_o の整数倍で生じるため，TANDEM-STRAIGHT と同様のリフタリングを行えば，平滑化と時間変動成分の除去を同時に行える。よって，以下の処理は，TANDEM-STRAIGHT と同様に進めることで，単一の窓関数で得られたスペクトルから時間変動成分を除去できる。

$$P_l(\omega) = \exp\left(\mathcal{F}\left[l_s(\tau)l_q(\tau)p_s(\tau)\right]\right) \tag{4.81}$$

$$l_s(\tau) = \frac{\sin(\pi f_\mathrm{o}\tau)}{\pi f_\mathrm{o}\tau} \tag{4.82}$$

$$l_q(\tau) = \tilde{q}_0 + 2\tilde{q}_1 \cos\left(\frac{2\pi\tau}{T_\mathrm{o}}\right) \tag{4.83}$$

$$p_s(\tau) = \mathcal{F}^{-1}\left[\log\left(P_s(\omega)\right)\right] \tag{4.84}$$

上式は，TANDEM-STRAIGHT における平滑化・スペクトル補償と同一である。文献21) では $\tilde{q}_0, \tilde{q}_1$ を TANDEM-STRAIGHT と同一にしている。最新

版の実装では，合成された音声の品質を手がかりに最適化を行い，$\tilde{q}_0 = 1.3$，$\tilde{q}_1 = -0.15$ としている。

4.8 スペクトル包絡推定法の性能評価

スペクトル包絡の評価については，基本周波数とは異なり実音声を対象とした客観評価は不可能であり，基本的には合成音声を用いた主観評価により評価することになる。電話音質であればITU-T P.862 の **PESQ** (perceptual evaluation of speech quality) のような **MOS** (mean opinion score) による結果を近似する方法が提案されているが，フルバンド音声については手軽に利用できる指標が残念ながら存在しない。近年では，ITU-T P.863 で **POLQA** (perceptual objective listening quality analysis) が提案されている一方，制約条件が多く任意の音声へ適用できないことが課題となっている。現段階では，人工的に基本周波数とスペクトル包絡を与えた疑似音声を生成し，真値と推定値との誤差を測る方法が採用されている。基本的には，真値 $H(\omega)$ と推定値 $\hat{H}(\omega)$ から**距離関数**を計算し，全周波数に対する積分値を求めることが一般的である。N 点 FFT を用いる離散系で実現する場合，実際には 0 点目から $N/2$ 点目までの総和となる。推定法の相対的な差を求めればよいため，平均でも総和でも結果に影響はない。

4.8.1　対数スペクトルに対するユークリッド距離

距離関数は用途に応じて多数提案されているが，ここではおもな特徴を説明するため，異なる特性を有する距離について説明する。一つは，単純にターゲットと推定値の差分を 2 乗する**ユークリッド距離**である。ただし，人間の知覚特性を勘案し，dB 値を用いて計算する。これが，**対数スペクトル距離** (logarithmic spectral distance; LSD) である。

$$D_{\mathrm{LS}}\left(H(\omega), \hat{H}(\omega)\right) = \int_{-\infty}^{\infty} \left(20 \log_{10} \frac{H(\omega)}{\hat{H}(\omega)}\right)^2 d\omega \tag{4.85}$$

ユークリッド距離はシンプルな指標であり，真値にする誤差の方向性について対称である。例えば，真値を5とすると，1足りない4も1多い6もユークリッド距離はどちらも1であり，同等の距離として評価される。

4.8.2 板倉・斎藤距離

板倉・斎藤距離（現在の定義が明確に記載されているものには，文献24) がある）は，ユークリッド距離では等しいと判断される異なる方向に対して非対称な距離関数であり，以下の式で与えられる。

$$D_{\mathrm{IS}}\left(H(\omega), \hat{H}(\omega)\right) = \int_{-\infty}^{\infty} \left(\frac{H(\omega)}{\hat{H}(\omega)} - \log\left(\frac{H(\omega)}{\hat{H}(\omega)}\right) - 1 \right) d\omega \quad (4.86)$$

図 4.12 は，ユークリッド距離と板倉・斎藤距離の違いを図示したものである。板倉・斎藤距離では，真値に対して推定値が小さい場合には，より大きい距離，言い換えればペナルティが与えられる仕組みである。この距離関数を最小化しようとした場合，全体的に真値を下回るより上回るような最適化がなされることになる。これは，音声におけるフォルマントのようなピークにフィットしやすい特徴を有する。音声の知覚において共鳴により強いパワーが生じるフォルマントが重要であることはいうまでもないため，その部分について重みを付け

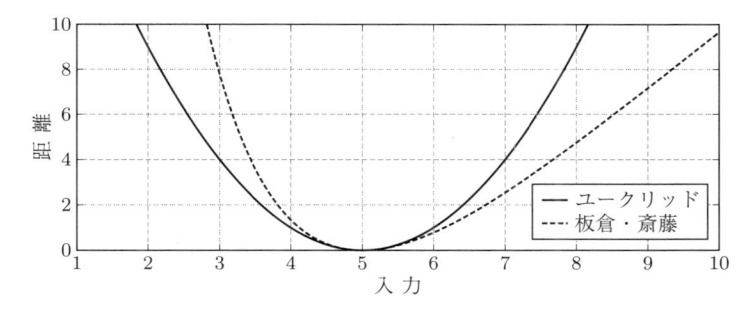

図 4.12 ユークリッド距離と板倉・斎藤距離との違いの例。この例では，真値を5として推定値に対する距離を算出している。また，違いをわかりやすくするため，板倉・斎藤距離には，全体に適当な係数を乗じている。板倉・斎藤距離では，真値に対して推定値が小さい場合，より大きい距離になるよう評価される。

る距離関数の作り方には一定の合理性がある。

4.8.3　周波数軸上で重み付けされた板倉・斎藤距離

高さ・大きさに対する人間の知覚が非線形であり，おおむね対数軸で等間隔となることは，ウェーバー・フェヒナーの法則やスティーヴンスのべき法則で示されている。つまり，より人間の知覚特性を模擬するためには，帯域により知覚的な重さを変えるべきである。近年では，周波数軸で重み付けした板倉・斎藤距離が提案されている[25]。この距離では，心理音響学で提案されている人間の聴覚フィルタの帯域幅を求めた $\mathbf{ERB}_N$ (equivalent rectangular bandwidth)[26] を利用する。ERB_N は周波数に対する帯域幅を表す関数 $\mathrm{ERB}_N(f)$ として定義すると，以下の式となる。

$$\mathrm{ERB}_N(f) = 21.4 \log_{10}\left(\frac{4.37}{1\,000}f + 1\right) \tag{4.87}$$

周波数重みは，低域ほど大きく，高域ほど小さくなる傾向として与えるため，$\mathrm{ERB}_N(f)$ の導関数として与える。周波数重みを示す関数 $u(f)$ は，以下となる。

$$u(f) = \frac{9.294}{0.004\,37f + 1} \tag{4.88}$$

図 4.13 は，周波数と $u(f)$ の関係を示すグラフである。板倉・斎藤距離の計算後，$u(f)$ で重み付けしてから積分することにより，低域と高域における重さを変えた距離関数とする。なお，ここでは積分範囲を決定する都合上，角周波数

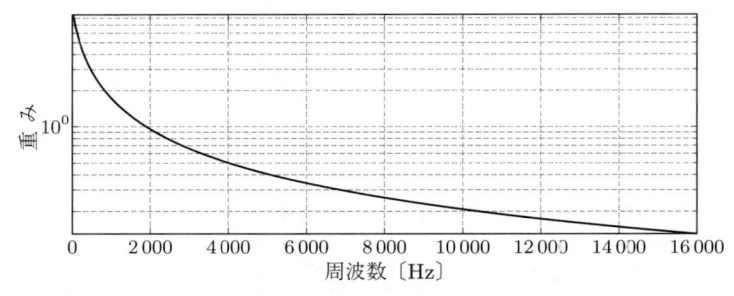

図 4.13　重み関数 $u(f)$ の概形。$\mathrm{ERB}_N(f)$ は対数関数的な振る舞いをするので，その微分は $y = 1/x$ に近い振る舞いとなる。

ではなく周波数の関数として記載する。

$$D_{\mathrm{ERB}}\left(H(f),\hat{H}(f)\right) = \int_{2f_\circ}^{0.45f_s} \left(\frac{H(f)}{\hat{H}(f)} - \log\left(\frac{H(f)}{\hat{H}(f)}\right) - 1\right) u(f)df$$

$$(4.89)$$

ここで, $f_\circ$ は基本周波数, f_s は標本化周波数である。積分範囲を全周波数としていないのは, 特に低域について重みが大きくなりすぎる傾向があるためである。ナイキスト周波数周辺についても, 折り返しの影響が含まれる可能性があるため, 除外している。TANDEM-STRAIGHT では, この距離関数で最小距離となるようにパラメータを調整している。

4.8.4 スペクトル包絡推定評価の課題

板倉・斎藤距離はパワー方向に関する聴覚特性を勘案し, ERB_N による重み付けは, 周波数方向に関する聴覚特性を勘案している。しかしながら, 現在のところ, フルバンド音声を対象として主観評価結果と高精度に対応するスペクトル距離は実現されていない。おもな問題は, 全周波数に対して積分しているため, 局所的に大きな誤差が生じた場合と, 全帯域に満遍なく誤差が含まれる場合の差が検出できないことにある。多くの場合, 前者のほうが品質に与える影響が強い。また, この距離を全フレームに対して算出し, その平均値を求めることも行われるが, これも同様に, 特定のフレームでの局所的な誤差が全時刻での平均値により薄められることになる。スペクトルの距離を測る尺度としてケプストラムの距離を測る方法も存在するが, どちらにしても, 全フレームを統合する距離尺度では, 品質を適切に表す尺度とはなりにくい。関連する尺度については, 文献27) が参考になる。

　人間の聴覚特性には, 非線形性だけではなく**時変性**もあり, 例えば大きな音が鳴った直後の小さい音が聞こえなくなるマスキングと呼ばれる現象も存在する。聴覚については, 文献28) にさまざまな特性が記述されている。しかしながら, 現在のスペクトル距離尺度は, 非線形・時変的な影響は勘案していない。非線形時変な特性を模擬する聴覚モデルとして, **動的圧縮型ガンマチャープフィル**

タバンク（dynamic compressive gammachirp filter bank; dcGC-FB）[29] が
提案されている。フルバンド音声を対象とした品質の客観評価指標には，線形
時不変システムでは近似し得ない特性まで勘案することが必要になると考えら
れる。

引用・参考文献

1) Atal, B. S. and Hanauer, S. L.: Speech analysis and synthesis by linear prediction of the speech wave, J. Acoust. Soc. Am., **50**, 2, pp. 637–655 (1971)

2) Oppenheim, A. V.: Speech analysis-synthesis system based on homomorphic filtering, J. Acoust. Soc. Am., **45**, 2, pp. 458–465 (1969)

3) 板倉文忠，東倉洋一：音声の特徴抽出と情報圧縮，情報処理，**19**, 7, pp. 644–656 (1978)

4) 菅村　昇，板倉文忠：線スペクトル対（LSP）音声分析合成方式による音声情報圧縮，電子情報通信学会論文誌 A，**J64-A**, 8, pp. 599–606 (1981)

5) 古井貞煕：新音響・音声工学，近代科学社 (2006)

6) 嵯峨山茂樹，板倉文忠：線形予測符号化と複合正弦波モデル化の対称性，電子情報通信学会論文誌 A，**J83-A**, 11, pp. 1244–1255 (2000)

7) Kawahara, H.: Speech representation and transformation using adaptive interpolation of weighted spectrum — vocoder revisited, in Proc. ICASSP '97, **2**, pp. 1303–1306 (1997)

8) Kawahara, H., Masuda-Katsuse, I. and de Cheveigné, A.: Restructuring speech representations using a pitch-adaptive time-frequency smoothing and an instantaneous-frequency-based F0 extraction, Speech Communication, **27**, 3, pp. 187–207 (1999)

9) Kitamura, T., Honda, K. and Takemoto, H.: Individual variation of the hypopharyngeal cavities and its acoustic effects, Acoust. Sci. & Tech., **26**, 1, pp. 16–26 (2005)

10) Dang, J. and Honda, K.: Acoustic characteristics of the piriform fossa in models and humans, J. Acoust. Soc. Am., **101**, 1, pp. 456–465 (1997)

11) Fujisaki, H. and Ljungqvist, M.: Estimation of voice source and vocal tract parameters based on ARMA analysis and a model for the glottal source

waveform, in Proc. ICASSP '87, pp. 637–640 (1987)

12) Ding, W., Kasuya, H. and Adachi, S.: Simultaneous estimation of vocal tract and voice source parameters based on an ARX model, IEICE Trans. Inf. & Syst., **E78-D**, 6, pp. 738–743 (1995)

13) 森勢将雅, 高橋　徹, 河原英紀, 入野俊夫：窓関数による分析時刻の影響を受けにくい周期信号のパワースペクトル推定法, 電子情報通信学会論文誌 D, **J90-D**, 12, pp. 3265–3267 (2007)

14) 河原英紀：Vocoder のもう一つの可能性を探る―音声分析変換合成システム STRAIGHT の背景と展開, 日本音響学会誌, **63**, 8, pp. 442–449 (2007)

15) Mathews, M. V., Miller, J. E. and David, E. E.: Pitch synchronous analysis of voiced sounds, J. Acoust. Soc. Am., **33**, 2, pp. 179–186 (1961)

16) Paul, D.: The spectral envelope estimation vocoder, IEEE Trans. on Acoust., Speech, and Signal Process., **29**, 4, pp. 786–794 (1981)

17) 河原英紀：音声分析合成技術の動向, 日本音響学会誌, **67**, 1, pp. 40–45 (2011)

18) Kawahara, H., Morise, M., Takahashi, T., Nisimura, R., Irino, T. and Banno, H.: TANDEM-STRAIGHT — A temporally stable power spectral representation for periodic signals and applications to interference-free spectrum, f0, and aperiodicity estimation, in Proc. ICASSP 2008, pp. 3933–3936 (2008)

19) Kawahara, H. and Morise, M.: Technical foundations of TANDEM-STRAIGHT, a speech analysis, modification and synthesis framework, SADHANA – Academy Proceedings in Engineering Sciences, **36**, 5 , pp. 713–728 (2011)

20) Welch, P. D.: The use of fast Fourier transform for the estimation of power spectra — A method based on time averaging over short, modified periodograms, IEEE Trans. on Audio and Electroacoust., **15**, 2, pp. 70–73 (1967)

21) Morise, M.: CheapTrick, a spectral envelope estimator for high-quality speech synthesis, Speech Communication, **67**, pp. 1–7 (2015)

22) Morise, M.: Error evaluation of an F0-adaptive spectral envelope estimator in robustness against the additive noise and F0 error, IEICE Trans. Inf. & Syst., **E98-D**, 7, pp. 1405–1408 (2015)

23) Morise, M., Yokomori, F. and Ozawa, K.: WORLD: a vocoder-based high-quality speech synthesis system for real-time applications, IEICE Trans. Inf.

& Syst., **E99-D**, 7, pp. 1877–1884 (2016)

24) Chan, A. H. S. and Ao, S. eds.: Advances in industrial engineering and operations research, Springer (2008)

25) 赤桐隼人, 森勢将雅, 入野俊夫, 河原英紀：スペクトルピークを強調した F0 適応型スペクトル包絡抽出法の最適化と評価, 電子情報通信学会論文誌 A, **J94-A**, 8, pp. 557–567 (2011)

26) Moore, B. C. J.: An introduction to the psychology of hearing, Sixth edition, BRILL (2013)

27) Rabiner, L. and Juang, B.: Fundamentals of speech recognition, Prentice Hall (1993)

28) B・C・J・ムーア 著, 大串健吾 訳：聴覚心理学概論, 誠信書房 (1994)

29) Irino, T. and Patterson, R. D.: A dynamic compressive gammachirp auditory filterbank, IEEE Trans. Audio, Speech, and Language Process., **14**, 6, pp. 2222–2232 (2006)

非周期性指標の推定

　本書で扱う 3 種類のパラメータのうち，非周期性指標は，基本周波数やスペクトル包絡と比較すると，品質に与える影響が相対的に小さい。それでも，ボコーダ特有の buzzy な音色は問題視されており[1]，**Mixed-source model** による改善が検討されている[2]。**Multiband excitation vocoder** のような有声音中に無声音を入れるための枠組みの提案[3] は，ボコーダ全体の歴史から見ると比較的新しい。音声から非周期性成分を推定する方法は STRAIGHT より前にも提案されているが[4]，高品質音声合成としては STRAIGHT の発明が重要な転換期となっている。

　非周期性指標は，2 章で述べたように，スペクトル包絡における各周波数のパワーを有声音由来のものと無声音由来のものに分離するためのパラメータであり，したがって，スペクトル形状で定義される。スペクトル包絡推定では，フォルマントの鋭さなどが品質に直結するため，厳密な推定を求めていたが，非周期性指標は，各周波数における厳密な値を推定するメリットはない。なんらかのエラーで特定の周波数に突出した値が推定された場合，有声音を合成するスペクトルに対しても局所的な変化を与えることになる。これは，その周波数において過渡応答を生じさせるため，品質の大幅な劣化に繋がる。もちろん，有声音由来のスペクトル包絡と無声音由来のスペクトル包絡を独立して求めれば，このような問題は生じない。非周期性指標を低次元で表現して合成に用いるおもに音声符号化の領域では，特定の帯域における値を算出し，**BAP**（band aperiodicity）† として用いることもある[5]。本章では，音声分析合成における非

---

† 　帯域ごとの非周期性指標であり，特定の和訳はなく，BAP が用いられる。

周期性指標の推定法を紹介することが目的であり，非周期性指標における目標は，概形が観察できる程度でよい。

推定に関するアプローチは，時間波形に着目した方法とスペクトル形状に着目した方法に大別される。本章では，それぞれについて現在も利用されている最先端の方法について紹介し，それぞれの利点と欠点について説明する。

5.1　前提となる考え方

5.1.1　雑音が重畳された音声の定義

これまでは，非周期性成分が存在しない前提で理論を構築していたが，非周期性指標の導出にあたり，ソースとフィルタの畳み込みで得られる信号に雑音 $n(t)$ が重畳されている形で定義する。

$$y(t) = h(t) * x(t) + n(t) \tag{5.1}$$

$$Y(\omega) = H(\omega)X(\omega) + N(\omega) \tag{5.2}$$

ただし，$n(t)$ は振幅の平均値が 0 であることとする。$N(\omega)$ は雑音のスペクトルであり，特にホワイトノイズのようなフラットな周波数特性は仮定せず，任意の特性を有するものとする。この信号に対し，$H(\omega)X(\omega)$ と $N(\omega)$ のパワーの比率を求めることが目的となる。

5.1.2　HNR

音声分析合成が目的ではないが，音声中の非周期的な成分を説明する指標として，**HNR** (harmonics-to-noise ratio)[6] が提案されている。HNR は，嗄声（かすれた声やしゃがれた声で，英語は hoarseness である）の程度を示すための指標である。ここでは，$h(t) * x(t)$ のパワーを H，$n(t)$ のパワーを N とすると H/N が HNR となる。HNR は，入力となる音声にどの程度の非周期性成分が含まれるかを示す指標であるが，スペクトル形状として定義されたものではない。非周期性指標として音声分析合成に利用するためには，なんらかの方

法で各周波数に対する HNR を与えることが要求事項となる。

5.1.3 非周期性指標推定の目標

非周期性指標において初めに考えなければならないことに，推定すべき非周期性指標の周波数分解能がある。非周期性成分は周期的ではなく，ホワイトノイズに対してフィルタが畳み込まれることで音色付けされた波形と考える。

$$n(t) = n_{\mathrm{w}}(t) * h(t) \qquad (5.3)$$

この問題は，$n_{\mathrm{w}}(t)$ をホワイトノイズ，$h(t)$ を音色付けするフィルタとすると，$n_{\mathrm{w}}(t)$ の周波数分解能は固定であるため，$h(t)$ の周波数分解能をどの程度にするかと考えてもよい。なお，ここでのホワイトノイズは，パワースペクトルがフラットであることのみを条件とし，正規分布や一様分布の差などは考慮しないこととする。ホワイトノイズは，一般的にパワースペクトルがフラットであることが条件とされるが，特定の周波数にのみ着目すると，生成に用いる**乱数**により結果は大きく変動する。余談ではあるが，振幅を完全にフラットにして位相のみランダム化したスペクトルを生成し，逆 FFT により波形を生成することで，全周波数の振幅が均一な信号を得ることは可能である。ただし，解析対象となる信号の非周期性成分にこのような仮定を与えることは無意味である。乱数が異なる二つのホワイトノイズを考えると，パワースペクトルの各周波数の値を観測すればバラバラであるが，知覚する音色は同一となる。このような観点から，ホワイトノイズの知覚的な「ホワイト」性については，ある程度の帯域幅で平均値がフラットであればそれでよいと考えることができる。

このような背景と，本章の初めに説明したことから，音色付けするフィルタの周波数分解能は粗くても問題はなく，それどころか，細かくすることはかえってデメリットが多い。最適な周波数分解能については確定していないが，フルバンド音声については，5 帯域に分割すれば十分な品質が得られるとされている[7]。

5.2　STRAIGHT で用いる推定法

　STRAIGHT で採用している方法は，パワースペクトルの特徴に着目した方法である[8]。非周期性指標推定についても，スペクトル包絡推定と同様にバージョンごとに変化しているため，STRAIGHT_007f のソースコードから確認したアルゴリズムについて述べる。こちらも，スペクトル包絡推定と同様に，軽微な調整については割愛している。

5.2.1　基本的な考え方

　図 5.1 は，基本周波数 100 Hz のパルス列と相対的に 20 dB 小さいホワイトノイズのパワースペクトルを示す。長い窓関数を用いれば調波間の干渉を原理的に生じさせないことができる。具体的には，メインローブ幅を $\omega_o/2$ 以下に設定すれば，少なくともメインローブにおいて調波間の干渉は生じない。この条件下では，調波間 $(n\omega_o + (n+1)\omega_o)/2$ におけるパワーは理想的には 0 となる。この周波数におけるパワーが 0 ではない場合，それは重畳された雑音に起因するパワーと解釈できる。

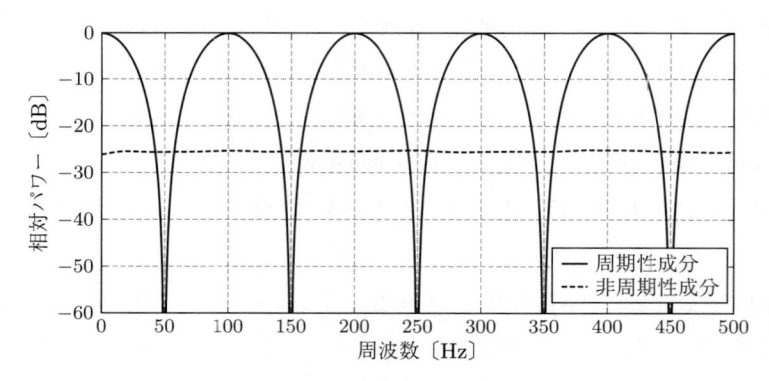

　図 5.1　基本周波数 100 Hz のパルス列と相対的に 20 dB 小さいホワイトノイズのパワースペクトル。ホワイトノイズはばらつきを抑えるため，1 000 種類の雑音から求めたパワースペクトルを平均している。

STRAIGHT は，スペクトルにおける周期性成分のパワーを ω_0 の整数倍に基づいて決定し，非周期性成分のパワーを上述の調波間のパワーから求める。二つの成分から周期性成分の包絡，非周期性成分の包絡を求め，各周波数におけるパワーの比率を与えることで非周期性指標を推定する。この考え方では，基本周波数が時間に対して不変であることが条件であり，時間とともに基本周波数が変動する信号では，非周期性成分の包絡に影響を及ぼす。この問題に対し，前処理として**時間軸の非線形伸縮**を行うことで，基本周波数を見かけ上完全に固定する。よって，基本周波数軌跡は非周期性指標推定における必須パラメータとなる。

5.2.2 時間軸の非線形伸縮

波形全体に対して実施する時間軸の非線形伸縮には，基本周波数軌跡 $f_0(t)$ を必要とする。この伸縮は，音声波形の基本周波数をすべての時刻に対して均一にすることが目的である。まず，基本周波数軌跡 $f_0(t)$ から，以下のパラメータ $\phi(t)$ を計算する。

$$\phi(t) = 2\pi \int_0^t f_0(\tau)d\tau \tag{5.4}$$

$\phi(t)$ は，基本周波数に基づいて計算される，時刻 t に対する位相の回転量に相当する。信号長を L とすると，最終的な位相回転角度は $\phi(L)$ となる。この位相回転角度を時刻と見なした非線形軸上の波形 $y(\phi(t))$ について，0 から $\phi(L)$ を $2\pi f/f_s$ ごとに標本化し直せば，基本周波数を f〔Hz〕に統一した波形を生成できる。この原理は，標本点ごとの位相回転量を揃えることに相当すると考えれば直観的である。STRAIGHT では，f を 40 Hz として伸縮を行う。

無声区間における基本周波数は存在しないため，有声区間における基本周波数の平均値を事前に算出しておき，無声区間の基本周波数はその平均値で埋める。全区間が無声区間であれば，すべての時刻において 180 Hz が選択される。例外的な処理として，元音声の基本周波数が 40 Hz を下回る区間については，基本周波数の値を 40 Hz に置き換える処理を実施する工夫もなされている。時

間軸の非線形伸縮による例を図 5.2 に示す。図 (a) と図 (b) で時間軸のスケールが異なることに注意する。男性の音声を対象としているが，平均的に 40 Hz を下回る音声はほぼ存在せず，大半の場合時間軸は引き延ばされ，継続時間は延長されることとなる。

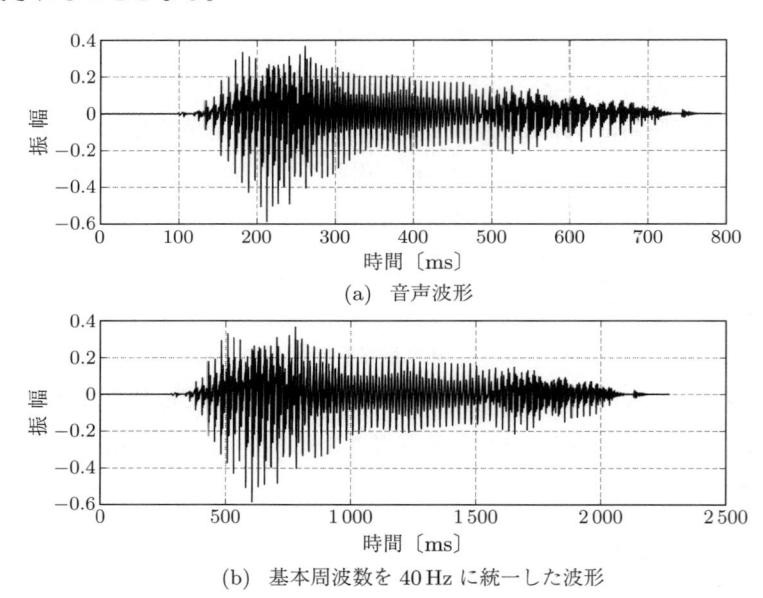

(a) 音声波形

(b) 基本周波数を 40 Hz に統一した波形

図 5.2　ある音声波形 (a) と非線形伸縮により基本周波数を 40 Hz に統一した波形 (b)。基本的に音声波形は 40 Hz 以上の基本周波数を有するため，波形は引き延ばされ，見かけ上の継続時間は延長される。

5.2.3　非周期性指標推定

〔1〕　窓関数の設計と平滑化パワースペクトルの算出

図 5.1 に示した窓関数の条件を満足するものは，多数存在する。例えば，窓長が $4T_\circ$ のハニング窓は，メインローブ幅が $\omega_\circ/2$ のため条件を満たす。STRAIGHT では，スペクトル包絡推定と同様に，ガウス窓と三角窓を畳み込んだ独自の窓を利用する。

$$w(t) = e^{-\pi(20t)^2} * h(20t) \tag{5.5}$$

$$h(t) = \begin{cases} 1 - |t| & \text{if } |t| < 1 \\ 0 & \text{otherwise} \end{cases} \tag{5.6}$$

ここで，基本周波数は 40 Hz に固定されているので，メインローブ幅がその半分である 20 Hz となるようパラメータが調整されている。この窓関数により切り出された波形から得られたパワースペクトルの離散表現を $P(k)$ とすると，つぎのステップでは，以下の関数により平滑化した離散パワースペクトル $P_s(k)$ を得る。

$$P_s(k) = \frac{P(k-1) + 2P(k) + P(k+1)}{4} \tag{5.7}$$

ここで，$P(k)$ は非負であり，連続した 3 点すべてが 0 になる可能性は，窓関数で切り出す制約などを勘案すると，実質的にないと考えてよい。0 の存在は，対数パワースペクトルの計算とその後の処理において致命的な影響を与えるため，このような平滑化により処理することには一定の合理性がある。STRAIGHT では，周期性成分に起因する包絡と，非周期性成分に起因する包絡を求める際に，スペクトル包絡のピークとディップを検出する処理を行う。

続いて，今度はリフタリング処理によりさらなる平滑化を実施する。

$$P_m(k) = 20 \frac{\mathcal{F}^{-1}\left[\mathcal{F}\left[\log\left(P_s(k)\right)\right] l(n)\right]}{\log(10)} \tag{5.8}$$

$$l(n) = \frac{1}{1 + \exp\left(\dfrac{1\,000n}{f_s} - 35\right)} \tag{5.9}$$

$l(n)$ は平滑化用のリフタであり，**図 5.3** に示されるように時間軸で定義される**シグモイド関数**である。このリフタは，35 ms において 0.5 の値を持つように設計されている。式 (5.8) における係数 20 と分母の $\log(10)$ は，対数の底の変換により対数パワースペクトルを dB 表現に変換する演算である。基本周波数が 40 Hz に固定されているので，用いるリフタも全フレームで共通となる。

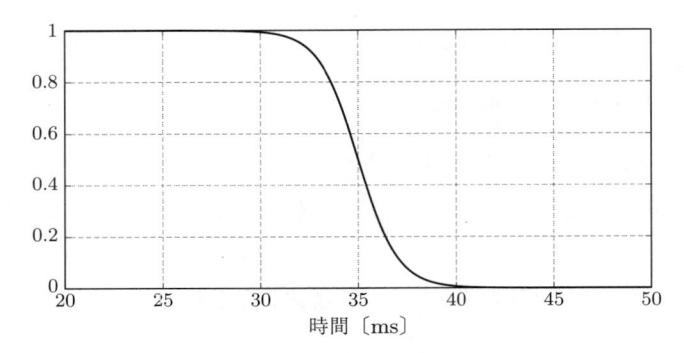

図 5.3　対数パワースペクトルの平滑化に用いるリフタ $l(n)$。
35 ms で 0.5 となる特性を持つ。

〔2〕 対数パワースペクトルにおけるピークとディップの検出

　ここまでの平滑化により得られた平滑化対数パワースペクトルを対象に，ピークとディップの検出を行う。実音声に対して行われた，あるフレームに対する分析例を**図 5.4** に示す。分析対象の音声は男性の母音 /a/ であるが，基本周波数が 40 Hz となるよう時間軸を非線形に伸縮しているため，フォルマントが低い周波数で生じていることに注意する。具体的には，基本周波数を ω_o〔Hz〕とすると，周波数軸においておおむね $40/\omega_o$ 倍に伸縮される。このフレームにおける基本周波数は 110.7 Hz であったため，図 5.4 で観測される 300 Hz と 450 Hz 付近に見える大局的なピークは，それぞれ第 1 フォルマントと第 2 フォルマン

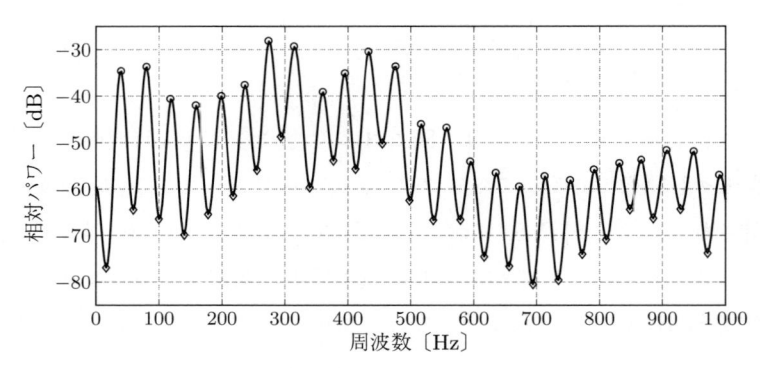

図 5.4　平滑化された対数パワースペクトル（実線）と，スペクトルのピークとディップ（丸とひし形）。

トに対応する。想定したとおり，40 Hz の整数倍においておおむねピークが観測され，40 Hz の整数倍 +20 Hz となる調波と調波との間の周波数にディップが観測されている。このピークとディップのパワーの差が，おおむね非周期性指標となる。つぎのステップで，このピークとディップからスペクトル形状の非周期性指標を算出する。

〔3〕　二つの包絡の算出

図 5.4 に示されるピークとディップをそれぞれ補間することで，周期的な成分の包絡と非周期的な成分の包絡を生成する。初めに，n 番目のピークの周波数と相対パワーを $\omega_p(n)$, $P_p(n)$ と定義する。ディップについても同様なので，ここではピークについてのみ記載する。$\omega_p(n)$ は時間軸伸縮による影響を受けているため，その影響を補償する必要がある。非線形伸縮により $40/\omega_\mathrm{o}$ 倍に伸縮されているため，補償後の離散的な周波数軸 $\omega_c(n)$ は，以下で与えられる。

$$\omega_c(n) = \frac{\omega_\mathrm{o}}{40}\omega_p(n) \tag{5.10}$$

これで，n 番目のピークの周波数と相対パワーが与えられる。STRAIGHT では線形補間を行うが，相対パワーについては対数軸ではなく線形軸とし，周波数においても線形軸ではなく ERB 軸上で等間隔に行う。

$$\omega_\mathrm{ERB}(n) = 21.4\log_{10}\left(0.004\,37\,\omega_c(n) + 1\right) \tag{5.11}$$

線形補間では折れ線のグラフとなるため，$\omega_\mathrm{ERB}(n) - \omega_\mathrm{ERB}(n-1)$ の倍の幅のハニング窓で平滑化することで滑らかな包絡を得る。最後に，以下の関数で非線形伸縮し，線形の周波数軸に復元する。

$$\omega_c(n) = 228.8\left(-1 + 10^{0.046\,7\,\omega_\mathrm{ERB}(n)}\right) \tag{5.12}$$

ただし，$1/0.004\,37 \fallingdotseq 228.8$，$1/21.4 \fallingdotseq 0.046\,7$ としている。こうして得られた二つの包絡を**図 5.5** に示す。各周波数における周期性成分と非周期性成分の対数軸上の差が，非周期性指標となる。

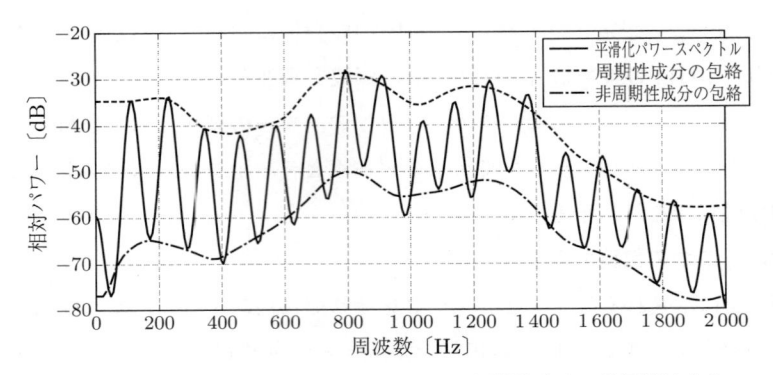

図 5.5 平滑化されたパワースペクトルと，周期性成分・非周期性成分の包絡。周波数軸が補償されているため，図 5.4 とは値が異なることに注意する。

5.3 TANDEM-STRAIGHT で用いる推定法

5.3.1 基本的な考え方

STRAIGHT はパワースペクトルの調波構造に着目し，非周期性成分に起因する包絡を求めることがアイディアの根幹にあった。TANDEM-STRAIGHT ではパワースペクトルを用いず，時間波形の周期性に着目した方法により非周期性指標を推定する[9]。TANDEM-STRAIGHT も，最初のステップでは STRAIGHT と同様に入力された波形の基本周波数を統一する処理を実施する。統一する基本周波数は，入力音声の基本周波数に対し有声音における最小値であるが，下限は 32 Hz，上限は 200 Hz として入力音声に応じて変化する。また，時間軸伸縮した信号としない信号それぞれについて同様の手順で非周期性指標を推定し，推定後に両者から小さいほうの値を採用する。

TANDEM-STRAIGHT では波形を用いる都合上，特定の帯域に着目することができない。この問題に対応するため，事前に**直交ミラーフィルタ**（quadrature mirror filter; **QMF**）[10] により**帯域分割**を行い，それらのフィルタにより処理された信号を対象に同一の処理で非周期性指標を推定する。帯域分割のイメー

ジを図 **5.6** に示す。QMF は低域通過フィルタと高域通過フィルタの対となっており，1 回の処理で低域と高域に分離される。例えば標本化周波数が 48 kHz であれば，図中のチャネル 1 の信号は 12 kHz から 24 kHz までの帯域を有する信号となる。この波形に対して非周期性指標を推定し，12 kHz から 24 kHz までの非周期性指標とするのが，TANDEM-STRAIGHT の基本的な考え方である。低域通過フィルタで処理された信号は，**ダウンサンプリング**により標本化周波数を半分にして，同様のフィルタで処理する。こうすることで，特定の帯域についてのみパワーを有する波形を得ることができる。ただし，一定の帯域幅が存在しないと非周期性指標を計算できないため，分割の下限を 600 Hz と設定している。

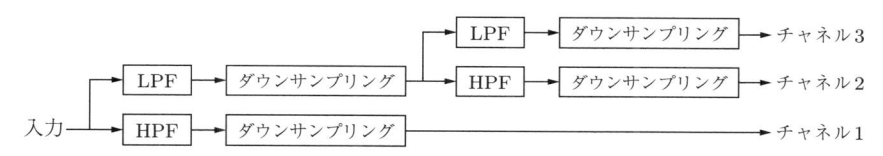

図 5.6 QMF による帯域分割のイメージ。1 回の帯域分割により，ナイキスト周波数の半分以上と半分以下の周波数成分に分離される。

QMF の設計にはいくつかの方法が提案されている。TANDEM-STRAIGHT は**カイザー窓**（Kaiser window）を用いた**窓関数法**により低域・高域通過フィルタを設計する。窓関数法は，理想フィルタの特性から求めたインパルス応答 $h(t)$ に任意の窓関数 $w(t)$ を乗ずることで，目的とする周波数特性を近似する方法である。

$$h_w(t) = h(t)w(t) \tag{5.13}$$

低域通過フィルタにおける理想特性は 1 章でも説明したが，特定の帯域まではひずみなく通過させ，それ以降を完全に遮断する特性であり，インパルス応答は無限長の sinc 関数となる。

$$H(\omega) = \begin{cases} 1 & \text{if } |\omega| \leqq \omega_c \\ 0 & \text{otherwise} \end{cases} \tag{5.14}$$

$$h(t) = \frac{2\sin(\omega_c t)}{t} \tag{5.15}$$

$w(t)$ に任意の種類・長さの窓関数を与えることで，遮断周波数周辺でパワーが変化する急峻さ，および遮断する帯域のパワーを制御できる。対となる高域通過フィルタは，低域通過フィルタを活用して，以下の式により求められる。

$$h_w(t) = \delta(t) - h(t)w(t) \tag{5.16}$$

ただし，窓関数法により設計したフィルタを QMF として利用するためには，遮断周波数におけるパワーの減衰などを考慮してパラメータを微調整する必要がある。

TANDEM-STRAIGHT では，以下に示すカイザー窓を用いる。

$$w(t) = \frac{I_0\left(\pi\alpha\sqrt{1-(2x-1)^2}\right)}{I_0(\pi\alpha)} \tag{5.17}$$

t は 0 から 1 の範囲で与えられる。I_0 は，第 1 種の 0 次変形ベッセル関数（Bessel function）であり，以下で与えられる。

$$I_0(x) = \sum_{k=0}^{\infty} \frac{\left(\frac{z^2}{4}\right)^k}{k!\Gamma(k+1)} \tag{5.18}$$

$$\Gamma(x) = \int_0^\infty t^{x-1}e^{-t}dt \tag{5.19}$$

$\Gamma(x)$ はガンマ関数（gamma function）である。カイザー窓は，長さのほかにパラメータ α を持ち，α を大きくするほどサイドローブを小さくすることが可能となる。ただし，他の窓関数と同様に，サイドローブを小さくすることでメインローブ幅は広くなるというトレードオフの問題は残る。

標本化周波数 48 kHz の信号を対象に設計された 1 回目の QMF のパワースペクトルを図 5.7 に示す。カイザー窓の信号長は低域通過用と高域通過用で異なり，それぞれ 37 点，41 点である。パラメータ α には，およそ 5（正確には 4.989 8）を採用している。窓関数法を利用するメリットは，直線位相特性により位相ひずみが生じない点と，FIR フィルタであるためフィルタリングにより

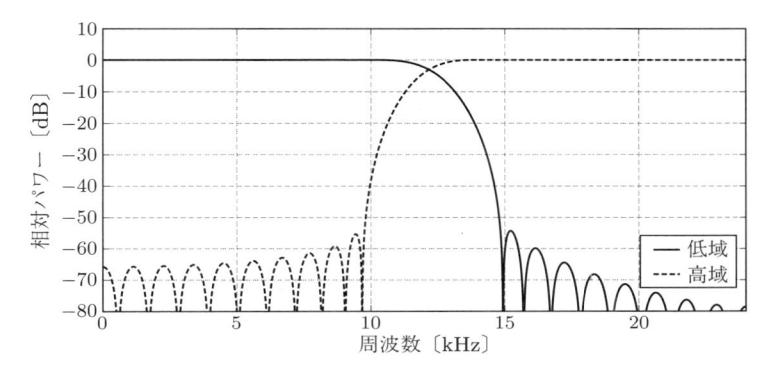

図 5.7 TANDEM-STRAIGHT で利用される QMF のパワースペクトル。カイザー窓を利用した窓関数法により，低域・高域通過フィルタを設計している。

影響される波形の時間範囲を厳密にできる点にある。TANDEM-STRAIGHT での非周期性指標の推定では，信号の完全再構成よりも短い信号長で位相ひずみがないことを優先する。

5.3.2 非周期性指標推定

〔1〕 課 題 設 定

TANDEM-STRAIGHT では，非周期性指標を，特定区間における音声波形全体のパワーと非周期性成分のパワーの比率として定義する。

$$
A_p(m) = \frac{\displaystyle\sum_{n=0}^{N-1} x_a^2(n)}{\displaystyle\sum_{n=0}^{N-1} x^2(n)} \tag{5.20}
$$

m はチャネル番号であり，このチャネルで推定された非周期性指標は $f_s/4m$ 〔Hz〕の結果に相当する。$x_a(n)$ は，$x(n)$ 中に含まれる非周期的な成分の波形であり，これを求めることが課題となる。

〔2〕 特定チャネルの非周期性指標推定

音声が完全な周期性を有し，同時に雑音がまったく含まれないものとする。

すると，基本周期 T_o の間隔で同じ振幅が繰り返され，以下が成立する。

$$x(n) = x(n + T_\mathrm{o}) = x(n - T_\mathrm{o}) \tag{5.21}$$

実際には T_o の整数倍であれば成立するが，ここでは特定の声帯振動由来の振幅が，前後の声帯振動と一致することが重要である。この式は，雑音が含まれない場合，$x(n \pm T_\mathrm{o})$ から $x(n)$ を直接求めることが可能であることを意味する。

　実際の音声は声帯振動の波形や生じる時間間隔が微妙に異なり，雑音も含まれるため，直接求めることはできない。そこで，以下のように，前後の声帯振動の振幅の ± 1 サンプルを利用し，合計 6 点の信号から目的とする時刻の振幅を予測することとする。

$$\hat{x}(n) = \sum_{m=-1}^{1} \alpha_k x(n + T_\mathrm{o} + m) + \sum_{m=-1}^{1} \beta_k x(n - T_\mathrm{o} + m) \tag{5.22}$$

このように定義することで，$|x(n) - \hat{x}(n)|^2$ が最小になるように α_k と β_k を求める**最小 2 乗法**の考え方で波形を推定できるようになる。音声が周期性成分のみで構成されていれば，理論的な誤差は 0 となるため，求めるべき非周期性成分 $x_a(n)$ は，$x(n) - \hat{x}(n)$ で与えられる。

〔**3**〕　**最小 2 乗法による推定**

　ここからは，比較的オーソドックスな最小 2 乗法による解法となる。以下では，行列演算を利用するため，便宜上 $x(n)$ を x_n と記載する。行列 $\boldsymbol{H}$ を，以下のように，一つ前の声帯振動 ± 1 サンプルの波形を連結させた $\boldsymbol{H}_1$ と $\boldsymbol{H}_2$ 接続したものとして与える。

$$\boldsymbol{H} = (\boldsymbol{H}_1 \boldsymbol{H}_2) \tag{5.23}$$

$$\boldsymbol{H}_1 = \begin{pmatrix} x_{n-T_\mathrm{o}-1} & x_{n-T_\mathrm{o}} & x_{n-T_\mathrm{o}-1} \\ x_{n-T_\mathrm{o}} & x_{n-T_\mathrm{o}+1} & x_{n-T_\mathrm{o}-2} \\ \vdots & \vdots & \vdots \\ x_{n-T_\mathrm{o}+N-2} & x_{n-T_\mathrm{o}+N-1} & x_{n-T_\mathrm{o}+N} \end{pmatrix} \tag{5.24}$$

$$H_2 = \begin{pmatrix} x_{n+T_o-1} & x_{n+T_o} & x_{n+T_o+1} \\ x_{n+T_o} & x_{n+T_o+1} & x_{n+T_o+2} \\ \vdots & \vdots & \vdots \\ x_{n+T_o+N-2} & x_{n+T_o+N-1} & x_{n+T_o+N} \end{pmatrix} \tag{5.25}$$

ここで, $a = (\alpha_{-1}, \alpha_0, \alpha_1, \beta_{-1}, \beta_0, \beta_1)^{\mathrm{T}}$ とすれば, 以下の行列を与えることができる。

$$x = Ha \tag{5.26}$$

ここでは誤差項は記載しないこととする。ここで, H は**正方行列**ではないため, 推定には両辺に H^{T} を左から掛けた上で**逆行列**を求める必要がある。ただし, 波形に窓関数を乗ずる処理を入れるため, 行列 R を以下により定義する。

$$R = H^{\mathrm{T}} w H \tag{5.27}$$

$$w = \begin{pmatrix} w_0 & 0 & \cdots & 0 \\ 0 & w_1 & \cdots & \vdots \\ \vdots & \vdots & \ddots & 0 \\ 0 & \cdots & 0 & w_{N-1} \end{pmatrix} \tag{5.28}$$

w_n は, 窓長が N 点のハニング窓を設計した際の n 番目 (n は 0 から $N-1$ の整数) の係数である。これは, 各波形を窓関数で処理する効果がある。行列 R を用いて式 (5.26) を表記すると, 以下となる。

$$H^{\mathrm{T}} w x = R a \tag{5.29}$$

最後に, 両辺に左から行列 R の逆行列を掛けることで, a を推定できる。

$$a = R^{-1} H^{\mathrm{T}} w x \tag{5.30}$$

a を用いることで, $\hat{x}(n)$ と $x_a^2(n)$ を求めることができる。これを式 (5.20) に代入することで, 非周期性指標が得られる。

TANDEM-STRAIGHT では，時間軸の非線形伸縮を実施した場合としない
場合とで同様の処理を行い，より値が小さい，すなわちより周期的であると判
断された結果を採用する。また，式 (5.20) における N は，時間軸の非線形伸
縮の有無により異なる値が利用される。具体的には，非線形伸縮を行わない場
合は 30 ms に最も近い値となるように設定され，非線形伸縮を行う場合は，伸
縮時に設定された基本周波数を f_o〔Hz〕とすると，$2\,000/f_o$〔ms〕に設定さ
れる。

〔**4**〕　**スペクトル形状の非周期性指標推定**

こうして得られた各中心周波数の非周期性指標から，非周期性指標のスペクト
ル表現へと変換することで，最終的な結果が得られる。TANDEM-STRAIGHT
ではいくつかの実装があり，ここでは簡単なものについて紹介する。推定結果
では，離散的な非周期性指標が推定されており，その周波数の下限は 0 Hz より
高く，上限はナイキスト周波数の半分である。したがって，スペクトル表現を
得るためには，0 Hz とナイキスト周波数における非周期性指標を与えなければ
ならない。

ここでは，有声音のパワースペクトルは低域が強く，おおむね -6 dB の傾斜
を有することに着目する。帯域ごとの SNR は，低域が相対的に高く，高域が
相対的に低いことを意味する。簡単な方法では，この考えに基づき，0 Hz にお
ける値を 0 に近い値に設定する。ナイキスト周波数については特に設定せず，
線形補間の**外挿**により対応する。また，補間は $\log(A_p(m))$ を対象に実施する。
その他のアプローチとして，線形補間ではなく，シグモイド関数を用いたフィッ
ティングも実装されている。こちらでは，離散的に求められた非周期性指標か
ら，シグモイド関数のパラメータを最小 2 乗法により求めている。

5.4 WORLD で用いる推定法

5.4.1 基本的な考え方

WORLD では，**D4C**（definitive decomposition derived dirt-cheap）と呼ばれる方法[7]により非周期性指標を推定する。D4C のアルゴリズムは文献7) から微妙に修正されているため，ここでは Web で公開されている v0.2.1_4 について説明する。説明に用いる図表は，文献7) をベースに調整したものである。D4C も，STRAIGHT と同様にスペクトル領域でのパラメータを使うが，群遅延をベースにした独自の特徴量を用いる。この特徴量は，群遅延がベースなので，横軸が周波数であるスペクトル形状である。スペクトル包絡推定において，分析時刻に依存した項を除去することを目的としたが，D4C は，分析時刻に依存しない群遅延（厳密には群遅延ではないが，ここでは単に群遅延とする）を求める。

他の方法とは異なる特徴を概説するため，雑音を含まず基本周波数が $\omega_{\rm o}$〔Hz〕の周期信号 $y(t) = h(t) * x(t)$ を対象に議論する。D4C で用いる特徴量は，$H(\omega)$ の全調波の振幅が 0 でなければ，$h(t)$ の種類に依存せず，かつ波形を切り出す分析時刻にも影響されず，周期が $\omega_{\rm o}$ の cos 波を形作る特徴がある。非周期性成分は，含まれるパワーに応じてこの正弦波の形を崩す。周期性成分が周期 $\omega_{\rm o}$ の cos 波となることから，この特徴量を窓関数により切り出してフーリエ変換し，$\omega_{\rm o}$ を中心とした窓関数のメインローブ幅の帯域と，それ以外の帯域のパワーの比率を求めることで，非周期性指標が得られる。

この方法の利点は，スペクトル包絡 $H(\omega)$ の影響を受けることなくあらゆる周期信号が cos 波になるため，その後の演算で $H(\omega)$ の依存性を考えずにすむことである。また，スペクトルのディップを厳密に求める必要もないため，STRAIGHT と TANDEM-STRAIGHT で実施していた時間軸の非線形伸縮も必要としない。窓関数の設計には基本周波数の情報を用いるが，基本周波数の誤差が結果に与える影響は，時間軸の非線形伸縮を用いた方法と比べて相対

的に小さいことも利点となる。以下では，あらゆる周期性成分が cos 波になることを示すため，雑音が存在しない周期信号 $y(t) = h(t) * x(t)$ について導出する。

5.4.2 具体的な推定アルゴリズム

〔1〕 必要になるパラメータの定義と課題設定

D4C で用いる特徴量の算出には，1 章で示した群遅延 τ_g の計算に用いる式を活用する。

$$\tau_g = \frac{\Re[X'(\omega)]\Im[X(\omega)] - \Re[X(\omega)]\Im[X'(\omega)]}{|X(\omega)|^2} \tag{5.31}$$

まず，本式の分子と分母を対象に，それぞれ分析時刻に依存する項を取り除くことを目標とする。分子について以下のように分離して記載する。

$$E_{cs}(\omega) = \Re\left[Y'(\omega)\right]\Im\left[Y(\omega)\right] - \Re\left[Y(\omega)\right]\Im\left[Y'(\omega)\right] \tag{5.32}$$

分母はパワースペクトルのため，ここでは省略する。TANDEM-STRAIGHT や CheapTrick と同様に，$E_{cs}(\omega)$ に含まれる分析時刻への依存項 τ を計算し，それを相殺することを目指す。

〔2〕 窓関数の設計

ここから，$E_{cs}(\omega)$ に含まれる分析時刻への依存項 τ を明らかにする。波形はなんらかの窓関数 $w(t)$ により切り出すが，この窓関数についても制約が存在する。CheapTrick の条件は，窓関数のメインローブ幅が基本周波数より狭いことと，サイドローブが実質的に無視できるレベルであること，切り出した波形のパワーが分析時刻に依存しないことの 3 点であった。D4C では，上記の条件に「$|W'(\omega)|$ の値が，基本周波数以上の周波数において実質的に無視できるレベルであること」を加える。例えば，CheapTrick で利用した基本周期の 3 倍の窓長のハニング窓のスペクトルと振幅スペクトルの導関数を図 **5.8** に示す。振幅スペクトルの導関数におけるサイドローブの最大値は $-25\,\mathrm{dB}$ 程度と，ハニング窓のサイドローブよりも大きいことが確認できる。基本周期の 3 倍であ

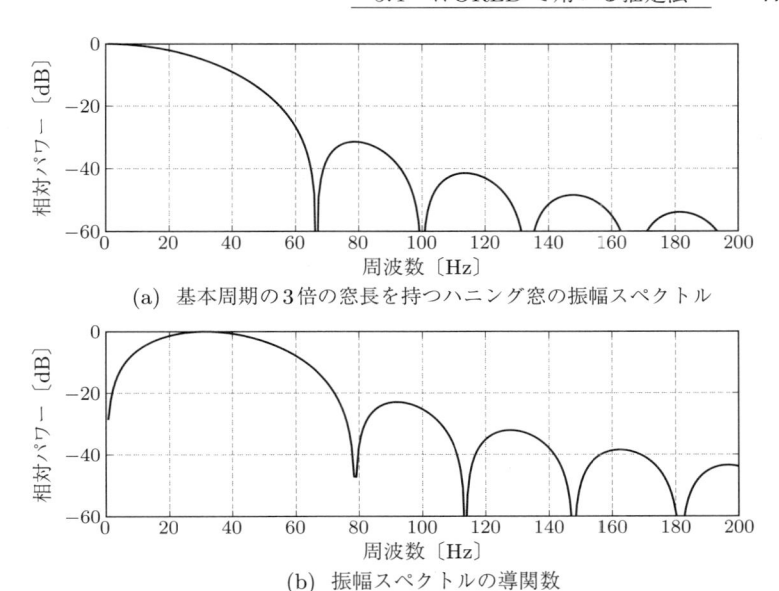

(a) 基本周期の3倍の窓長を持つハニング窓の振幅スペクトル

(b) 振幅スペクトルの導関数

図 **5.8** 基本周波数 100 Hz を対象として設計した，基本周期の3倍の窓長を持つハニング窓の振幅スペクトル (a) と振幅スペクトルの導関数 (b)。ハニング窓のサイドローブは −30 dB 程度であり，100 Hz 以降の成分は −40 dB 以下となる。ただし，振幅スペクトルの導関数については，100 Hz において −25 dB 程度となる。

るため，基本周波数の 2/3 がメインローブ幅となるが，図 (b) を見ると最初の 0 が 80 Hz 程度まで広がっていることも確認できる。「実質的に無視できる」という条件を満たす下限は不明瞭ではあるが，D4C では計算機シミュレーションにより得られた実用上の観点から，−30 dB 程度は必要であるという立場をとる。したがって，ハニング窓では不適切であるため，別の窓関数を利用することが必要になる。

メインローブ幅が基本周波数となる，基本周期の3倍の窓長のブラックマン窓の結果を**図 5.9** に示す。振幅スペクトルの導関数についても，ほぼ同一の周波数で 0 となり，さらにそれ以上の周波数における最大値は −44.6 dB と，ハニング窓よりも低い。ただし，この条件では「切り出した波形のパワーが分析時刻に依存しない」を満たさないため，ブラックマン窓を用いる場合はさらに

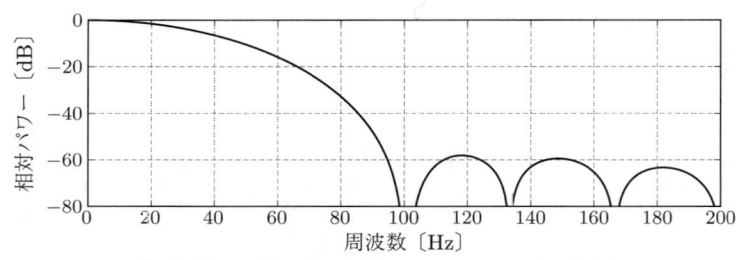

(a) 基本周期の3倍の窓長を持つブラックマン窓の振幅スペクトル

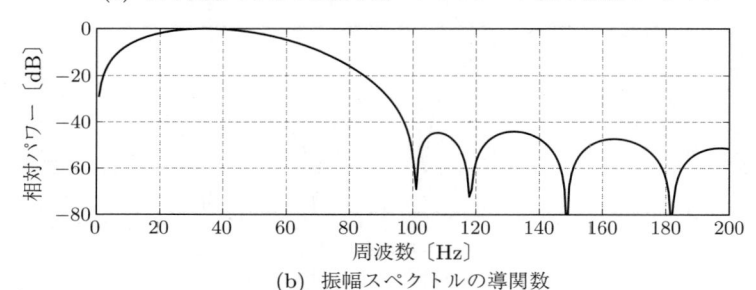

(b) 振幅スペクトルの導関数

図5.9 基本周波数 100 Hz を対象として設計した，基本周期の 3 倍の窓長を持つブラックマン窓の振幅スペクトル (a) と振幅スペクトルの導関数 (b)。ブラックマン窓のサイドローブは −58 dB 程度である。ただし，振幅スペクトルの導関数については，100 Hz 以上の最大値は −44.6 dB 程度となる。

長い窓関数が必要になる。最終的に，基本周期の 4 倍の窓長のブラックマン窓がこの条件に合致するものとして選択されることになった。この窓関数は，時間 0 において対称の振幅を持つ。これは，窓関数のスペクトルが実部のみを有する条件を満たし，以下の計算を簡略化することを可能にする。

〔**3**〕 **分析時刻に依存しない群遅延の算出**

TANDEM の議論と同様に，この窓関数で波形を切り出すと，干渉の影響は隣り合う二つの調波のみで考えることができる。したがって，分析時刻 τ にシフトした窓関数で波形を切り出した場合，切り出された波形のスペクトル $Y(\omega, \tau)$ は，以下で与えられる。

$$Y(\omega, \tau) = \left(\delta(\omega) + \alpha e^{i\beta}\delta(\omega - \omega_\mathrm{o})\right) * W(\omega)e^{-i\omega\tau}$$

$$= W(\omega)e^{-i\omega\tau} + \alpha W(\omega - \omega_\mathrm{o})e^{-i(\omega\tau - \omega_\mathrm{o}\tau - \beta)} \tag{5.33}$$

α と β は，隣り合う調波の相対的な振幅比と位相差である。$E_{cs}(\omega)$ を求めるためには，スペクトルの周波数微分である $Y'(\omega)$ を求める必要がある。これは，フーリエ変換の微分の公式で導くことができるが，後の布石として，時間シフト項 C を含めて計算することにする。

$$Y_0(\omega, \tau) = \mathcal{F}[-i(t+C)y(t,\tau)] = \frac{\partial Y(\omega, \tau)}{\partial \omega} - iCY(\omega, \tau) \qquad (5.34)$$

この $Y_0(\omega, \tau)$ を $Y'(\omega)$ と見なして，$E_{cs}(\omega)$ の計算に用いる。これは，群遅延計算において，特定の時刻だけシフトする項を加える処理に相当する。$Y(\omega, \tau)$ の周波数微分は，以下の式により与えられる。

$$\begin{aligned}
\frac{\partial Y(\omega, \tau)}{\partial \omega} &= -i\tau e^{i\omega\tau}W(\omega) + e^{-i\omega\tau}W'(\omega) \\
&\quad - i\alpha\tau e^{i(\omega\tau - \omega_\mathrm{o}\tau - \beta)}W(\omega - \omega_\mathrm{o}) \\
&\quad + \alpha e^{-i(\omega\tau - \omega_\mathrm{o}\tau - \beta)}W'(\omega - \omega_\mathrm{o})
\end{aligned} \qquad (5.35)$$

式 (5.32) に代入するパラメータを求めるため，$Y(\omega, \tau)$ の実部と虚部，$Y_0(\omega, \tau)$ の実部と虚部を求めると，それぞれ以下が得られる。

$$\begin{aligned}
\Re(Y(\omega, \tau)) &= W(\omega)\cos(\omega\tau) \\
&\quad + \alpha W(\omega - \omega_\mathrm{o})\cos(\omega\tau - \omega_\mathrm{o}\tau - \beta)
\end{aligned} \qquad (5.36)$$

$$\begin{aligned}
\Im(Y(\omega, \tau)) &= -W(\omega)\sin(\omega\tau) \\
&\quad - \alpha W(\omega - \omega_\mathrm{o})\sin(\omega\tau - \omega_\mathrm{o}\tau - \beta)
\end{aligned} \qquad (5.37)$$

$$\begin{aligned}
\Re(Y_0(\omega, \tau)) &= W'(\omega)\cos(\omega\tau) - \tau W(\omega)\sin(\omega\tau) \\
&\quad + \alpha W'(\omega - \omega_\mathrm{o})\cos(\omega\tau - \omega_\mathrm{o}\tau - \beta) \\
&\quad - \tau\alpha W(\omega - \omega_\mathrm{o})\sin(\omega\tau - \omega_\mathrm{o}\tau - \beta) \\
&\quad - C\alpha W(\omega - \omega_\mathrm{o})\sin(\omega\tau - \omega_\mathrm{o}\tau - \beta) \\
&\quad - CW(\omega)\sin(\omega\tau)
\end{aligned} \qquad (5.38)$$

$$\begin{aligned}
\Im(Y_0(\omega, \tau)) &= -W'(\omega)\sin(\omega\tau) - \tau W(\omega)\cos(\omega\tau) \\
&\quad - \alpha W'(\omega - \omega_\mathrm{o})\sin(\omega\tau - \omega_\mathrm{o}\tau - \beta)
\end{aligned}$$

$$-\tau\alpha W(\omega - \omega_{\mathrm{o}})\cos(\omega\tau - \omega_{\mathrm{o}}\tau - \beta)$$

$$-C\alpha W(\omega - \omega_{\mathrm{o}})\cos(\omega\tau - \omega_{\mathrm{o}}\tau - \beta)$$

$$-CW(\omega)\cos(\omega\tau) \tag{5.39}$$

こうして得られた四つの項を式 (5.32) に代入すると，分析時刻 τ における $E_{cs}(\omega,\tau)$ は，以下となる。

$$
\begin{aligned}
E_{cs}(\omega,\tau) = &(C+\tau)W^2(\omega) + \alpha^2(C+\tau)W^2(\omega - \omega_{\mathrm{o}}) \\
&+ 2W(\omega)W(\omega - \omega_{\mathrm{o}})\alpha(C+\tau)\cos(\omega_{\mathrm{o}}\tau - \beta) \\
&+ \alpha(W'(\omega)W(\omega - \omega_{\mathrm{o}}) - W(\omega)W'(\omega - \omega_{\mathrm{o}})) \\
&\times \sin(\omega_{\mathrm{o}}\tau - \beta)
\end{aligned} \tag{5.40}
$$

D4C では，ここで，ディジタル信号処理における群遅延の計算について考える必要がある。1 章の窓関数による波形の切り出しの例を**図 5.10** に再掲する。図 (c) の波形から群遅延を求める際，波形が存在する 35〜45 ms にはそれぞれ

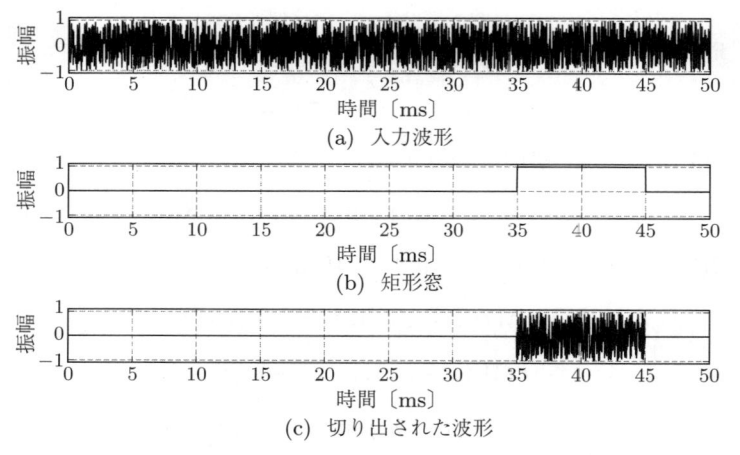

(a) 入力波形

(b) 矩形窓

(c) 切り出された波形

図 5.10 窓関数による波形の切り出し（図 1.4 の再掲）。群遅延の計算を周波数領域で求める際には $-itx(t)$ を求める必要があり，この場合 35〜45 ms の重みを与えなければならない。しかしながら，切り出された波形の絶対的な時刻を求めることはなく，多くの場合，本来 35 ms である切り出された波形の先頭を原点 0 ms とする。

35〜45 ms の時間重みが与えられるべきである。しかしながら，波形を窓関数により切り出した段階で絶対的な波形の時刻は不明であり，切り出された波形の先頭を原点とするなど固定値を用いざるを得ない。この計算は，今回の場合 35 ms の時間シフトを行ったと解釈することができ，前述のシフト項 C により制御されたと解釈できる。

窓長を N とすると，窓関数の振幅が 0 以外となる範囲は，原点を中心に対称となる条件より $-N/2$ から $N/2$ である。切り出した波形の積分範囲を 0 から N とすることは，前述の場合 $35 - N/2$ 〔ms〕だけシフトしたと解釈することができる。これを，切り出した窓関数の中心時刻を τ，積分範囲を $\tau_0 - N/2$ から $\tau_0 - N/2$ と一般化する。すると，つねに τ から τ_0 に波形をシフトしていることになるため，積分範囲を決定するシフト項 C はつねに $-\tau + \tau_0$ となる。これを式 (5.40) に代入すると，以下が得られる。

$$
\begin{aligned}
E_{cs}(\omega, \tau) = {} & \tau_0 W^2(\omega) + \tau_0 \alpha^2 W^2(\omega - \omega_\mathrm{o}) \\
& + 2W(\omega)W(\omega - \omega_\mathrm{o})\alpha\tau_0 \cos(\omega_\mathrm{o}\tau - \beta) \\
& + \alpha(W'(\omega)W(\omega - \omega_\mathrm{o}) - W(\omega)W'(\omega - \omega_\mathrm{o})) \\
& \times \sin(\omega_\mathrm{o}\tau - \beta)
\end{aligned} \tag{5.41}
$$

ここで，TANDEM と同様に四つの各項を観察すると，第 1, 2 項には分析時刻 τ に依存した項がなく，第 3, 4 項に τ が含まれることがわかる。第 3 項については TANDEM と同様に cos 項，第 4 項については sin 項であり，両方とも周期は基本周波数と一致する。すなわち，TANDEM で用いた方法と同様に，周期の半分シフトして同様の計算を行い，加算することで，分析時刻に依存した項を除去できる。

$$
\begin{aligned}
E_D(\omega, \tau) &= E_{cs}\left(\omega, \tau - \frac{T_\mathrm{o}}{4}\right) + E_{cs}\left(\omega, \tau + \frac{T_\mathrm{o}}{4}\right) \\
&= 2\tau_0 W^2(\omega) + 2\tau_0 \alpha^2 W^2(\omega - \omega_\mathrm{o})
\end{aligned} \tag{5.42}
$$

これは，0 番目と 1 番目の調波について求めた結果であるが，一般化して k 番目と $k+1$ 番目としても，以下のように成立する。

$$E_D(\omega, \tau) = 2\tau_0 W^2(\omega - k\omega_\mathrm{o}) + 2\tau_0\alpha^2 W^2(\omega - (k+1)\omega_\mathrm{o}) \qquad (5.43)$$

ここまでで，群遅延計算における分子は，分析時刻に依存せずに求められることが明らかとなった。続いて，分母を求める手順について説明する。分母は単純なパワースペクトル $|X(\omega, \tau)|^2$ であるため，窓関数の設計でしか調整する余地がない。ただし，分子の演算と同一の窓関数を使う必要は必ずしもないため，D4C では分母に適した別の窓関数の設計を行う。

パワースペクトルの計算における課題は，分析時刻に依存せず同一の結果を得ることである。一つの解決策は，TANDEM のアイディアを活かした方法である。ただし，窓長が基本周期の 2 倍となり，これは，分子の演算と比較すると相対的に短い。特に，雑音のパワーは大局的に見れば大きく変化しないが，局所的に切り出して分析すると大きく変化する特徴がある。したがって，スペクトル包絡推定と比較して短い窓関数は要求されない。以上のことから，D4C では，基本周期の 4 倍の窓長を有するハニング窓により $|X(\omega, \tau)|^2$ を求める。この窓関数であればメインローブ幅が $\omega_\mathrm{o}/2$ となるため，メインローブにおける調波の干渉は原理的に存在しない。これにより，分析時刻に依存せず同一の結果が保証されることとなる。

この窓関数で波形を切り出すと，STRAIGHT と同様に，調波間において 0 が生じる。群遅延計算の分母に用いることから，振幅が 0 に限りなく近づくことで分母が極端に大きくなることが問題になる。D4C では，分子・分母のどちらについても 0 が生じないよう，パワースペクトルを以下の演算により平滑化する。

$$P_s(\omega, \tau) = \frac{1}{\omega_\mathrm{o}} \int_{-\frac{\omega_\mathrm{o}}{2}}^{\frac{\omega_\mathrm{o}}{2}} |X(\omega + \lambda, \tau)|^2 d\lambda \qquad (5.44)$$

この演算は，ω_o の幅の矩形窓でパワースペクトルを平滑化するための演算となる。メインローブ幅が $\omega_\mathrm{o}/2$ であることから，この平滑化により ω_o の整数倍の調波の値は，隣接する調波に影響されない。最終的に，分子・分母を群遅延計算の式に代入することで，以下が得られる。

$$\tau_g(\omega, \tau) = \frac{E_D(\omega, \tau)}{P_s(\omega, \tau)} \tag{5.45}$$

これが，D4C で利用するベースとなるパラメータである。式としては群遅延の計算であるが，実際には時間シフト項があり複数のフレームの結果を加算しているなどの変形が加えられているため，群遅延とは異なるパラメータであることに注意する。図 **5.11** に，一例を示す。図 (a) のパワースペクトルにおいて，調波位置における振幅は変動しているが，$\tau_g(\omega, \tau)$ は均一の値を示す。調波と調波との間については，分子がブラックマン窓，分母がハニング窓を使っており，メインローブの差によってつねに調波位置の値よりも小さい値となる。これは，基本周波数で周期的なスペクトルであることを示す。

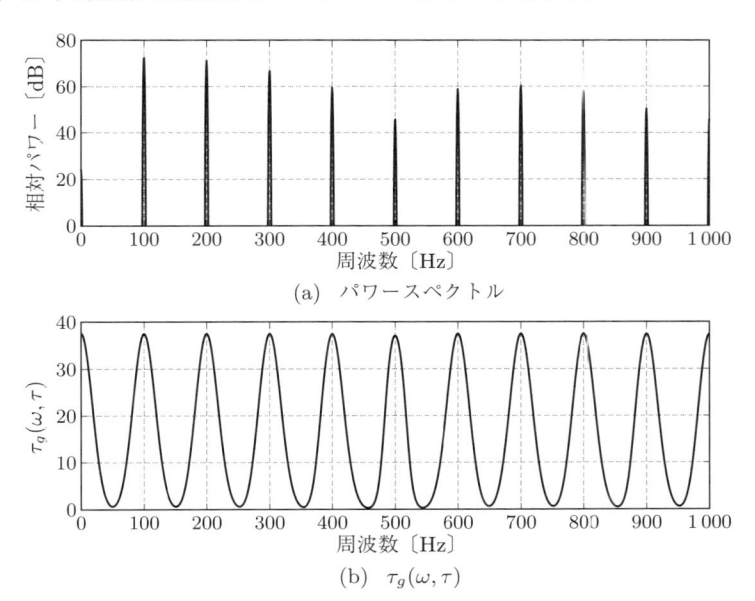

(a) パワースペクトル

(b) $\tau_g(\omega, \tau)$

図 **5.11** $\tau_g(\omega, \tau)$ の例。図 (a) がパワースペクトルで，図 (b) が $\tau_g(\omega, \tau)$ を示す。$\tau_g(\omega, \tau)$ は，調波位置の周波数における $E_D(\omega, \tau)$ と $P_s(\omega, \tau)$ に元の振幅の値が含まれるため，全調波の周波数において均一な値を有する。

〔**4**〕 パラメータの変形

D4C では，$\tau_g(\omega, \tau)$ をさらに正弦波へと変形することで非周期性指標の推定を容易にするための工夫を必要とする。なお，すでに，$\tau_g(\omega, \tau)$ は分析時刻 τ に依存しないことを示したため，以下では分析時間に関する項を省略し，$\tau_g(\omega)$ と表記する。

$\tau_g(\omega)$ は，基本周波数の周期で繰り返すスペクトル形状であることはすでに示した。これは，逆フーリエ変換した時間軸で考えると，基本周期の整数倍でのみ値を有することを意味する。正弦波に整形するためには，基本周期の 2 倍以上の成分を抑制するようなフィルタリング処理を行えばよい。

$$\tau_{gs}(\omega) = \frac{2}{\omega_o} \int_{-\frac{\omega_o}{4}}^{\frac{\omega_o}{4}} \tau_g(\omega + \lambda) d\lambda \tag{5.46}$$

$\tau_{gs}(\omega)$ は，基本周期の偶数倍で 0 を持つフィルタで処理されている。3 倍以上の奇数倍の成分は残っているが，$\tau_g(\omega)$ の分子と分母は窓関数による平滑化がなされており，図 5.11 からも明らかなように滑らかな形状である。つまり，低い調波の成分が支配的であり，3 倍以上の成分は実質的に影響しないため，無視できる。最後に，大局的な変動成分を除去することで，最終的なパラメータ $\tau_D(\omega)$ を得る。

$$\tau_D(\omega) = \tau_{gs}(\omega) - \tau_{gb}(\omega) \tag{5.47}$$

$$\tau_{gb}(\omega) = \frac{1}{\omega_o} \int_{-\frac{\omega_o}{2}}^{\frac{\omega_o}{2}} \tau_{gs}(\omega + \lambda) d\lambda \tag{5.48}$$

実音声を対象に得られたこれらのパラメータの例を**図 5.12** に示す。最終的なパラメータ $\tau_D(\omega)$ が正弦波に近い形状になっていることが確認できる。正弦波成分が周期性成分のパワーであるため，このパワーと他の成分のパワーの比率から非周期性指標を求めることが可能である。

〔**5**〕 非周期性指標の計算

非周期性指標は，帯域ごとに求める必要がある。これは，$\tau_D(\omega)$ を特定の帯域について切り出すことで対応できる。具体的には，以下の式により中心周波

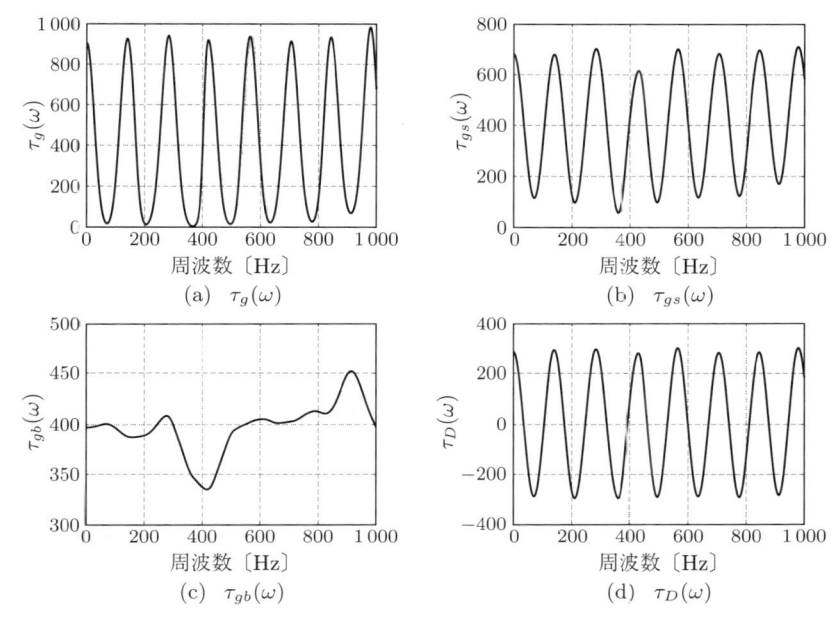

(a) $\tau_g(\omega)$ (b) $\tau_{gs}(\omega)$

(c) $\tau_{gb}(\omega)$ (d) $\tau_D(\omega)$

図 5.12 実音声の分析時に得られた導出に用いた各パラメータの例。$\tau_g(\omega)$ に含まれる大局的な変動が $\tau_{gb}(\omega)$ で観測される。

数 ω_c〔Hz〕で切り出した時間波形 $p(t, \omega_c)$ を算出する。

$$p(t, \omega_c) = \mathcal{F}^{-1} \left[w_\mathrm{N}(\omega) \tau_D \left(\omega - \left(\omega_c - \frac{w_l}{2} \right) \right) \right] \tag{5.49}$$

この窓関数 $w_\mathrm{N}(\omega)$ は，w_l〔Hz〕の幅のナットール窓である。周波数軸上で定義しているため，窓関数幅の単位は周波数である。また，w_l は $6\,\mathrm{kHz}$ が用いられる。調波成分に起因する成分が他の周波数レンジに漏れる影響は $90\,\mathrm{dB}$ 以下であり，実質的に無視できる。ここで，波形のパワーである $|p(t, \omega_c)|^2$ の総和が 1 になるように正規化し，降順にソートしたものを，$p_s(t, \omega_c)$ とする。そこから，以下のパラメータ $p_c(t, \omega_c)$ を算出する。

$$p_c(t, \omega_c) = 1 - \int_0^t p_s(\lambda, \omega_c) d\lambda \tag{5.50}$$

ここから，ある中心周波数 ω_c の非周期性指標 $A_p(\omega_c)$ を以下の式により与える。

$$A_p(\omega_c) = p_c \left(2w_{bw}, \omega_c \right) \tag{5.51}$$

ここで，w_{bw} は $w_N(\omega)$ の逆フーリエ変換で得られる波形（実質的にはスペクトル）のメインローブ幅に対応する。本書では，0 Hz から振幅に最初の0が生じる周波数までをメインローブ幅と定義しているため，2倍している。$p_c(\omega_c)$ が正弦波のみで構成される場合，$p_s(2w_{bw}, \omega_c)$ は実質的に 1.0 となり，雑音量に比例して値が低下する。基本周波数が高いほど帯域中に含まれる調波の数が減少することになり，相対的に雑音のパワーが支配的となる。補正項を $(f_o - 100)/50$ とし，dB 表現の非周期性指標から減算することで，雑音量を調整する。これは，計算機シミュレーションにより基本周波数と雑音量について計算し，その結果を良く近似する直線として与えられたものである。

最後に，3 kHz の整数倍において非周期性指標を計算し，対数軸上で線形補間することで最終的なスペクトル包絡とする。線形補間において，0 Hz の値は -60 dB，ナイキスト周波数の値は 0 dB とする。これは，一般的に声帯振動は低域のパワーが支配的であることに起因する。D4C は，雑音量が極端に大きい場合には，適切な値を求めることができないという欠点がある。ただし，音声分析合成では，SNR の低い音声はそもそも基本周波数を適切に得ることができず無声音となるため，ある程度の SNR を有する音声のみを分析できれば，実用上は問題ない。

引用・参考文献

1) Fujimura, O.: An approximation to voice aperiodicity, IEEE Trans. on Audio and Electroacoust., **16**, 1, pp. 68–72 (1968)

2) Makhoul, J., Viswanathan, R., Schwartz, R. and Huggins, A.: A mixed-source model for speech compression and synthesis, J. Acoust. Soc. Am., **64**, 6, pp. 1577–1581 (1978)

3) Griffin, D. W. and Lim, J. S.: Multiband excitation vocoder, IEEE Trans. on Acoust., Speech, and Signal Process., **36**, 8, pp. 1223–1235 (1988)

4) Yegnanarayana, B., D'Alessandro, C. and Darsinos, V.: An iterative algorithm for decomposition of speech signals into periodic and aperiodic components, IEEE Trans. on Speech and Audio Process., **6**, 1, pp. 1–11

(1998)

5) Hirose, K. and Tao, J. eds.: Speech prosody in speech synthesis — Modeling and generation of prosody for high quality and flexible speech synthesis, Springer (2015)

6) Yumoto, E. and Gould, W. J.: Harmonics-to-noise ratio as an index of the degree of hoarseness, J. Acoust. Soc. Am., **71**, 6, pp. 1544–1550 (1982)

7) Morise, M.: D4C, a band-aperiodicity estimator for high-quality speech synthesis, Speech Communication, **84**, pp. 57–65 (2016)

8) Kawahara, H., Estill, J. and Fujimura, O.: Aperiodicity extraction and control using mixed mode excitation and group delay manipulation for a high quality speech analysis, modification and synthesis system STRAIGHT, in Proc. MAVEBA 2001, pp. 59–64 (2001)

9) Kawahara, H., Morise, M., Takahashi, T., Banno, H., Nisimura, R. and Irino, T.: Simplification and extension of non-periodic excitation source representations for high-quality speech manipulation systems, in Proc. IN-TERSPEECH 2010, pp. 38–41 (2010)

10) Johnston, J.: A filter family designed for use in quadrature mirror filter banks, in Proc. ICASSP '80, pp. 291–294 (1980)

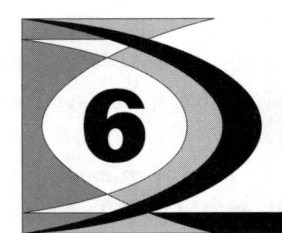

6 高精度に計算するコツ

　現存する音声分析合成システムは，元音声とまったく同じ品質の音声を合成できているとはいいがたく，品質比較実験では，いまだに有意な差が存在する。ただし，これは静かな環境でのヘッドフォンによる受聴だからこそわかる違いであることも多く，事実，適度に響きを加え，楽曲と併せて再生すると，特有の劣化を知覚できることは少なくなりつつある。元音声とまったく同じ品質の音声を作り出すという，音声分析合成の究極の目的を実現するためには，アルゴリズムの工夫だけではなく，プログラムとして実装するための工夫も多数必要となる。これらについては，論文では説明が煩雑になるため記載されることも少なく，開発者個々人でノウハウを蓄積している状況である。近年では，高品質な音声分析合成システムがオープンソースで公開されるようになったため，ソースコードの内部に目を通す機会も増えているが，中身についての解説が追いついていない。

　本章では，数式をプログラムとして計算機上に実装する際の注意点について説明する。歴史的には，A-D 変換における標本化や量子化で生じる誤差への対処であり，近年では，連続系で説明した理論を離散系として実装する際に生じる，おもに離散化に対する対処である。関連する知識については文献1) が詳しい。また，2017 年には日本音響学会が関連するトピックを小特集で取り上げている2), 3)。処理としては軽微な差であり，品質に与える影響も，音声パラメータの推定ミスに起因する影響と比較すると，無視できるほど小さい。このような処理は，近年信号処理の性能が向上したことで顕在化してきた，新たな課題である。

6.1　窓関数による波形の厳密な切り出し

　窓関数による波形の切り出しは音声信号処理の基本であるが，これを正確に実現することは，じつはそれほど簡単ではない。おもな問題は，窓関数の厳密な設計と，**直流成分**（direct current component）[†]の厳密な除去にある。前者については，固定長の窓関数であれば問題にはならないが，窓長を基本周期と同期させた分析を行う際には問題になる。後者も音声信号処理では基本的な処理であるが，じつは波形の平均値を減算する簡便な処理では厳密な除去は行えないため，工夫が必要となる。

6.1.1　窓関数の厳密な設計

　窓長を基本周期に同期して決定するスペクトル包絡推定や非周期性指標推定では，フレームごとに異なる窓長の窓関数により波形を切り出す。固定長の窓関数を用いる場合，例えば窓長を整数に固定して分析することが一般的であるが，可変長の場合は，窓長が標本化された時刻（$1/f_s$）の整数倍には必ずしもならない。また，例えば標本化周波数が 22.05 kHz の音声で分析のフレームシフト幅を 5 ms とすると，分析時刻に関しても同様の問題が生じる。

　図 6.1 は，標本化による縛りを受けずに窓関数を設計する方法の例である。音声信号処理をサポートするソフトウェアやライブラリでは，窓関数を設計する関数が提供されているが，サンプル数をパラメータとしているため，任意の幅を持つ窓関数を設計することはできない。したがって，四捨五入や切り上げ・切り捨てによりサンプル単位で整数化された窓長とフレームシフト幅を設定することになる。一方，厳密に計算したい場合，図 (b) の破線のように数式で定義された窓関数により窓長とフレームシフト幅を厳密に与え，そこから標本点における振幅を取り出すように設計することで，厳密な波形の切り出しを可能にする。この差は，固定長の音声分析においては軽微であるが，可変

[†]　**DC 成分**または DC オフセットとも呼ばれる。

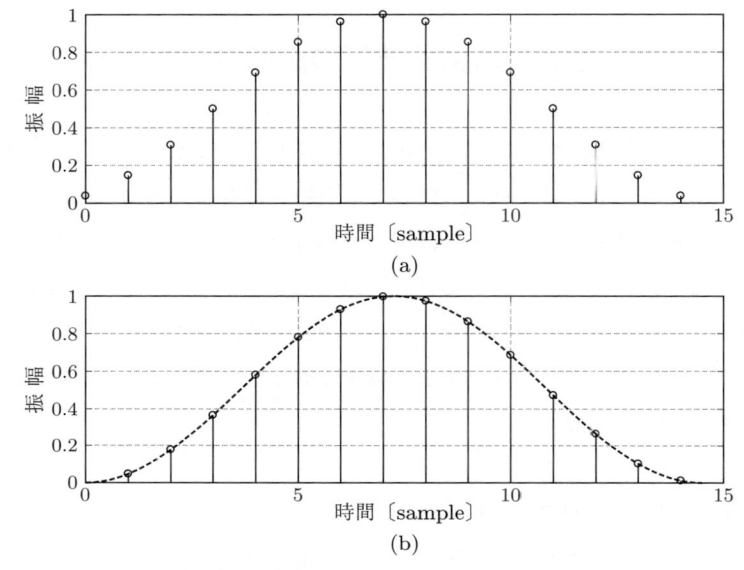

(a)

(b)

図 6.1　14.5 サンプルの幅を持つハニング窓を 7.25 サンプルに移動して窓かけする例。図 (a) は，四捨五入により 15 点の窓関数を設計して，7 サンプルにシフトしている。図 (b) は，アナログ系で窓関数の数式を与え，それを標本点で取り出すことで，任意の時刻に窓関数を設計して切り出すことを可能にする。

長の窓関数を必要とする場合には，推定精度，あるいは合成音声の品質に影響する。

6.1.2　0 Hz 成分の厳密な除去

マイクロフォンによる音声収録では，空気の圧力の変化を検出するため，無音状態における振幅は，本来 0 となるはずである。しかし，なんらかの事情により，無音状態において 0 からずれてしまうことがあり，これは，直流成分が 0 からずれていることから DC オフセットとも呼ばれる。この成分は，無音時における振幅が 0 以外に収束する際の収束値として扱われ，スペクトルにおける 0 Hz の振幅と一致する。ただし，パルス列の波形とスペクトルを考えると，スペクトルの 0 Hz に振幅値を有する一方，無音時における振幅は 0 とはならな

い。厳密な定義はややこしく，議論の本質から外れるため，ここでは，便宜上スペクトルの 0 Hz に生じる振幅を「0 Hz 成分」と定義する。

0 Hz 成分は，音声収録において本来は 0 になるべき値であると同時に，音声とは無関係な成分であることから，音声分析においては除去すべき雑音として扱われる。これは，長時間における 0 Hz 成分だけではなく，窓関数で波形を切り出す短時間分析においても必要不可欠な処理とされる。0 Hz 成分は波形の振幅の平均値であることから，N 点の信号における 0 Hz 成分の除去は，以下の式で容易に実現できる。

$$y(n) = x(n) - \frac{1}{N} \sum_{m=0}^{N-1} x(m) \tag{6.1}$$

ここで問題になるのは，窓関数による波形切り出しの目的と 0 Hz 成分の除去を両立させることである。例えば N 点のハニング窓で波形を切り出すことは，開始・終了時刻における振幅を 0 にするという目的がある。

$$y(n) = x(n)w(n) \tag{6.2}$$

切り出された信号 $y(n)$ に 0 Hz 成分が存在する場合，式 (6.1) により処理することになる。これは，なんらかの値を減算することになり，窓関数により切り出された波形の開始・終了時刻の振幅が 0 にはならないことを意味する。逆に，先に 0 Hz 成分を除去してから窓関数で波形を処理すると，今度は窓関数による処理が原因となり，0 Hz 成分が生ずることになる。これは，波形の中央と端にそれぞれ振幅を持ち 0 Hz 成分を含まない波形において，窓関数により端の振幅が抑制されることを考えると想像しやすい。先に窓関数処理を行い 0 Hz 成分を除去すると，0 Hz 成分除去としてオフセットが重畳されるため，窓関数本来の性能を発揮できないことになる。

ここでは，開始・終了時刻における振幅の収束と，0 Hz 成分の除去という両条件を満たす比較的簡単な方法を紹介する。0 Hz 成分は，波形全体に対する振幅の平均値として与えられるので，全時刻において同じ振幅を減算する必要はない。開始・終了時刻では 0 の振幅を持つ，窓関数のような波形を減算すれば，

上述の条件を両方満たすことができる。

$$y(n) = x(n)w(n) - \alpha w(n) \tag{6.3}$$

$$\alpha = \frac{\displaystyle\sum_{m=0}^{N-1} x(m)w(m)}{\displaystyle\sum_{m=0}^{N-1} w(m)} \tag{6.4}$$

α は，窓関数で切り出した波形の $0\,\mathrm{Hz}$ 成分と，窓関数 $w(n)$ の $0\,\mathrm{Hz}$ 成分の比である。この方法により $0\,\mathrm{Hz}$ 成分の除去は可能ではあるが，減算の影響が別の周波数レンジに生じることとなる。波形の減算であるため，この影響はスペクトル領域においても $\alpha W(\omega)$ から推定可能である。

6.2　スペクトル包絡推定における $0\,\mathrm{Hz}$ 成分の扱い

　スペクトル包絡推定法は，スペクトルが振幅・位相の異なるパルス列になることを前提にしている。パルス列には $0\,\mathrm{Hz}$ 成分が存在するため，スペクトル包絡推定法の導出は，$0\,\mathrm{Hz}$ 成分がパルス列として必要な量存在することを前提にすると，厳密となる。しかしながら，DC オフセットが存在しない場合，音声波形には基本的に $0\,\mathrm{Hz}$ 成分は存在せず，存在する場合，それは，窓関数により波形を短時間切り出すことによる副作用である。6.1.2 項で説明したように，波形の切り出し時に $0\,\mathrm{Hz}$ 成分は除去するため，この成分を除去することが推定結果にどのような影響を与えるかについて考えなければならない。

6.2.1　$0\,\mathrm{Hz}$ 成分が推定結果に与える影響

　音声のスペクトル分析において，$0\,\mathrm{Hz}$ 成分が事前に除去されることを考える必要がある。これまで，パルス列 $x(t)$ のフーリエ変換がパルス列であることを前提に理論を構築したが，$0\,\mathrm{Hz}$ 成分の除去はこの前提を覆すことになる。

$$x(t) = \sum_{n=-\infty}^{\infty} \delta(t - nT_\circ) \tag{6.5}$$

$x(t)$ は，正の値のみを有するため 0 Hz 成分がある。0 Hz 成分を除去することで，0 Hz における振幅が 0 となる。

この変化は，ケプストラム分析において顕著な問題となる。ケプストラム分析では，対数振幅スペクトルを計算し，対数振幅スペクトルに対してリフタリングが行われる。振幅に厳密な 0 が存在する場合，対数振幅の計算結果が $-\infty$ となる。計算誤差により厳密な 0 にはならなくとも，極端に小さい振幅は，対数振幅が突出して小さな値となる。リフタリングは，対数振幅スペクトルに対する sinc 関数の畳み込みに相当するため，0 Hz 成分を除去することにより全周波数レンジに大きな影響を及ぼす。実装において窓関数による切り出しを厳密に行わないことは，皮肉なことに，この影響を低減する効果がある。スペクトル包絡を厳密に推定する問題を考えた場合，0 Hz 成分を適切に制御することが必要になる。

6.2.2 0 Hz 成分の制御

高精度なスペクトル包絡推定の実装では，この問題に対する対処法を検討している。具体的には，ω_o の調波のメインローブを，$\omega_o/2$ を軸に鏡面コピーして加算する処理が行われる。パワースペクトルを $P(\omega)$ とすると，この鏡面コピーは以下の式により与えられる。

$$P_r(\omega) = P(\omega_o - \omega) \tag{6.6}$$

ここでの ω は，0〜ω_o 〔Hz〕で計算される。離散系では，ω_o 以上となる最小の離散周波数番号となる。0 Hz 成分が適切に制御されたパワースペクトル $P_c(\omega)$ は，鏡面コピーされたレプリカと元のパワースペクトルの加算で与えられる。

$$P_c(\omega) = P_r(\omega) + P(\omega) \tag{6.7}$$

基本周波数が 100 Hz のパルス列を対象にこの処理を実施する例を，**図 6.2** に示す。窓関数は，TANDEM-STRAIGHT で用いる基本周期の 2.5 倍の長さのブラックマン窓としている。図 (a) における実線は 0 Hz 成分が除去されたパワー

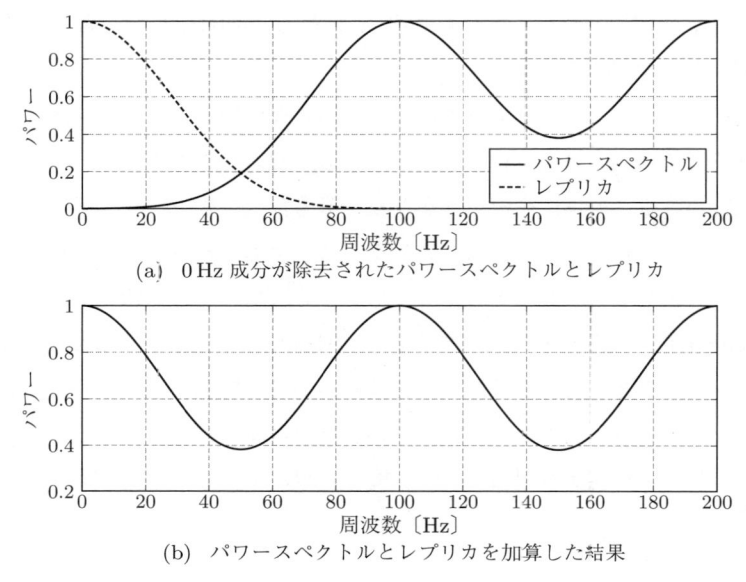

(a) 0 Hz 成分が除去されたパワースペクトルとレプリカ

(b) パワースペクトルとレプリカを加算した結果

図 **6.2** 0 Hz 成分が除去されたパワースペクトルを対象とした 0 Hz 成分の制御。図 (a) の実線は 0 Hz 成分が除去されたパワースペクトルで，破線は鏡面コピーされたレプリカである。図 (b) はパワースペクトルとレプリカを加算した結果である。

スペクトル $P(\omega)$ であり，破線は鏡面コピーされたレプリカ $P_r(\omega)$ である。図 (b) はパワースペクトルとレプリカを加算した結果 $P_c(\omega)$ である。このように，$\omega_\circ$〔Hz〕の調波を用いて 0 Hz 成分を制御することで，対数パワースペクトルを求める際に問題となる 0 に近い値の発生を抑制できる。

6.3 高精度なスペクトルフィルタリング

本書で説明したいくつかの方法は，スペクトルに対する矩形窓のフィルタリングを行っている。離散周波数軸上で矩形窓を素直に設計すると，窓長は離散周波数番号に制約されることになる。基本周波数が 48 kHz で FFT 長が 2 048 点ならば，1 点につき $48\,000/2\,048 \fallingdotseq 23.4$ Hz となる。ここで 30 Hz の矩形窓を畳み込みたい場合は，なんらかの近似を用いて処理する必要がある。

6.3.1 線形補間による矩形窓の畳み込み

一つの方法は，厳密な周波数におけるパワーを補間により求めることで処理するアプローチである。パワースペクトルを $P(k)$ とし，まず，累積和 $P_c(k)$ を以下の式により求める。

$$P_c(k) = \sum_{m=0}^{k} P(m) \tag{6.8}$$

k 番目の周波数は $23.4k$〔Hz〕に対応するため，線形補間により任意の周波数における累積和の値を求めることができる。ここで，中心周波数 ω_c〔Hz〕において $30\,\mathrm{Hz}$ の矩形窓を畳み込んだ結果は，$P_c(k)$ から $\omega_c \pm 15$〔Hz〕の値を線形補間により求め，$\omega_c + 15$ の値から $\omega_c - 15$ の値を減算することにより計算できる。最終的には窓関数のパワーの正規化に伴う係数を乗ずる必要はあるが，畳み込みの結果を 1 次近似として求めることができる。

この手法は，1 章で述べた NC を計算するために必要となるオクターブバンド分析のように，任意の中心周波数 ω_c から任意の帯域のパワーを推定するために有用である。

$$P_{\mathrm{oct}}(\omega_c) = \int_{\omega_l}^{\omega_h} P(\lambda)d\lambda \tag{6.9}$$

$$\omega_h = 2^{1/2}\omega_c \tag{6.10}$$

$$\omega_l = 2^{-1/2}\omega_c \tag{6.11}$$

もう少し複雑なフィルタリングを望む場合，以下で説明するリフタリングを用いた方法が効果的である。

6.3.2 リフタリングを用いた方法

対数ではないただのパワースペクトルに対するフィルタリングであるため，リフタリングという表現は適切ではないが，処理の構造としてはわかりやすいので，ケプストラム法で用いた用語をそのまま利用する。リフタリングを用いた方法は，畳み込むフィルタのスペクトルとリフタが定式化できる場合に限定される。矩形窓は，窓関数幅において振幅が 1，リフタが sinc 関数となり，容

易に定式化できる。三角窓は，矩形窓を 2 回畳み込めばよいため，sinc 関数を
ベースにリフタを計算できる。

　この方法は，初等関数の組合せでリフタのインパルス応答が定式化されてい
る場合に効果的である。連続系での議論のみが対象であればこの問題は生じな
いが，ディジタル信号処理を計算機上に実装する場合，離散化の影響について
も事前に検討することが高精度な分析には必要となる。処理はどれも細かい差
しか生まないが，それらが積み重なることで最終的な出力となる合成音の品質
に影響を与えることになる。これらの影響が顕在化したことは，ひとえに音声
分析合成音の品質向上がある。近代的なアルゴリズムの実装では，これらを実
装する際に生じる固有の問題と解決法を理解しておくことが重要である。

6.4　1 サンプル未満の遅延の制御

　CD 音質の音声において，1 サンプルは高々 1/44 100 s であるため，声帯振
動が生じる時刻が 1 サンプルずれたとして，そのくらいの差は無視すべきと考
えるかもしれない。合成音声の品質が波形接続法と比較して明確に低かった時
代は事実無視されていたが，肉声に迫る品質を達成できるようになった昨今，
軽微ではあるものの，この影響による差も知覚されるようになった。最新のボ
コーダでは，この影響を適切に除去することで，軽微ではあるものの若干の品
質向上を達成している。

6.4.1　サブハーモニックの影響

　ボコーダによる音声合成の一つの問題は，声帯振動が生じる時刻がサンプル
点に縛られることにある。例えば，標本化周波数が 22.05 kHz で基本周波数が
100 Hz のパルス列を作ることを考える。基本周期は 220.5 サンプルであるため，
四捨五入すると声帯振動が生じる時刻は 0, 221, 441, 662, $\cdots$ と，2 回に 1 回，
1 サンプル遅れることになる。高々 1 サンプルなので，この影響は無視できる
ほど小さいと考える読者がいるかもしれない。しかし，このパワースペクトル

を図 **6.3** に示すと，基本周波数の整数倍以外にもピークが生じていることが確認できる。この 50, 150, 250, ⋯ に生じるピークを**サブハーモニック**と呼ぶ。これは基本周波数推定において真値の半分を推定誤差と誤推定させる原因になるだけでなく，波形生成時においても悪影響を及ぼす。この問題は，フェーズボコーダや正弦波モデルでは原理的に生じないが，本書で扱うボコーダでは注意深く扱う必要がある。

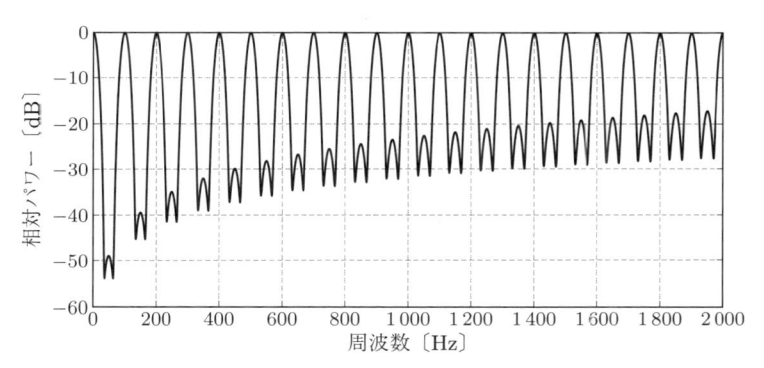

図 6.3　サブハーモニックの影響。基本周波数は 100 Hz だが，各調波の間に小さいピークが観測される。

6.4.2　微細な遅延の付与

1 サンプル未満の遅延を扱う際は，時間軸ではなく周波数軸で処理するほうが容易に実現できる。フーリエ変換における時間シフトの定理により，この処理を実現できる。

$$\mathcal{F}[x(t - \tau)] = e^{-i\tau\omega}X(\omega) \tag{6.12}$$

ここで，τ に 1 サンプル未満の数字を与えることで，任意の時刻の遅延を付与できる。問題点を，具体例である**図 6.4** とともに示す。図 6.4 (a) は，標本化周波数が 22.05 kHz で，基本周波数が 100 Hz，全フレームを有声音，スペクトル包絡をフラット，非周期性指標を 0 として WORLD で合成した波形である。10, 30 ms の波形と，20, 40 ms の波形の形が見かけ上異なることが確認できる。

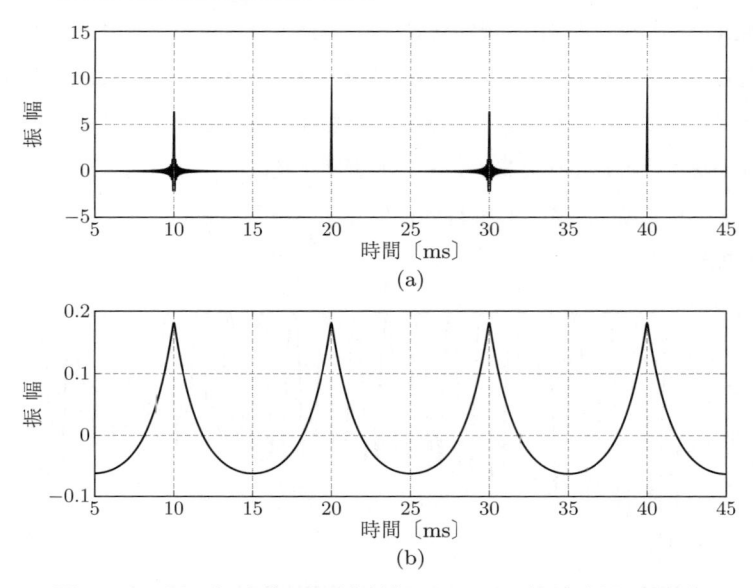

図 6.4 1 サンプル未満の遅延を制御したパルス列の合成例。標本化
周波数が 22.05 kHz，基本周波数が 100 Hz なので 2 回に 1 回は 0.5
サンプルずれた時刻のパルスとなる。図 (a) からも，10, 30 ms の
パルスはナイキスト周波数前後の不連続な変化の影響が顕著に観測
される。ただし，低域通過フィルタを通した図 (b) では，この影響
はほぼ観測されない。

これは，スペクトルに乗じた $e^{-i\tau\omega}$ の影響である。1 章で述べたように，すべ
てが実部で構成される波形を FFT により処理すると，0 Hz とナイキスト周波
数の値は実部のみとなる。一方，$e^{-i\tau\omega}$ の τ が整数でなければ，ナイキスト周
波数における値が複素数となるため，逆 FFT により得られた波形は複素数と
なる。あるいは，ナイキスト周波数における虚部が，強制的に 0 として扱われ
る。どちらにおいても，ナイキスト周波数前後で不連続な変化を伴うため，逆
FFT 後の波形には過渡応答が観測され，それが 10, 30 ms で顕在化していると
いえる。

図6.4 (b) は，基本周波数を遮断周波数に設定した 1 次の Zero-lag Butterworth
filter により高域を除去した波形である。低域通過フィルタを通すと，明らか
に，類似した波形を繰り返していることが確認できる。実音声は，フォルマン

ト帯域のパワーが支配的であり，ナイキスト周波数前後は低域通過フィルタを
通すまでもなく減衰しているため，このような処理は不要である。

6.5 波形生成時における 0 Hz 成分の除去

本書で述べた高品質なボコーダの考え方に基づいて声帯振動を生成すると，
0 Hz のパワーが 0 にはならないため，波形の振幅の平均値は 0 にならない。ま
た，最小位相応答は原点周辺にパワーが集中するため，原点から遠いほど振幅
は 0 に近づく。フレームの終端が 0 に近づいているにもかかわらず，振幅の平
均値が 0 ではないため，単純に 0 Hz 成分を除去すると，**図 6.5** に示すように，
フレーム終端が 0 にはならない。図 (a) が最小位相応答の例で，図 (b) が最小
位相応答から 0 Hz 成分を除去した例である。なお，MATLAB のように配列

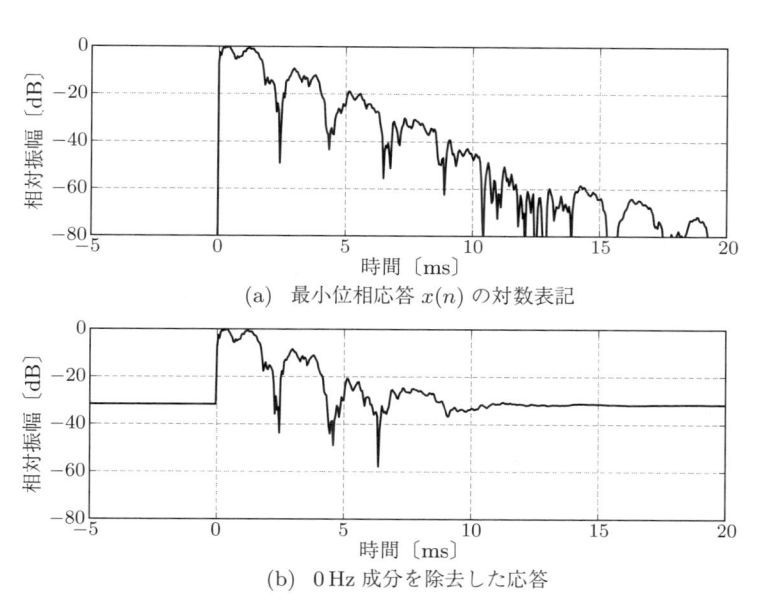

(a) 最小位相応答 $x(n)$ の対数表記

(b) 0 Hz 成分を除去した応答

図 6.5 0 Hz 成分の除去による問題。図 (a) は最小位相応答 $x(n)$ の
対数表記（$20 \log_{10} |x(n)|$）であり，図 (b) は図 (a) から 0 Hz 成分
を除去した同様の応答である。振幅の最大値が 1（0 dB）になるよ
うに正規化している。

の先頭を 1 番目とカウントする言語で最小位相応答を実装する場合，N 点の逆 FFT により得られた波形のうち，1 点目が時刻 0 に相当することに注意が必要である。1 から $N/2$ 点目までが時刻 0 から $N/2 - 1$ 点に対応し，$N/2 + 1$ から N 点目までが $-N/2$ から -1 点に対応している。この処理は，循環シフトにより実装できる。OLA を用いる際は，循環シフトした最小位相応答を算出する。C 言語など配列の先頭を 0 番目とカウントする言語では，その分ずらして考える必要がある。

図 6.5 の例では，振幅が約 $-32\,\mathrm{dB}$ で収束していること，つまり 0 Hz 成分が $-32\,\mathrm{dB}$ であったことが確認できる。この成分が，知覚的にどのように振る舞うかを知ることが重要である。平均値の単純な減算により 0 Hz 成分を除去した場合，波形の開始・終了時に振幅の急峻な変化に起因する雑音が入るため，適切に除去することが必要不可欠である。

6.5.1　0 Hz 成分の除去が知覚に与える影響

一見小さい差に見えるが，0 Hz 成分による劣化は，いくつかの要因により十分知覚することが可能である。この理由を知るためには，まず**聴覚マスキング**の概要を理解する必要がある。聴覚マスキングは，簡単にいえば，通常の環境であれば知覚できる音が，別の音によりかき消されて知覚できなくなる現象である。ここで，マスクする音を**マスカー**と呼び，マスクされる音を**マスキー**と呼ぶ。

スペクトログラムで考えると，周波数方向と時間方向にそれぞれマスキングが生じるとされている。正弦波をマスカーとした大雑把な例を示すと，**図 6.6** のようになる。二つ以上の音が同時に鳴っている際に生じる**同時マスキング**（**周波数マスキング**ともいう）では，特定の高さのマスカーが存在することで，その周囲の高さの相対的に小さい音が知覚的にかき消される。時間方向の**経時マスキング**では，マスカーの放射前後も，一定時間マスキーがかき消される。放射後にかき消される現象を**順向マスキング**と呼び，音が到来する直前の音がかき消される現象を**逆向マスキング**と呼ぶ。0 Hz 成分の除去の影響が知覚可能か

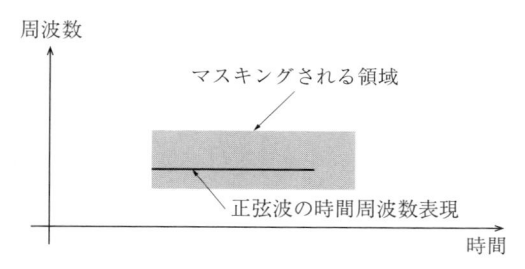

図 6.6 聴覚マスキングの概要。特定の時間で正弦波が放射された際は，周囲の周波数における小さい音，および正弦波の放射が止まったあとの音もマスクされて聞こえない。ここでは，簡単に正弦波（実線）をマスカー，グレーの領域をマスキングされる領域としたイメージ図である。グレー領域にある音だから当然すべてがかき消されるわけではなく，相対的な音圧差によりマスクされるか否かは変わる。マスキング範囲の厳密な計算は，本書では説明の対象とはしない。

否かは，音声によりこの影響がマスクされるか否かの問題と考えられる。

図 6.5 (b) を見ると，波形は開始と終端で −32 dB 程度の振幅を有する。声帯振動に相当する振動が両端ではおおむね減衰していることから，開始・終了時刻に**ステップ関数**が重畳されていると解釈できる。0 Hz のパワーは声帯振動ごとに異なるが，おおむねステップ関数が基本周期の間隔で生じていると見なせる。D-A 変換器は，仕様上出力可能な周波数に下限が設けられており，これは高域通過フィルタ処理と考えることができる。つまり，ステップ関数に高域通過フィルタを通すことにより，けっきょくはパルス的な振動として観測されることになる。0 Hz 成分除去の影響は，パルス列に相当するブザー音的な成分として知覚されることとなる。

この音色が聞こえるか否かは，ステップ関数の振幅変化が生じる時刻と音声のスペクトル包絡特性に依存する。0 Hz の成分が相対的に十分小さければ，この影響を知覚することはない。ある程度のパワーを有する場合でも，周波数方向のマスキングを勘案すると，すべての周波数レンジにおいて音声のスペクトル包絡よりも小さければやはり問題とはならない。0 Hz 成分に起因するパルス列が高域まで強いパワーを有する場合，一定のパワーがあれば知覚することが可能である。もう一つの問題は，経時マスキングにより考える必要がある。

声帯振動 1 回が調音フィルタを通して空気中に放射されると，観測される波形は，おおむね減衰振動となる。ステップ関数による振幅変化が，声帯振動の局所的なパワーの大きい時刻で生じるか，おおむね減衰している時刻で生じるかは，音声の基本周波数に依存して決まる。前者の場合知覚される可能性は低いが，後者の場合に相対的に知覚が容易となる。0 Hz 成分の影響は，このようにつねに検出される類のものではないが，検出されたときにはブザー音的に明確なノイズとなるため，適切に除去することが必要となる。

6.5.2 適切な 0 Hz 成分の除去

0 Hz 成分の除去は，本章で説明した窓関数処理と同様の手順で対応することができる。N 点の逆 FFT により求められた最小位相応答 $x(n)$ から除去すべき 0 Hz 成分は $\sum_{n=0}^{N-1} x(n)$ で求められるため，波形の開始・終了時刻の振幅が 0 になるような窓関数で，0 Hz 成分を除去できる。

$$y(n) = x(n) - \alpha w(n) \tag{6.13}$$

$$\alpha = \frac{\sum_{m=0}^{N-1} x(m)}{\sum_{m=0}^{N-1} w(m)} \tag{6.14}$$

窓関数は FFT 長と等しい点数のハニング窓で実装すれば，影響は知覚されないことが実験的に示されている。

このように，ボコーダによる分析合成の一連の処理において，0 Hz 成分の扱いには気を付ける必要がある。波形の切り出しでは 0 Hz 成分を除去するが，スペクトル包絡の段階では 0 Hz の成分として適切に与える必要があり，合成時にはやはり除去する必要がある。ここでは，ボコーダに限定して実装上の注意点を述べたが，このような問題は，計算機上で信号処理理論を実装するさまざまな局面で生じる可能性がある。特に，これらの実装にかかる部分は，提案する理論とは直接関係がないため，論文などでは実装の詳細が省かれていることも

多い。論文に記載されたように実装したとしても，結果が再現できないことが多いことには注意する必要がある。

6.6 ボコーダにおける無声音の扱い

　ボコーダにおける信号処理の大半は，有声音を前提に分析する方法として提案されたものである。では，無声音における処理にはどのような工夫が必要であろうか。2章では，ボコーダが抱えるおもな問題点として，無声音がすべてホワイトノイズで励起されるため，破裂音の合成が困難であることを挙げた。これは原理的な問題ではあるが，ある程度の工夫により，知覚される音の影響を多少は制御することができる。ここで説明するトピックは，ボコーダにおける無声音の扱いに関する一つのアプローチである。

6.6.1　問題の設定

　無声音のスペクトル包絡推定は，合成方法と併せて考える必要がある。ボコーダの合成では，図 **6.7** のように，無声音では一定の間隔ごとにホワイトノイズ

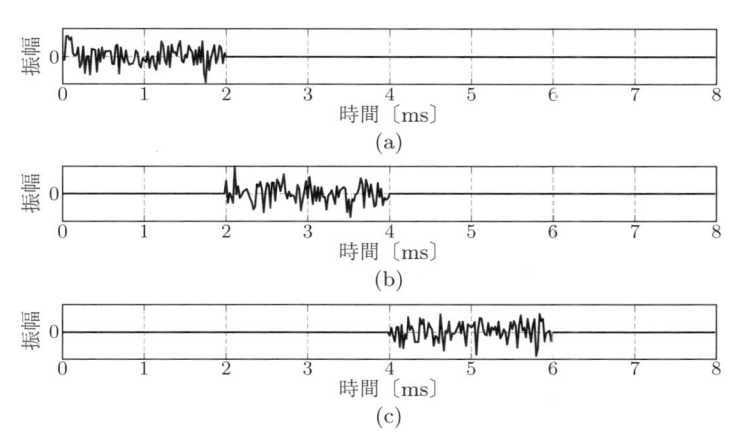

図 6.7　無声音の波形生成の流れ。任意の幅でホワイトノイズを生成し，各ホワイトノイズにその時刻のスペクトル包絡から計算した最小位相応答を畳み込んで加算する。

を生成し，その時刻におけるスペクトル包絡から計算した最小位相応答を畳み込んで加算する。この際，どのようなスペクトル包絡であれば好ましいかを考えることが，無声音のスペクトル包絡推定の考え方の入り口である。

　前提条件として，まずはパラメータとして，図 6.7 に示すホワイトノイズの時間長を考える必要がある。2 章でも述べたように，ボコーダにおける無声音はすべてホワイトノイズを用いて励起するため，破裂音の合成は原理的に困難である。一方，無声音におけるホワイトノイズの時間長を短くし，高い時間分解能でスペクトル包絡を推定すれば，局所的に波形のパワーを集中させることができる。図 6.7 では，2 ms（500 Hz）ごとにホワイトノイズを生成し異なるフィルタを畳み込むため，原理的には 2 ms の区間にパワーを集中できる。ただし，フィルタ長が長ければ，2 ms のホワイトノイズが時間的に散らばるため，フィルタ長をどのように設計するかについて考えることになる。

　2 章で述べたソース・フィルタモデルでは，音源とフィルタは畳み込みの関係にある。無声音の合成については，2 ms のホワイトノイズを $n(t)$，スペクトル包絡を $h(t)$ とすると，$n(t) * h(t)$ が無声音の応答となる。無声音を任意の窓関数で切り出し，FFT により求めたスペクトルをスペクトル包絡 $H(\omega)$ とすると，一つの問題が生じる。この問題を理解するためには，まず，ボコーダでは，無声音であっても $n(t) * h(t)$ としてモデル化されていることに着目する。窓関数で切り出された波形は無声音のため，当然時間的にパワーが散らばっている。この影響が $H(\omega)$ に含まれるため，2 ms のホワイトノイズ $n(t)$ と $H(\omega)$ の最小位相応答が畳み込まれ，事実上 2 回ホワイトノイズの畳み込みが行われることで時間的な散らばりが過剰となる。$H(\omega)$ には目的とするスペクトル包絡と雑音の影響が混在していると考える必要があり，非周期性成分に起因する影響を取り除くための工夫が要求されることになる。

6.6.2　スペクトル包絡推定・波形生成における無声音の扱い

　大局的なスペクトル構造がフラットであるホワイトノイズが，特定のフィルタに畳み込まれることで生じる影響を考える。ホワイトノイズの畳み込みは，

フィルタの時間長を引き延ばしている。これは，1章で述べた波形の持続時間をスペクトルから求める式

$$\sigma_t^2 = \int_{-\infty}^{\infty} A'^2(\omega)d\omega + \int_{-\infty}^{\infty} (\varphi'(\omega) + \langle t \rangle)^2 A^2(\omega)d\omega \tag{6.15}$$

により

- 振幅スペクトルの局所的な変化の拡大（右辺第1項の増加）
- 群遅延特性のダイナミックレンジの拡大（右辺第2項の増加）

の両方が生じていると解釈できる。

　この影響を取り除く簡単な方法は，パワースペクトルの平滑化である。最小位相応答を計算する都合上，群遅延を考慮する必要がないため，振幅スペクトルにおける局所的な変化を抑制することが，非周期性成分による影響の抑制に繋がる。また，破裂音に相当する波形を近似的に実現するためには，切り出す波形の長さも短くする必要がある。

　これらのことから，ボコーダにおける無声音は，以下のように扱うのが望ましい。

- 分析時は，短い時間幅の基本周期を設定し，ボコーダが採用しているスペクトル包絡推定法をそのまま適用する
- 合成時は，分析時に設定した基本周波数を与え，有声音と同様の処理を適用する

スペクトル包絡分析において，STRAIGHTは基本周波数を160 Hz，TANDEM-STRAIGHTは300 Hz，WORLDは500 Hzと仮定し，各スペクトル包絡推定法をそのまま適用する。それぞれのスペクトル包絡推定法にはスペクトルの平滑化が含まれるため，雑音に起因する微細な変動（式 (6.15) の右辺第1項）は減少する。時間的な散らばりを厳密に定式化して解いているわけではないが，この処理はそれなりに良好に動作する。

6.7 瞬時周波数計算における注意点

瞬時周波数の説明そのものは，1 章で行ったもので変わりはない。ただし，計算機上で実装するためには波形を窓関数で切り出す必要があり，この影響について気を付ける必要がある。ここでは，窓関数により切り出す影響を厳密に導出し，計算機上で実装する際の注意点について説明する。

6.7.1 窓関数の影響

まず，入力信号 $x(t)$ を任意の周波数 ω_c の**複素正弦波** $e^{i\omega_c t}$ と定義する。この信号の瞬時周波数は，ω_c となる。窓関数 $w(t)$ を用い，任意の時刻 τ で $x(t)$ を切り出すと，以下が得られる。

$$y(t,\tau) = x(t+\tau)w(t) \tag{6.16}$$

$$= e^{i\omega_c(t+\tau)}w(t) \tag{6.17}$$

切り出された波形 $y(t,\tau)$ のスペクトル $Y(\omega,\tau)$ は，以下となる。

$$Y(\omega,\tau) = \mathcal{F}\left[e^{i\omega_c(t+\tau)}w(t)\right] \tag{6.18}$$

$$= e^{i\omega_c\tau}\mathcal{F}\left[e^{i\omega_c t}w(t)\right] \tag{6.19}$$

$$= e^{i\omega_c\tau}W(\omega - \omega_c) \tag{6.20}$$

最後の変換には，フーリエ変換の周波数領域シフトの公式を利用している。

つぎに，$Y(\omega,\tau)$ の時間微分 $\partial Y(\omega,\tau)/\partial t$ を求める必要があり，これには，フーリエ変換の時間微分の公式を利用する。

$$\mathcal{F}\left[\frac{dw(t)}{dt}\right] = i\omega W(\omega) \tag{6.21}$$

あとは，$Y(\omega,\tau)$ を求める手順と同様にすれば，以下が得られる。

$$\frac{\partial Y(\omega,\tau)}{\partial t} = i(\omega - \omega_c)e^{i\omega_c\tau}W(\omega - \omega_c) \tag{6.22}$$

ここから，瞬時周波数の計算に必要となる各スペクトルの実部と虚部を計算し，以下を得る。

$$\Re\left[Y(\omega,\tau)\right] = \cos(\omega_c\tau)W(\omega-\omega_c) \tag{6.23}$$

$$\Im\left[Y(\omega,\tau)\right] = \sin(\omega_c\tau)W(\omega-\omega_c) \tag{6.24}$$

$$\Re\left[\frac{\partial Y(\omega,\tau)}{\partial t}\right] = -(\omega-\omega_c)\sin(\omega_c\tau)W(\omega-\omega_c) \tag{6.25}$$

$$\Im\left[\frac{\partial Y(\omega,\tau)}{\partial t}\right] = (\omega-\omega_c)\cos(\omega_c\tau)W(\omega-\omega_c) \tag{6.26}$$

これを瞬時周波数の計算式に代入すると

$$\frac{(\omega-\omega_c)\cos^2(\omega_c\tau)W^2(\omega-\omega_c) + (\omega-\omega_c)\sin^2(\omega_c\tau)W^2(\omega-\omega_c)}{\cos(\omega_c\tau)^2 W^2(\omega-\omega_c) + \cos(\omega_c\tau)^2 W^2(\omega-\omega_c)} \tag{6.27}$$

となり，これを展開すると，最終的には以下の二つの項のみが残る。

$$\frac{(\omega-\omega_c)W^2(\omega-\omega_c)}{W^2(\omega-\omega_c)} \tag{6.28}$$

$$= \omega - \omega_c \tag{6.29}$$

以上より，窓関数により切り出した波形から求めたスペクトルを Flanagan の公式に代入すると，$\omega - \omega_c$ となることが示された。求めるべき答えは ω_c であることから，最終的な結果は以下となる。

$$\omega_c = \omega - \frac{\Re\left[Y(\omega,\tau)\right]\Im\left[\dfrac{\partial Y(\omega,\tau)}{\partial t}\right] - \Im\left[Y(\omega,\tau)\right]\Re\left[\dfrac{\partial Y(\omega,\tau)}{\partial t}\right]}{|Y(\omega,\tau)|^2} \tag{6.30}$$

これは，Flanagan の公式の符号を反転し，ω を加算することで，瞬時周波数が求められることを意味する。

6.7.2 瞬時周波数計算における窓関数の差

本書においては，瞬時周波数は基本周波数推定で利用されるため，分析対象

となる信号は周期信号とする。周期信号のスペクトルはパルス列であるため，4 章の TANDEM-STRAIGHT で説明した条件を満たす窓関数で切り出しを行えば，干渉の影響を限定することができる。ただし，ここでの説明には振幅・位相差は不要であるため，以下のように単なるパルス列として与える。

$$Y(\omega) = \sum_{n=-\infty}^{\infty} \delta(\omega - n\omega_{\mathrm{o}}) \tag{6.31}$$

瞬時周波数を計算するために窓関数による波形の切り出しを行うため，その影響を勘案したスペクトル $Y(\omega)$ は以下となる。

$$Y(\omega) = \sum_{n=-\infty}^{\infty} W(\omega - n\omega_{\mathrm{o}}) \tag{6.32}$$

$W(\omega)$ は窓関数のスペクトルである。以下では，**図 6.8** を具体例として，窓関数の影響について説明する。この図は，基本周波数が $100\,\mathrm{Hz}$ のパルス列を対象に，$30\,\mathrm{ms}$（基本周期の 3 倍）の窓関数により切り出した波形から求めた瞬時周

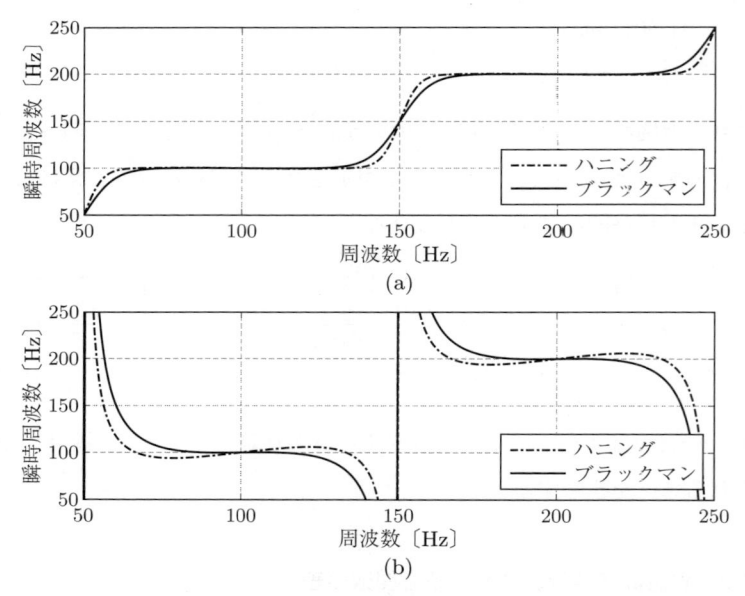

図 6.8 瞬時周波数計算に用いた窓関数の影響。基本周波数 $100\,\mathrm{Hz}$ のパルス列を対象とし，図 (a) と図 (b) では，切り出す時刻が異なる。

波数を示している。図 (a) と図 (b) では，切り出す時刻を変えているため，調波間の位相差が変化することで異なる結果が得られている。調波の周波数となる 100, 200 Hz では，窓関数の制約上 100 Hz の整数倍における振幅が 0 であるため，メインローブの干渉がなく，図 (a), (b) ともにほぼ同一の値が得られている。一方，隣接する調波が同じ振幅で干渉する 50, 150 Hz の値は，切り出す時刻に依存して大きく値が変化している。特に，隣り合う調波の干渉が逆位相になる場合は，振幅が 0 になるため位相を定義できず，発散した結果が得られることとなる。

6.7.3 発散する時刻の瞬時周波数

図 6.8 (b) から，明らかに，分析時刻によっては特定の周波数で値が発散していることがわかる。ここでは，その振る舞いを具体的に導出する。この問題は，スペクトル包絡推定と同様に二つの調波の間で生じるため，4 章の TANDEM の説明で述べた条件を有する窓関数でパルス列を切り出すことを考える。二つの調波を $n\omega_{\mathrm{o}}$ および $(n+1)\omega_{\mathrm{o}}$ 〔Hz〕（n は整数）とすれば，$n\omega_{\mathrm{o}}$ から $(n+1)\omega_{\mathrm{o}}$ までの瞬時周波数がどのように振る舞うかを導出することになる。

まず 6.7.1 項と同様に，スペクトル $Y(\omega, \tau)$ とその時間微分である $\partial Y(\omega, \tau)/\partial t$ を求める。

$$Y(\omega, \tau) = e^{in\omega_{\mathrm{o}}\tau}W(\omega - n\omega_{\mathrm{o}}) + e^{i(n+1)\omega_{\mathrm{o}}\tau}W(\omega - (n+1)\omega_{\mathrm{o}}) \quad (6.33)$$

$$\begin{aligned}\frac{\partial Y(\omega, \tau)}{\partial t} = {} & i(\omega - n\omega_{\mathrm{o}})e^{in\omega_{\mathrm{o}}\tau}W(\omega - n\omega_{\mathrm{o}}) \\ & + i(\omega - (n+1)\omega_{\mathrm{o}})e^{i(n+1)\omega_{\mathrm{o}}\tau}W(\omega - (n+1)\omega_{\mathrm{o}})\end{aligned} \quad (6.34)$$

以下，式が煩雑になるのを避けるため，$W(\omega - n\omega_{\mathrm{o}})$ を α，$W(\omega - (n+1)\omega_{\mathrm{o}})$ を β と記載する。瞬時周波数が発散するということは，Flanagan の式における分母が 0 になることを意味する。まずは，分母である $|Y(\omega, \tau)|^2$ が 0 となる条件を探す。ここで，$Y(\omega, \tau)$ を以下のようにすると，以後の計算が簡単になる。

$$Y(\omega, \tau) = e^{in\omega_{\mathrm{o}}\tau}\left(\alpha + e^{i\omega_{\mathrm{o}}\tau}\beta\right) \quad (6.35)$$

ここからパワースペクトルを計算すると，以下が得られる。

$$|Y(\omega, \tau)|^2 = (\alpha + \cos(\omega_o \tau)\beta)^2 + \sin^2(\omega_o \tau)\beta^2 \tag{6.36}$$

$$= \alpha^2 + 2\alpha\beta \cos(\omega_o \tau) + \beta^2 \tag{6.37}$$

この式が 0 になる条件は，$\alpha = \beta$ かつ $\cos(\omega_o \tau) = -1$，あるいは $\alpha = -\beta$ かつ $\cos(\omega_o \tau) = 1$ である。最終的な結論は同様であるため，以下では前者を用いて導出する。二つの調波に振幅・位相差が存在する場合においても，それらの差を加味して上記が満足すれば，以後の計算は同様の手順で進められる。具体的には，振幅差は $\alpha = \beta$ の解に影響し，位相差は $\cos(\omega_o \tau) = -1$ を満たす時刻に影響する。$\cos(\omega_o \tau) = -1$ を満たす時刻について計算を進めると，以下となる。

$$|Y(\omega, \tau)|^2 = (\alpha - \beta)^2 \tag{6.38}$$

ハニング窓のような窓関数であれば，スペクトルは $0\,\mathrm{Hz}$ がピークで ω_o〔Hz〕に向かって減少していく。今回計算する範囲の $n\omega_o$ から $(n+1)\omega_o$ に限定すれば，α である $W(\omega - n\omega_o)$ は最大値から減衰していき，β は逆に最小値から $(n+1)\omega_o$ において最大値を持つように増加していく。よって，$\alpha - \beta$ は，正から負へと推移する関数となる。

$\cos(\omega_o \tau) = -1$ の条件を活用し，再度スペクトルを計算し直す。$\cos(\omega_o \tau) = -1$ であることは，0 から 2π の範囲において $\omega_o \tau$ が π であることを示す。すると，$e^{i\omega_o \tau} = -1$ が成立する。この性質を活用すると以下が得られる。

$$Y(\omega, \tau) = e^{in\omega_o \tau} \left(\alpha + e^{i\omega_o \tau}\beta\right) \tag{6.39}$$

$$= (-1)^n \left(\alpha - \beta\right) \tag{6.40}$$

時間微分も同様の手順で計算すると，以下となる。

$$\frac{\partial Y(\omega, \tau)}{\partial t} = i(-1)^n \left((\omega - n\omega_c)\alpha - (\omega - (n+1)\omega_o)\beta\right) \tag{6.41}$$

窓関数の波形が時刻 0 を中心に対称の振幅を持つ場合，スペクトルは実部のみを有する。したがって，$Y(\omega, \tau)$ の虚部と $\partial Y(\omega, \tau)/\partial t$ の実部はどちらも 0 となる。

$$\Re\left[Y(\omega,\tau)\right] = (-1)^n\,(\alpha-\beta) \tag{6.42}$$

$$\Im\left[\frac{\partial Y(\omega,\tau)}{\partial t}\right] = (-1)^n\left((\omega-n\omega_c)\alpha - (\omega-(n+1)\omega_o)\beta\right) \tag{6.43}$$

この二つの項の積を求めると以下となる。

$$(-1)^{2n}(\alpha-\beta)\left((\omega-n\omega_o)\alpha - (\omega-(n+1)\omega_o)\beta\right) \tag{6.44}$$

$$= (\omega-n\omega_o)\alpha^2 - (\omega-(n+1)\omega_o)\alpha\beta - (\omega-n\omega_o)\alpha\beta$$

$$\quad + (\omega-(n+1)\omega_o)\beta^2 \tag{6.45}$$

これを展開すると，以下が得られる。

$$\omega(\alpha^2 - 2\alpha\beta + \beta^2) - n\omega_o(\alpha^2 - 2\alpha\beta + \beta^2) + \omega_o\beta(\alpha-\beta) \tag{6.46}$$

$$= \omega(\alpha-\beta)^2 - n\omega_o(\alpha-\beta)^2 + \omega_o\beta(\alpha-\beta) \tag{6.47}$$

本項の初めに計算した分母が $(\alpha-\beta)^2$ であることから，Flanagan の公式に代入すると

$$\frac{\omega(\alpha-\beta)^2 - n\omega_o(\alpha-\beta)^2 + \omega_o\beta(\alpha-\beta)}{(\alpha-\beta)^2} \tag{6.48}$$

$$= \omega - n\omega_o + \frac{\omega_o\beta}{\alpha-\beta} \tag{6.49}$$

が得られる。瞬時周波数は Flanagan の式の符号を反転させて ω を加算することから，最終的な結果は

$$n\omega_o - \frac{\omega_o W(\omega-(n+1)\omega_o)}{W(\omega-n\omega_o) - W(\omega-(n+1)\omega_o)} \tag{6.50}$$

となる。ω が $n\omega_o$ であれば，第 2 項は 0 となるため，結果は $n\omega_o$〔Hz〕となり，求めるべき瞬時周波数と一致する。ω が $(n+1)\omega_o$ ならば，第 2 項が $-\omega_o$ となり，瞬時周波数は求めるべき値である $(n+1)\omega_o$ となる。

第 2 項の分母は，$W(\omega-n\omega_o) = W(\omega-(n+1)\omega_o)$ を満たす周波数において 0 となるが，$W(\omega-n\omega_o) - W(\omega-(n+1)\omega_o)$ は，周波数の増加に対して正から負へと推移する。区間内の分子はつねに正であるため，式 (6.50) は周波数に対して $y = 1/x$ と同様の振る舞いをすることになる。

引用・参考文献

1) 大賀寿郎，山崎芳男，金田　豊：音響システムとディジタル処理，電子情報通信学会 (1995)

2) 武岡成人，大内康裕，山崎芳男：音響信号のデータ変換と量子化雑音，日本音響学会誌，**73**, 9, pp. 585–591 (2017)

3) 河原英紀：ディジタル信号処理の落とし穴，日本音響学会誌，**73**, 9, pp. 592–599 (2017)

音声の加工技術

　音声の加工技術は，シンプルなものから複雑なものまで多岐にわたる。シンプルなものの例は，基本周波数を変えることによる高さの変換であり，高度なものとしては，特定の話者の音声を別人に変換するボイスチェンジャーなどがある。高度な変換には，統計的なアプローチが要求されることもあり，それだけで書籍が執筆できる程度に大きなトピックとなるため，ターゲットとしない。本章の目的は，音声を構成する三つのパラメータを加工するとなにが起こるのかを解説するとともに，高度な**声質変換**を学習するための基礎を述べることにある。現在のところ，高さの加工は基本周波数，音色の加工はスペクトル包絡であり，非周期性指標を積極的に加工するアプローチについては事例が少ない。

7.1　基本周波数の加工

7.1.1　基本的な加工

　基本周波数の加工は，知覚する音声の高さの加工である。音の高さに対する人間の知覚は**メル尺度**（mel scale）[1] で等間隔とされているが，初歩的な加工は，線形軸上での積で実現されている。最もシンプルな加工法は，基本周波数軌跡全体に特定の係数を乗ずることであり，以下の式で与えられる。

$$\hat{f}_o(n) = \alpha f_o(n) \tag{7.1}$$

なお，無声音には基本周波数が存在しないので，この演算は有声音についてのみ実施される。α が 1 より大きければ知覚する高さは高く，1 未満であれば低

くなる。語尾を上げるなどの加工では，変化率 α を時系列で与えることになる。この場合は，以下の式により加工される。

$$\hat{f}_0(n) = \alpha(n)f_0(n) \tag{7.2}$$

基本周波数加工のおもな特徴として，声を高く加工するより，低く加工するほうが品質劣化しやすいことが挙げられる。これは，スペクトル包絡と基本周波数との関連性によるものである。

　基本周波数が低い音声と高い音声の差は，スペクトルにおける調波の数であり，基本周波数と調波の数は反比例の関係にある。スペクトル包絡推定では基本周波数に基づく平滑化を実施しているため，基本周波数が低いほどスペクトル包絡における高次のケフレンシー成分が多く含まれる。これは，スペクトル包絡から求めた最小位相応答の持続時間が，基本周波数に反比例することを意味する。基本周波数を高く加工することは，基本周期を短くすることであり，ピッチ同期重畳加算における声帯振動のオーバーラップが加工前よりも大きくなる。一方，基本周波数を低く加工すると，本来の持続時間よりも短い時間の声帯振動となる。この非対称性が，基本周波数加工において，低く加工することのほうが品質劣化が大きくなることの根拠となる。

7.1.2　抑揚の大きさの加工

　抑揚（intonation; イントネーション）は，発話全体に対する基本周波数のパターンを指す。パターンには，上昇や下降など全体の傾向に対するものもあるが，ここでは抑揚の大きさを加工の対象とする。抑揚の大きさを向上させる加工は，通常発話と比較して基本周波数の高低の差が大きくなるようにすることとする。本項で紹介する加工法は，心理学分野で提案された方法[2]である。抑揚の大きさの加工は，対数基本周波数の積，つまり基本周波数のべき乗で実現する。この際，抑揚の大きさのみの加工が重要であるため，全体的な高さは変化しないような加工が望まれる。

　抑揚の大きさの加工は，以下の式により実現される。

$$\hat{f}_{\mathrm{o}}(n) = \bar{f}_{\mathrm{o}} \left(\frac{f_{\mathrm{o}}(n)}{\bar{f}_{\mathrm{o}}} \right)^{\alpha} \tag{7.3}$$

$$\bar{f}_{\mathrm{o}} = \left(\prod_{n=0}^{N-1} f_{\mathrm{o}}(n) \right)^{1/N} \tag{7.4}$$

ここで，N は基本周波数軌跡 $f_{\mathrm{o}}(n)$ の長さであり，無声音はカウントせず有声音のフレーム数とする。$\bar{f}_{\mathrm{o}}$ は，両辺の対数を求めることで

$$\log\left(\bar{f}_{\mathrm{o}}\right) = \frac{1}{N} \sum_{n=0}^{N-1} \log\left(f_{\mathrm{o}}(n)\right) \tag{7.5}$$

と，対数軸上で基本周波数軌跡の平均値を求めた結果を線形軸に変換した結果であることがわかる。

この方法により抑揚の大きさを加工した例を図 **7.1** に示す。三つの曲線が 2 か所（178 ms と 494 ms）で交差しており，交差時刻における基本周波数が $\bar{f}_{\mathrm{o}}$ に対応する。α が 1.5 の場合，基準と比較して，$\bar{f}_{\mathrm{o}}$ より高い周波数はより高く，低い周波数はより低く加工されていることが確認できる。α が 0.5 の場合は逆の傾向であり，α を 0 にすると全時刻の値が $\bar{f}_{\mathrm{o}}$ となる。この方法は，有声音となるフレームすべてを用いて $\bar{f}_{\mathrm{o}}$ を計算するため，長時間の発話において適切な加工がなされるとは限らない。話し方や感情により部分的に基本周波数が変化した場合は，特定の区間を切り出して個別に抑揚を加工する必要がある。

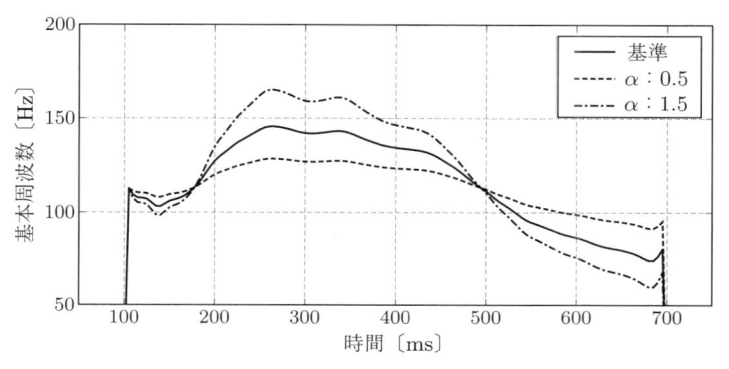

図 7.1 抑揚の大きさを加工する例。α が 1 より大きければ抑揚が大きく，1 未満であれば小さく加工される。

この加工法を提案した文献2) では，抑揚の大きさを制御して合成した音声を用いて，音声から知覚する**性格印象**の変化を評価している。このような心理実験は，高品質な音声でなければ品質の劣化そのものが気になってしまうため，STRAIGHT が提案された以降に進められるようになった。高品質音声分析合成システムは，音声の知覚メカニズムを知るための基盤ツールとしての役割も担うことを示している。

7.1.3　基本周波数操作を行うための軸変換

人間の知覚特性が対数軸上で等間隔であることは，ウェーバー・フェヒナーの法則やスティーヴンスのべき法則からも示されている。一方，これは近似的であり，実際の高さの知覚についてはメル軸上で等間隔といわれている。周波数軸とメル軸は非線形の関係があり，おもに低域において対数よりも線形に近い特性を有する。したがって，対数軸上で基本周波数を線形に変化させた場合でも，低い周波数レンジでは抑揚の大きさが広がって知覚されてしまうことがある。

この問題に留意した方法が，人間の高さの知覚的尺度であるメル尺度上における変換[3] である。メル尺度は以下の式により変換できる。この変換された軸を，本書ではメル軸と呼称して利用する。

$$\mathrm{mel}(f) = 1\,127.010\,48 \log \left(\frac{f}{700} + 1 \right) \tag{7.6}$$

この係数は文献4) によるが，これ以外にもいくつかの係数が提案されている。ただし，どの係数においても，低域は線形，高域になるほど対数という傾向は共通する。基本周波数を対数軸上ではなくメル軸上で変換することにより，高さの知覚に対する聴覚印象との対応の良い変換が実現される。このアプローチは，単純な高さの変換だけではなく，抑揚の大きさの加工にも有効であり，むしろ現在ではメル軸上での変換が推奨されている[3]。

7.2 スペクトル包絡の加工

基本周波数は1次元の時系列であるため，比較的加工は容易であった。一方，スペクトル包絡は，各フレームについて多次元のパラメータとして与えられるため，その加工は基本周波数よりも複雑になる。各フレームのスペクトル包絡を勝手気ままに変えてしまうやり方も，もちろん加工法の一つである。ただし，スペクトル包絡は，目視ではスペクトログラム上の微妙な差であっても，知覚する音色の差は大きく，注意深く加工しないと品質の高い音声は得られない。特定の周波数における値の変化が知覚にどのような変化をもたらすかが予測しにくいため，現在のところは特定のモデルを用いてパラメータを加工する方法が，比較的よく利用されている。

7.2.1 加工に関する基本的な考え方

スペクトル包絡の加工は音色の加工であるが，知覚的になにを変化させたいかを考える必要がある。代表的なパラメータはフォルマントであり，これは知覚する母音を決定付ける手がかりとして利用される。そのほかにも，例えば**スペクトル重心**（spectral centroid）が提案されており，声質の定量的な分析に利用される。スペクトル重心は以下の式により定義されており，知覚する声の明るさに対応するパラメータであるとされる。

$$S_c = \frac{\displaystyle\sum_{k=0}^{N/2} f(k)A(k)}{\displaystyle\sum_{k=0}^{N/2} A(k)} \tag{7.7}$$

$$f(k) = \frac{f_s}{N}k \tag{7.8}$$

ここで，f_s は標本化周波数に，N は FFT 長に，$A(k)$ は離散周波数番号 k における振幅に対応する。スペクトル重心と知覚する声の明るさに対応関係がある

ことを前提に考えると，音声の明るさを向上させるためには，高域を強調する加工が効果的であると考えられる。ただし，例えばナイキスト周波数近辺のパワーを極端に強調する加工は，スペクトル重心は変化するが品質が大きく劣化する。この理由は，スペクトル包絡を構成する調音フィルタにより説明できる。

調音フィルタは，声帯振動が声道から口元まで通過する際に音色付けされたフィルタ特性を近似するものである。これは，声帯から口元までの形状に縛られた特性しか与えることができないことを意味する。前述のナイキスト周波数周辺のみ極端に強調するスペクトル包絡の加工は，どのような声道形状であっても実現不可能な特性になる危険性がある。このような加工がなされた音源の品質は不自然なものとなることから，スペクトル包絡の制御は，声道形状に不自然さが生じないような制約条件下で考えなければならない。

この問題に対処する方法として，なんらかの方法により声道形状に相当する**声道断面積関数**（vocal tract area function; **VTAF**）を推定し，加工するアプローチも存在する。VTAF は，声帯から声道までを N 等分し，声帯位置からの距離に対応する断面積をパラメータとすることで声道形状を近似する関数である。計測については，**MRI**（magnetic resonance imaging）を用いた方法[5]や，波形から直接推定する方法[6]が検討されている。VTAF は口の形状を大まかに近似できるため，「口元をすぼめた発声」にする加工などを，スペクトル包絡を直接加工するよりも直感的に実現できる。しかしながら，VTAF を安定して推定する方法が確立しておらず，推定ミスに起因する劣化が問題になる。スペクトル包絡は，基本周波数と比べて加工方法と音色との対応付けが難しく，現状の技術では，高品質を保つための制約条件が基本周波数の加工よりも複雑になる。

7.2.2 フィルタリングによるスペクトル包絡の加工

最も簡単な加工は，時間波形における畳み込みに相当する演算によるものである。適切な変換関数 $\alpha(k)$ を設計し，スペクトル包絡に乗ずることで実現される。

$$\hat{H}(k) = \alpha(k)H(k) \tag{7.9}$$

$\alpha(k)$ が k に依存せず一定値であれば，声帯振動の大きさを加工することになる。フィルタリングによる加工は，特定の周波数レンジを強調・減衰する程度であれば直感的である。最小位相応答の持続時間に与える影響は，$\hat{H}(k)$ の周波数微分を全周波数について積分した結果から算出できる。過度な変化を有する場合，過渡応答が音色のひずみとして知覚される。

　もう一つは，リフタリングの考えに基づきスペクトル包絡にフィルタを畳み込む演算である。

$$\hat{H}(k) = \beta(k) * H(k) \tag{7.10}$$

こちらは，スペクトル包絡の平滑化や先鋭化のために行われ，例えばフォルマントの強調などを可能にする。ただし，$\beta(k)$ によっては周辺の周波数まで影響が及ぶことになり，品質劣化へと繋がる可能性が生じることに注意する必要がある。

　スペクトル包絡にフィルタを畳み込む演算では，対数スペクトル包絡に対して処理を行うと品質の劣化を避けられる可能性がある。スペクトル包絡は振幅情報であり負値は認められないが，フィルタの係数によっては負値が生じることもある。また，平滑化などの処理ではフォルマントに相当するピークが鈍るため，加工後の音色が鼻声的に劣化することも知られている。対数スペクトル包絡に対してフィルタリングを行うことは，これらの問題を解決するため，相対的に品質劣化を抑制できる。

7.2.3　スペクトル包絡の伸縮による音色の加工

　容易に実現可能であり劣化の少ない方法の一つとして，スペクトル包絡の周波数軸の伸縮について紹介する。例えば，全体を α 倍に伸縮する加工は，以下の式により実現される。

$$\hat{H}(\alpha k) = H(k) \tag{7.11}$$

αk は必ずしも整数とはならないため，実際の演算では線形補間を用いる必要がある。この加工では，図 7.2 のように，周波数軸を伸縮する効果がある。

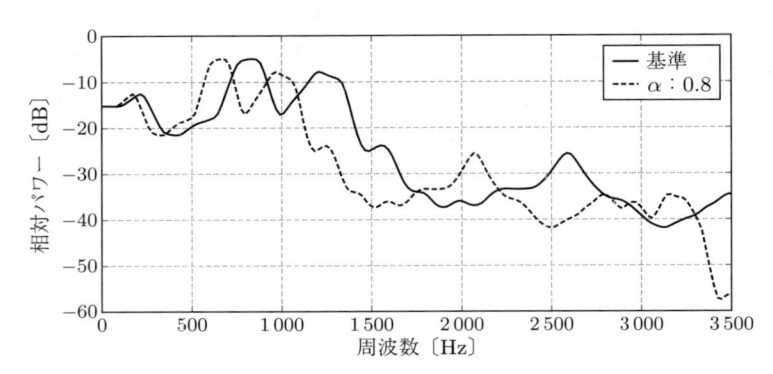

図 7.2 スペクトル包絡の伸縮の例。全体を 0.8 倍に縮小している。

　スペクトル包絡の伸縮が比較的よく利用される背景には，この変換が音響管モデルの加工を用いて物理的に結び付くことが挙げられる。4 章では，大雑把な計算として 17 cm の音響管の最も低い共鳴周波数が 500 Hz であることを説明した。α 倍に音響管の長さを伸縮することは，共鳴周波数を $1/\alpha$ 倍にすることに相当する。したがって，パラメータ α は，スペクトル包絡を α 倍に伸縮する効果があり，これは声道長を $1/\alpha$ 倍にすることと等価であると解釈できる。

　αk がナイキスト周波数となる k まで値を求める必要があることから，α が 1 未満になる場合，$H(k)$ はナイキスト周波数より高い周波数の値までを含むことが要求される。これは，折り返しの成分をそのまま与えること，あるいは線形補間の外挿により値を求めることで対処できる。α が 1 に近ければ，どちらを用いても大きな影響は存在しない。α が比較的小さく，また標本化周波数が低い場合は，フォルマント帯域まで折り返す可能性があるため，外挿を用いたほうが安全である。ただし，外挿では 0 以下，あるいは極端に大きなパワーを与える可能性があるため，対数パワースペクトルに対して処理する，スペクトルの傾斜が 0 を超えないようにするなどの調整が必要となる。

7.3 発話時間の加工

5 章の非周期性指標推定でも説明した時間軸の伸縮は，そのまま発話時間の加工に利用できる。ここでは発話時間の線形伸縮についてのみ説明する。前提となる注意点として，発話時間の加工は，本書で説明した 3 種のパラメータすべてに対して同様に行う必要がある。

$$\hat{f}_o(\alpha n) = f_o(n) \tag{7.12}$$

$$\hat{H}(k, \alpha n) = H(k, n) \tag{7.13}$$

$$\hat{A}_p(k, \alpha n) = A_p(k, n) \tag{7.14}$$

この例では，発話時間が α 倍となる。これは，1 より大きい α を設定することで，話速が低下するように加工することを意味する。発話時間が話者の性格印象に与える影響に関する研究[7] があり，音声加工技術はこのような研究をサポートできる。

時間軸の伸縮は，特に無声音について注意が必要である。この方法により発話時間を 2 倍に引き延ばすと，破裂音の時間も 2 倍になる。音声合成時にはホワイトノイズで励起するため，破裂音の時間長が長くなることは，破裂音が摩擦音化することを意味する。

7.4 複数パラメータを組み合わせた加工

前述の加工は，各物理パラメータを加工する基本的な手段である。目的に応じて複数の方法を組み合わせることで，より柔軟な音声加工を実現することができる。この際，加工前の音声，加工後の音声がどのような特徴を有するかを吟味し，適切な加工を行うことが求められる。ここでは，比較的容易な加工法として，性別の変換と有声音の無声化（ささやき声化），音高錯覚の三つについて説明する。

7.4.1 性別の変換

男性と女性の音声を比較すると，女性の声のほうが男性の声よりも平均的に基本周波数が高い。しかしながら，男性の声を女性の声の平均的な高さに制御したとしても，女性らしい発話は得られない。この理由として，男性と女性では，声の高さだけではなくその他のパラメータも異なることが挙げられる。代表的な違いの一つは声道長である。男性と女性とでは平均的に身長が異なり，男性のほうが平均的に長身である。この傾向は，顔の大きさや声道についても同様である。

以上のことから，基本周波数と声道長には明確な対応があり，文献8) でも相互作用について議論されている。男性の音声の基本周波数のみ高くする加工は，声道形状を固定したままであるため，話者性は固定される一方，一定以上の範囲に変換すると違和感が生じる。基本周波数の変化率 α と声道伸縮のパラメータを対応させることで，性別に相当する知覚的パラメータを制御する方法が提案されている。

$$\hat{f}_\mathrm{o}(n) = \alpha f_\mathrm{o}(n) \tag{7.15}$$

$$\hat{H}(\alpha^{1/3}k) = H(k) \tag{7.16}$$

この対応関係はつねにベストであるとは限らず，自然な変換結果を得るためには，入力音声に応じてある程度試行錯誤的にパラメータを吟味する必要がある。また，この変換では話し方などの情報は固定されているため，音色の違和感は少ない一方，話し方に違和感が生じる可能性もある。

7.4.2 有声音のささやき声化

話し声をささやき声に変換する方法も，ある程度検討が進められている[9), 10)]。ささやき声は声帯振動を伴わない無声音であるため，有声無声判定結果をすべて無声音とすれば，ホワイトノイズにより励起された音声が合成できる。しかしながら，スペクトル包絡には声帯振動と放射特性に基づく，おおむね $-6\,\mathrm{dB/oct}$ の傾斜が含まれており，声帯振動を伴わない場合にはこの影響は含まれない。

単に有声無声判定を操作するだけでは，低域が強調された違和感のある音声が合成されることになる。ささやき声のスペクトルは，1 kHz 以下の帯域が減衰している[9]など，有声音とは異なる包絡特性を有することも知られている。

合成された波形を $x(n)$ とすると，以下の式により比較的簡単に処理することができる。

$$y(n) = h(n) * (x(n) - 0.97x(n-1)) \tag{7.17}$$

"*" 以下の括弧内は，おおむね 6 dB/oct の傾斜を有するフィルタに相当し，$h(n)$ は高域通過フィルタである。高域強調についても声帯振動のみであれば -12 dB/oct であるが，高域に非周期的な成分に伴う雑音が含まれるため，12 dB/oct の強調では高域が強すぎることになる。高域通過フィルタについても，あらゆる音声に対して最適な遮断周波数と減衰量は存在せず，加工結果に基づいて試行錯誤的に調整することが求められる。音声の加工については，加工元の音声の特性が画一的ではないため，加工に最適なパラメータについては独自に吟味して最適化することが必要となる。

7.4.3 音 高 錯 覚

最後に，最近発見された**音高錯覚**について紹介する。この現象は内田[3]により 2016 年に発見され，その後詳細について知覚実験がなされている。視覚でいう**錯視**に相当する錯聴現象であり，いまのところその具体的な知覚メカニズムは明らかにされていない。音高錯覚を理解する前提として，いくつかすでに知られている現象を説明する必要がある。

〔1〕 音高錯覚の概要

これまでにも説明したとおり，基本周波数を上昇・下降させる変換は，知覚する高さの変化に対応する。知覚する高さの変化については，基本周波数を変化させずにスペクトル包絡を伸縮させる**声道長伸縮**においても観測される。声道長を拡大する変換結果は低い声として，逆に声道長を縮小する変換結果は高い声として知覚される。ここで，基本周波数の上昇と声道長を拡大する変換を

組み合わせると，両方の変換比率が特定の条件を満たす場合において，基本周波数が上昇（下降）しているにもかかわらず知覚する高さが低下（向上）する。これが，音高錯覚の基本的な特性である。

　音高錯覚の興味深い点は，この逆転現象は，基本周波数の抑揚の大きさを低下させることで消失することにある。すなわち，基本周波数の上昇，声道長の縮小を逆転現象の起きる条件で行いつつ，さらに抑揚の大きさを低下させる変換を行うと，一定の範囲まで抑揚の大きさを低下させることで逆転現象が消失する。抑揚を 0 にすると，明確に基本周波数の差がそのまま知覚する高さとなり，逆転現象は生じない。

〔2〕　音高錯覚の作り方

　この現象を再現するには，これまで説明した基本周波数の上昇・下降，スペクトル包絡の伸縮，抑揚の大きさの変化を組み合わせた変換を実装すればよい。分析合成システムには，STRAIGHT や WORLD のような高品質音声分析合成システムが必須とされている。また，基本周波数の変換については，メル軸上で処理する必要がある。

　具体的な変化量として，基本周波数の上昇・下降量については ± 20 mel 程度までであり，声道長の伸縮については，0.86 から 1.14 程度までが検証されている。各音声について適切な比率の組合せを検証し，その後抑揚の大きさを制御することで逆転現象が消失していく様子を観察することが可能である。この現象は未解明なところもあり，具体的な条件は明らかにされていない。抑揚がなければ逆転現象が生じないことから，特定の幅の基本周波数，スペクトル包絡伸縮が条件を満たす場合において，抑揚の大きさが知覚する高さの手がかりになる可能性が示唆される。このように，近年発達した高品質音声分析合成は，心理学分野において新たな現象を発見するための基盤ツールとして利用されており，未知の特性の発見に寄与している。

7.5　音声モーフィング

　音声モーフィング（voice morphing）は，同一テキストを話す二つの音声から中間的な印象の音声を作り出す技術である。モーフィングにより生成された音声と新たな音声でのモーフィングもできるため，原理的には任意の個数の音声のモーフィングが可能である。STRAIGHT により得られたパラメータに基づく音声モーフィングの原型は，2003 年に提案された[11]。二つの波形をそのまま足して 2 で割る処理は，単に二つの波形が同時に再生されるのみであり，モーフィングとはならない。音声をモーフィングするためには，音声からパラメータを取り出し，各パラメータについて適切にモーフィングするための手続きが必要となる。

　音声モーフィングは修正されたアルゴリズムがいくつか存在し，文献12) が比較的よく利用されている。その後もアルゴリズムの改良がなされ，最新のバージョンは文献13), 14) などにより解説されている。観念的な説明については，文献15) が参考になる。信号処理は複雑で，その詳細は本書で扱うべき範囲を超えるため割愛し，ここでは最も基礎的な 2003 年のバージョンについての説明に留める。それでも，2009 年以降のバージョンに通じる重要な考え方が含まれている。

7.5.1　時間・周波数軸上のラベル付け

　音声モーフィングを行う最初のステップとして，フォルマントが変化する時刻とフォルマントに相当する**対応点**をスペクトログラムに与える。一般的に母音の違いは第 1，第 2 フォルマントの分布の違いとして観測されるが，**図 7.3** に例を示すように，実際の発話はフォルマントが連続的に変化する。まずは時間方向について対応付けを行い，人間が音声を聴取して経験的に妥当と思われる時刻を与える。音素の数を揃えて**音素境界**で対応付ける必要は必ずしもなく，フォルマントの変化がある程度線形と見なせる範囲を勘案して過不足なく与え

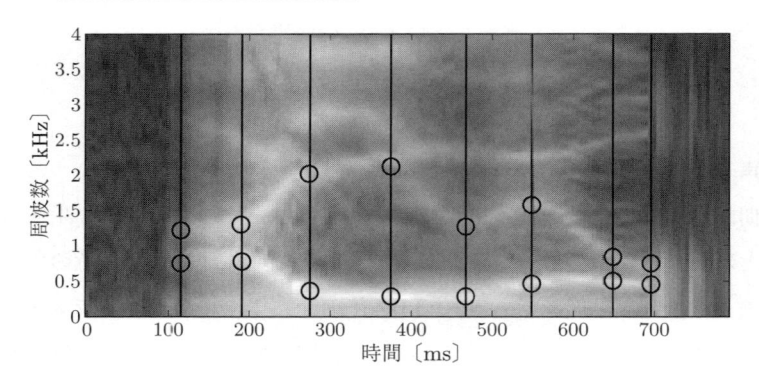

図 7.3 スペクトログラムと対応点との関係。音声は男性の/aiueo/である。音声モーフィングでは，フォルマント軌跡を段階的に変化させる必要があるため，音素境界だけではなくフォルマントの動きを見て必要数の対応点を付ける必要がある。

ることが，品質を高めるコツとなる。その後，該当する時刻においてフォルマントに相当する周波数に対応点を与える。モーフィング対象となる 2 音声について同数の対応点が与えられることになる。フォルマント変化の傾向は 2 音声で異なることもあるため，時間方向の対応点を与えすぎると，2 音声間での対応がとれなくなることに注意する必要がある。

これはスペクトログラムについての処理であり，非周期性指標については，スペクトログラムに行った処理とまったく同じ処理を行うことが一般的である。基本周波数については，時間方向の対応点のみを利用する。

7.5.2　時間・周波数軸の非線形伸縮

ついで，スペクトル包絡の**区分線形補間**による非線形伸縮について説明する。非線形伸縮は，以下の式における $\alpha(k)$ を対応点に基づいて設計することになる。

$$\hat{H}(\alpha(k)) = H(k) \tag{7.18}$$

ここで，$H(k)$ は対数スペクトル包絡とする。音声モーフィングでは，対数スペクトル包絡を対象に処理を行う。

この非線形伸縮の目的は，対応点が与えられたフォルマントを，目的とする

周波数にシフトすることである。図 **7.4** を例にすると，三角の点のフォルマントを対象に，第 1 フォルマントを 20 ％低く，第 2 フォルマントを 20 ％高く伸縮する関数が図 (a) である。フォルマントの周波数において目的となる伸縮率となるように丸点を与え，間を線形補間により繋いだ関数が $\alpha(k)$ である。この関数により非線形伸縮することで，図 (b) のようにフォルマントを任意の周波数へシフトさせることができる。なお，基本周波数については，時間軸方向について同様の処理を行う。

$$\hat{f}_{\mathrm{o}}(\alpha(k)) = f_{\mathrm{o}}(k) \tag{7.19}$$

こちらも，対応点に応じて任意の時刻に非線形で伸縮することを意味する。スペクトル包絡と同様に，基本周波数についても対数軸上で処理する必要がある。

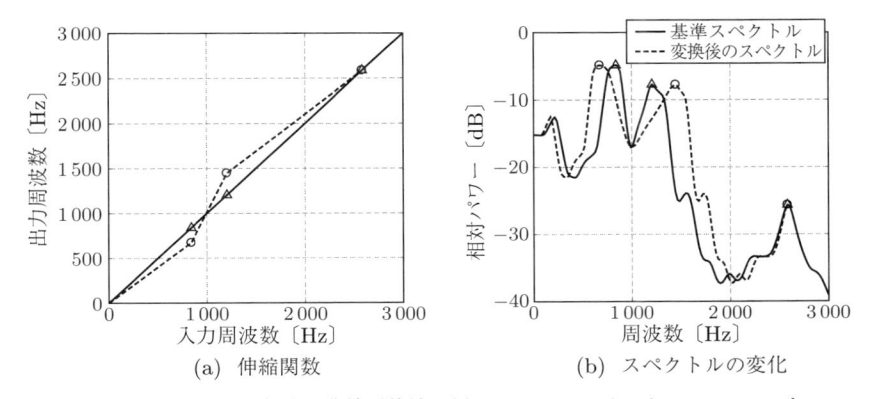

(a)　伸縮関数　　　　　　　　(b)　スペクトルの変化

図 **7.4**　スペクトル包絡の非線形伸縮の例。モーフィングでは，フォルマントに相当する周波数に点（図中の△）を付し，それぞれについて伸縮率を決定する。図 (a) の破線は非線形伸縮関数であり，点と点との間は区分線形補間により決定する。この例では，第 1 フォルマントを 20 ％低く，第 2 フォルマントを 20 ％高く伸縮している。

まずは，時間軸，周波数軸それぞれの非線形伸縮法について説明したが，音声モーフィングでは，時間周波数表現上で対応点を任意の場所にシフトさせる必要がある。この処理は，図 **7.5** のように，これまで説明した時間軸の非線形伸縮をまず行い，その後各フレームについて周波数軸の非線形伸縮を行うこと

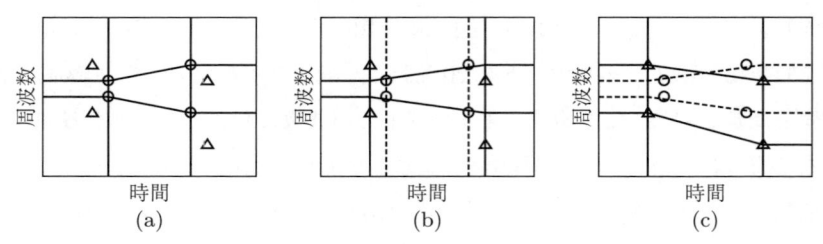

図 7.5 モーフィングにおける非線形伸縮の例。図 (a) は元の時間周波数表現で，〇の位置に対応点が打たれており，それを△の位置に移動させることを目指す。図 (b) は時間方向について区分線形補間を実施した結果，図 (c) は，時間方向の非線形伸縮後，各フレームについて周波数軸を区分線形補間により非線形伸縮した結果を示している。

により実現する。まずは，図 7.5 (b) のように，各離散周波数について同一の関数により時間軸方向の非線形伸縮を行う。その後，各フレームについて周波数軸の非線形伸縮を行う。各フレームにおける周波数軸の対応点と伸縮率は，2 時刻の対応点となる周波数の線形補間により与える。これら一連の処理により，図 7.5 (c) のように時間周波数表現における非線形伸縮が完了する。なお，時刻 0 から最初の対応点，および最後の対応点から最後の時刻までの周波数伸縮関数は同一のものを用いる。

7.5.3　伸縮された時間周波数表現における加重平均

二つの音声 A, B に対応点 (t_a, ω_a), (t_b, ω_b) が与えられているとする。モーフィング率を β として与えた場合，両音声の対応点を $((1-\beta)t_a+\beta t_b, (1-\beta)\omega_a+\beta\omega_b)$ にシフトさせる処理を行う。β が 0 の場合の対応点は (t_a, ω_a) となり，β が 1 の場合の対応点は (t_b, ω_b) となる。音声 A のスペクトログラムを $H_a(k, n)$，対応点のシフト後のスペクトログラムを $\hat{H}_a(k, n)$ とし，音声 B についても同様に $H_b(k, n)$，$\hat{H}_b(k, n)$ とする。モーフィング後のスペクトログラム $H(k, n)$ は，以下で与えられる。

$$H(k, n) = (1 - \beta)\hat{H}_a(k, n) + \beta\hat{H}_b(k, n) \tag{7.20}$$

β が 0 であれば，$H_a(k, n)$ がそのまま使われるため音声 A の分析合成音と一致

し，同様に β が 0 ならば，音声 B の分析合成音と一致する。基本周波数についても同様の手順で処理できる。

音声モーフィングの品質は，フォルマント周波数の近い音声同士であればスペクトル包絡の周波数伸縮量が少ないため比較的高く，男性・女性のモーフィングでは品質が低下しやすい。また，モーフィング率が 0.5 のとき，スペクトルの変化が大きくなり，最も品質が低くなるとされている。音声モーフィングは，同一の文章であり対応点を付与するという前処理に手間がかかるものの，2音声の中間的な印象の音声が合成可能という利点は大きく，性別や個人性だけではなく感情などのモーフィングにも利用される。

7.5.4 モーフィングの拡張

具体的な説明はしないが，モーフィング率を時系列で与えるための拡張も存在する。これを活用すれば，発話の開始から終了にかけて，段階的に別人に変化するような音声を合成できる。歌声合成への拡張では，基本周波数とスペクトル包絡で別のモーフィング率を与える**歌声モーフィング**（singing morphing）[16]が提案されている。歌い方はおもに基本周波数軌跡に表れるため，同じ人に別人の歌い方をさせるような加工が実現できる[17]。

信号処理的な側面としては，対数軸の時間周波数表現において伸縮・重み付き加算を実現するほか，モーフィング過程で時間・周波数軸の**単調増加性**を保証するための工夫をする必要がある。このようなさまざまな工夫についての説明は本書の範囲を超えるため割愛するが，基本的なモーフィングであれば，本書の説明により実装することが可能である。信号処理の工夫は，時間周波数表現が破綻することがないようにすることが，おもな目的となる。特に，モーフィング率が 0 以下，あるいは 1 以上で外挿しても破綻させないことが目的であるため，0 から 1 の範囲で時間的に変化しないモーフィング率であれば，本書で説明した範囲の内容で問題は生じない。

7.6　歌声合成への応用

　歌声の合成にはいくつかのアプローチがあり，歌詞と譜面から歌声の波形を生成する VOCALOID に代表されるソフトウェアが広く利用されている。これとは別に，人間の歌声を加工することでピッチの補正を行う技術があり，これを利用した Auto-Tune や Melodyne などのソフトウェアが販売されている。これらのソフトウェアにより歌声を加工する場合についても，歌声がどのような特性を持っているかを知ることには，加工の手がかりを手に入れるために意味がある。

　歌声を構成するパラメータは歌手個人へ大きく依存するため，例えば特定の歌手の特徴を別の歌手に与える場合，歌手間の音響的特徴の差などにより最適な変換法やパラメータは変化する。本節では，歌声が有する特徴と話し声との相違点について説明し，歌声加工の基礎について述べる。用いるパラメータは一例であり，つねに最適性が保証されるものではなく，加工対象の音声によっては品質が保たれない場合も多いことに注意する。

7.6.1　歌声の高さに関する単位

　これまでの章では，基本周波数の高さは Hz で記載していたが，ここでは歌声を扱うため，音楽分野で用いられる単位として **cent**（セント）を紹介する。cent は Ellis により提案されたとされており，**十二平均律**の半音を $100\,\mathrm{cent}$ として定義する単位である。十二平均律では 1 オクターブが 12 等分されるため，1 オクターブは $1\,200\,\mathrm{cent}$ となる。オクターブは周波数が倍になる間隔であり，対数軸上で等間隔であることから，cent も対数軸上で等間隔であり，以下の式により得られる。

$$c(f) = 1\,200 \log_2 \left(\frac{f}{440} \right) + 5\,700 \tag{7.21}$$

$$f(c) = 440 \times 2^{(c-5\,700)/1\,200} \tag{7.22}$$

f が周波数〔Hz〕で c が cent である。また，cent は各**音名**（pitch name）に対応しており，ここでは，基準音である A4（440 Hz）を 5 700 cent として求めている。cent への変換式に含まれる 440 と 5 700 は，任意の係数の組合せで同様の結果を得ることができるため，cent への変換式はこれに限られない。A は音名に相当し，日本で広く使われている「ドレミファソラシ」の表記では「ラ」に相当する。4 はオクターブに相当する定義であり，A3 は 220 Hz，A5 は 880 Hz となる。

7.6.2　微 細 構 造

人間の歌声は，基本周波数を固定して発声したとしても，完全には固定できず微細な振動成分が加わる。譜面に基づく基本周波数は階段状に変化するのに対し，歌声合成で各音符に相当する基本周波数部を完全に固定すると，人間らしい歌声を生成することはできない。そのため，話し声については，Klatt により提案された緩やかな変動成分[18] を与えることで，自然さが向上するとされている。

$$\Delta f_{\mathrm{o}}(t) = \frac{\mathrm{FL}}{50} \frac{f_{\mathrm{o}}}{100} \left(\sin(2\pi 12.7t) + \sin(2\pi 7.1t) + \sin(2\pi 4.7t) \right) \quad (7.23)$$

ここで，FL は**フラッター**（flutter）に相当するパラメータであり，25 ％が良いとされている。

歌声の場合は，ホワイトノイズを基盤に微細変動を構成する方法が提案されている[19]。これは，歌声に含まれる微細変動の周波数がおおむね 15〜20 Hz 程度であり，振幅が ±20 cent であることに着目し，ホワイトノイズに該当する成分のみを残す低域通過フィルタを通すことで得られる。例えば，遮断周波数 10 Hz で −20 dB/oct の傾斜を有する低域通過フィルタを通し，最大振幅が 5 Hz となるように調整したものを $\Delta f_{\mathrm{o}}(t)$ とする方法が提案されている。

7.6.3　ビ ブ ラ ー ト

主要な歌唱表現の一つとして，**ビブラート**について説明する。ビブラートは，音を伸ばした歌唱において，その音高を保ちつつ高さなどを細かく振動させる

歌唱表現である。ビブラートを適切に制御することは重要な意味を持ち，歌声合成ソフトウェアにもビブラートを加工する機能が備えられている。ビブラートの表現は多岐にわたり，**図 7.6** のように歌手によってその表現方法はある程度異なる。ビブラートを構成するパラメータについてはいくつか検討がなされており，以下の五つのパラメータについて歌手間に違いが存在することが示されている[20]。

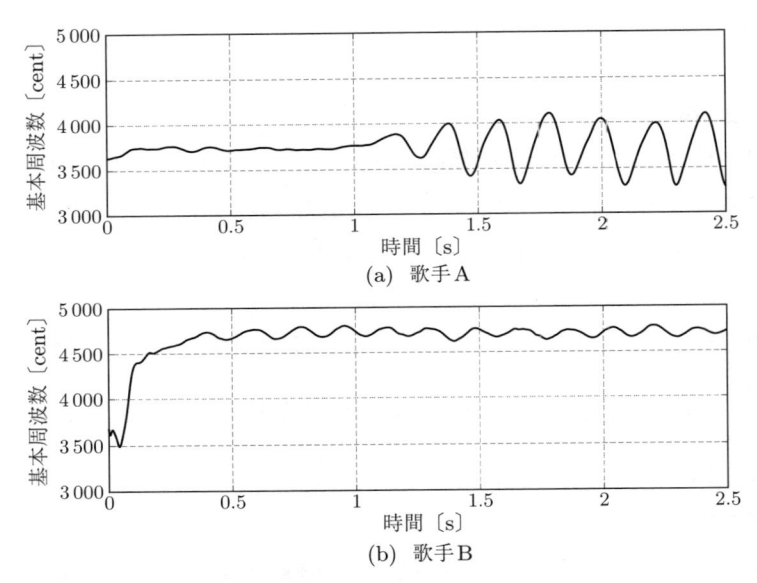

(a) 歌手A

(b) 歌手B

図 7.6　2 名の歌手から求めたビブラートの基本周波数軌跡

〔1〕　ビブラート速度とビブラート振幅

　ビブラートは基本周波数の周期的な振動で表現されるため，その振動の速さと深さがビブラートを構成する主要なパラメータとなる。ここでは，文献21) で示された計算方法を，**図 7.7** を例に説明する。基本周波数軌跡のピークとディップを検出し，それぞれを繋いで振幅包絡としたものが図中の破線である。各ピークとディップの間隔を R_n とし，図中に示される振幅を E_n と定義すると，速さ v_r と深さ v_e は以下の式により与えられる。

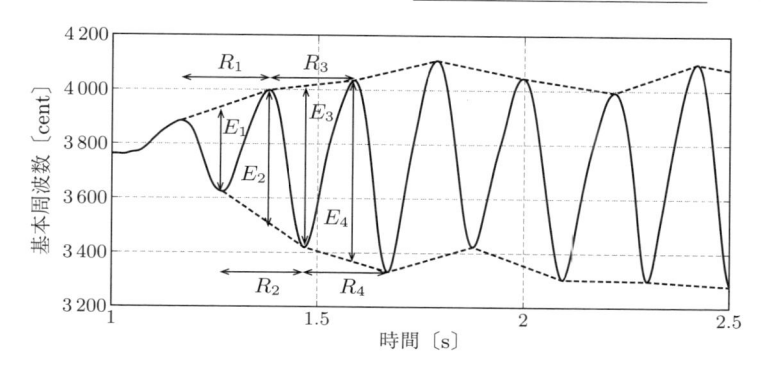

図 7.7 ビブラートを構成するパラメータ決定に必要な基礎パラメータ R_n と E_n。図では 4 番目までしか記載していないが，実際の計算では全ビブラート区間の R_n と E_n を求めてパラメータ計算を実施する。

$$\frac{1}{v_r} = \frac{1}{N} \sum_{n=1}^{N} R_n \tag{7.24}$$

$$v_e = \frac{1}{2N} \sum_{n=1}^{N} E_n \tag{7.25}$$

各パラメータの R, E は，それぞれ rate, extent から与えている。なお，振幅については，平均値からの振幅として全体を 2 で割る演算が含まれているが，省略して計算することもある。

〔2〕 **ビブラート速度の時間変動**

ビブラートの速さと深さは一定ではなく，時間とともに変化することが知られている[22]。v_r と v_e は平均的な速さと深さを求めることが可能であるが，区間中でどのように変化したかを求めることはできない。そこで，ビブラートの速さ，深さに関する時間変動を与えるための指標についても検討されている。

ビブラートの速さの変化については，基本周波数軌跡を時系列信号と見なした際の瞬時周波数 $r(t)$ から求める。具体的には，瞬時周波数をモデル化する以下の式における β として定義される。

$$\hat{r}(t) = \alpha e^{\beta t} \tag{7.26}$$

ここで，$\hat{r}(t)$ がモデル化された瞬時周波数である。この式は，ビブラートが時

間とともに指数関数で変化するモデルであり，β が大きいほど時間に対する変化が大きく，β が小さいほど変化が小さくなる特徴を有する。最も $r(t)$ を良く近似する α と β を求め，β をビブラートの速さの時間変動と定義する。

〔3〕　ビブラート振幅の時間変動

ビブラート速度の時間変動成分と同様に，振幅の時間変動についても求める必要がある。瞬間的な振幅は，基本周波数軌跡に対する**瞬時振幅**として与えることができる。瞬時振幅は，$f_o(t)$ に対して計算されたヒルベルト変換 $f_h(t)$ から求めた $|f_h(t)|$ が対応する。ビブラート振幅の時間変動については，この瞬時振幅の標準偏差を求めることで計算する。

〔4〕　ビブラートの長さ

図 7.6 から明らかなように，ビブラートは歌唱区間すべてにおいてかけるのではなく，途中からかけることもある。最後のパラメータは，歌唱区間とビブラート区間の比率で定義されるビブラートの長さ v_d である。v_d は，全体区間におけるビブラート区間の比率として与えられるため，最小値が 0（つまりビブラートをまったく含まない）であり，最大値が 1 となる。歌手の個人性は，これら五つのパラメータによりある程度分けられることが示されている。

〔5〕　ビブラートが振幅に与える影響

これまでの説明で述べたビブラートの特徴は，すべて基本周波数の軌跡に対して与えられたものである。一方，ビブラートは波形の**振幅包絡**にも影響することが知られており，**図 7.8** のように正弦波的な振動が同期していることが確認できる。ビブラートを含まない歌唱にビブラートを合成する処理では，元の基本周波数軌跡に正弦波を加算することになる。その軌跡を $\sin(2\pi v_r t)$ とすると，$1 + \alpha \sin(2\pi v_r t)$ として波形の振幅に乗ずることで，より自然なビブラートを合成できるようになる。この α は振幅変動の大きさに対応するパラメータであり，自然な歌声となるよう任意の値に設定される。歌唱表現は歌手それぞれにバリエーションがあるため，ビブラートのパラメータに限らず，特定の値だけを使って自然に合成できるわけではない。歌手の特性に合わせて任意の組合せを与えることが歌声合成の課題であり，いまだ自動化が困難な領域である。

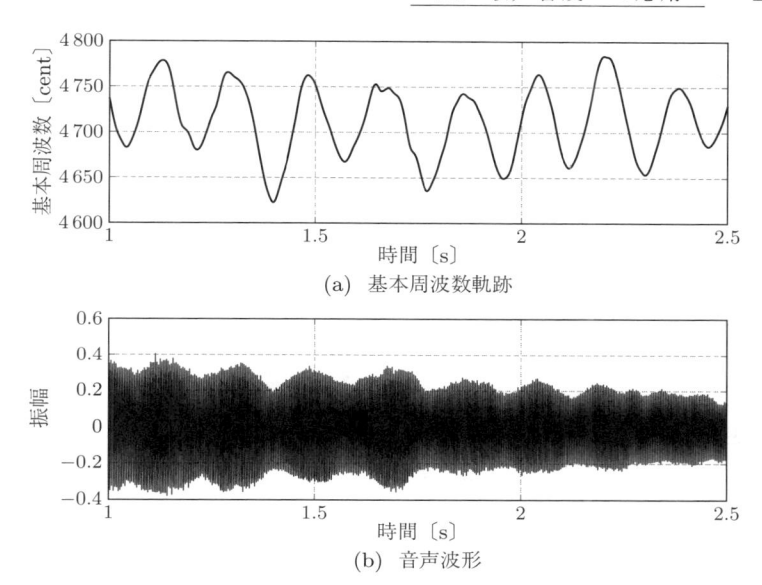

(a) 基本周波数軌跡

(b) 音声波形

図 7.8 ビブラートの基本周波数軌跡と波形振幅の関係。基本周波数と振幅包絡のディップがおおむね同期していることが確認できる。

7.6.4 音高遷移に関する歌唱表現

音を伸ばした歌唱に対する歌唱表現の一つがビブラートであるならば、**ポルタメント**（portamento）は譜面上の音符の遷移に関する歌唱表現である。譜面上の基本周波数は階段状に変化するが、人間が発声する以上、基本周波数を瞬時に跳躍させることはできず、連続的な変化を伴う。音高を遷移させる際には、**オーバーシュート**（overshoot）と**プレパレーション**（preparation）という特徴的な動きが観測されることがある。また、この際の変化を緩やかに遷移させる歌唱技法がポルタメントである。歌声の加工に関しては、音高遷移に伴いこれらの表現を与えることが重要となる。

オーバーシュートとプレパレーションの例を**図 7.9** に示す。オーバーシュートは、音高変化直後に、目的の音高を瞬間的に超える動きとして観測され、バリトン歌手に対する解析例と合成モデルが検討されている[23]。プレパレーションは、音高が変化する直前に、目標の変化とは逆方向へ振れる動きである[19]。

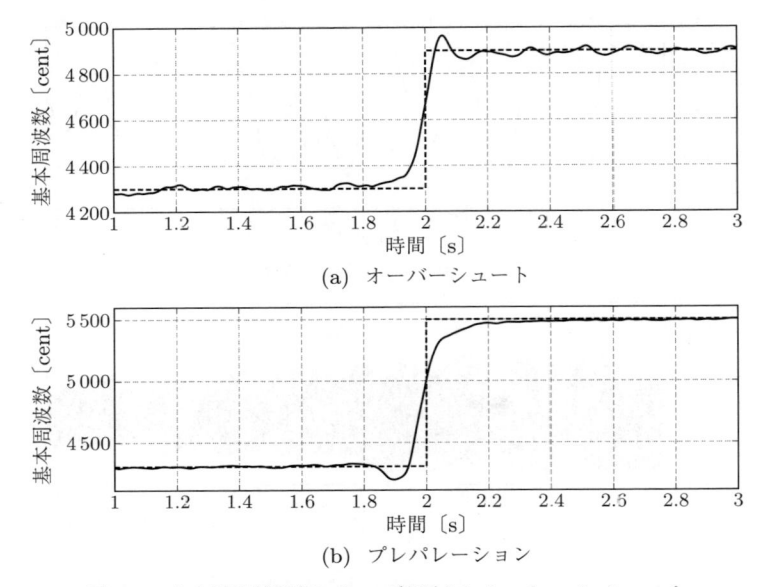

(a) オーバーシュート

(b) プレパレーション

図 **7.9** 基本周波数遷移において観測される，オーバーシュート
とプレパレーションの顕著な例

これらは，変化の方向に関係なく，低高の遷移でも高低の遷移でも観測される
ことがある。また，つねに観測されるわけではないことに注意する必要がある。

　歌声の加工でこれらを表現するモデルとして，制動 2 次系の減衰振動モデル
が提案されている。

$$h(t) = \frac{K}{\sqrt{1-\zeta^2}} e^{-\zeta\Omega t} \sin\left(\sqrt{1-\zeta^2}\,\Omega t\right) \tag{7.27}$$

歌声の基準となる階段状の軌跡（図中の破線）を $s(t)$ とすると，オーバーシュー
トを付与した基本周波数軌跡 $f_\mathrm{o}(t)$ は，以下の式で与えられる。

$$f_\mathrm{o}(t) = s(t) * h(t) \tag{7.28}$$

オーバーシュートの特性は，3 種のパラメータ K, Ω, ζ により決定する。Ω は，
音高変化の速度に対応するパラメータであり，速度を緩やかにするとポルタメ
ントの歌唱表現を模すことになる。一例として，オーバーシュートを付与する
加工を実施した例を図 **7.10** に示す。

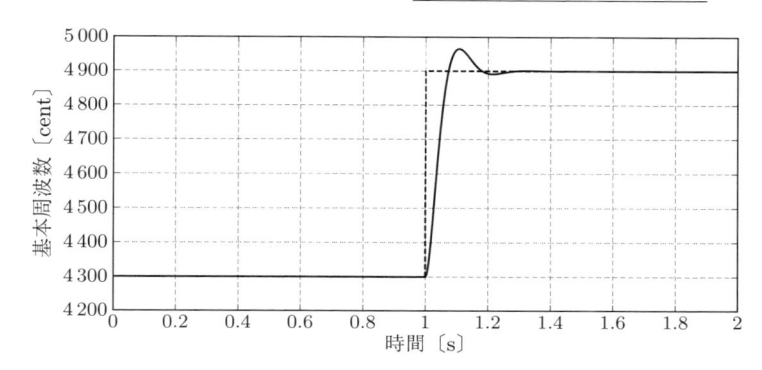

図 7.10 最適化されたパラメータで加工されたオーバーシュートの例。破線が入力となる階段状の基本周波数軌跡，実線が加工された結果を示す。

プレパレーションについても，同様の減衰振動モデルにより近似できる。オーバーシュートとは違い，遷移前に変化が現れるため，入力となる軌跡 $s(t)$ を時間反転させてからインパルス応答 $h(t)$ を畳み込み，その後再度時間反転させる。オーバーシュートと同様にプレパレーションを付与する加工を実施した例が**図7.11** である。

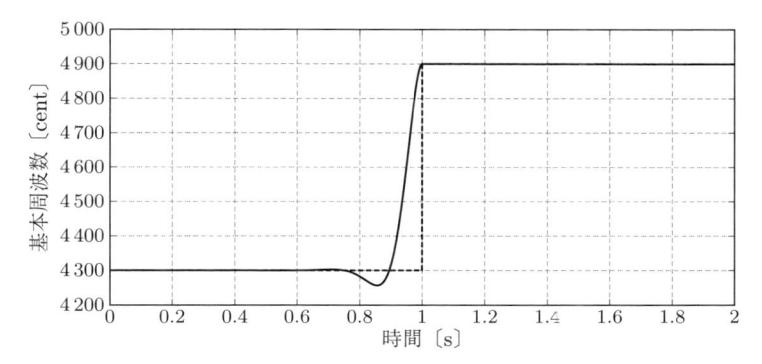

図 7.11 最適化されたパラメータで加工されたプレパレーションの例。破線が入力となる階段状の基本周波数軌跡，実線が加工された結果を示す。

どちらの表現についても，時間的なズレが生じるため，実際の加工においては入力となる軌跡 $s(t)$ を時間的にシフトさせる処理も併せて行う必要がある。こ

れらについて，いくつかのパラメータは検討されているものの，実際には歌唱や楽曲に応じて，遷移一つ一つについてパラメータを最適化することが望まれる。

7.6.5　歌唱フォルマント

これまで説明した歌唱の特性は，おもに基本周波数軌跡に関するものであった。最後に，**歌唱フォルマント**（singer's formant; singing formant）[24]について説明する。歌唱フォルマントは，話し声では観測されず歌声でのみ観測される特有の特徴であり，おもに 3 000 Hz 付近（2 800〜3 400 Hz）で観測されるピークである。とりわけ男性のオペラ歌手などにおいて観測されることが知られている。歌唱フォルマントが発生する原因は，該当する帯域にある複数のフォルマントが調音の結果近づき，共鳴におけるパワーの増加が強調されることによるとされている。

歌声らしさを増すためには，この歌唱フォルマントに相当する成分をスペクトル包絡に付与することが効果的である。実際にフォルマントをシフトさせる処理は容易ではないため，簡単な方法として，スペクトル包絡に中心周波数 ω_c〔Hz〕，幅が $2\omega_b$〔Hz〕のハニング窓を乗ずる方法が提案されている。処理後のスペクトル包絡 $H_r(\omega)$ は，スペクトル包絡 $H(\omega)$ に以下で得られる強調成分 $S_r(\omega)$ を乗ずることで与えられる。

$$H_r(\omega) = H(\omega)S_r(\omega) \tag{7.29}$$

$$S_r(\omega) = \begin{cases} 1 + (\alpha - 1)w(\omega - \omega_c) & \text{if } |\omega - \omega_c| < \omega_b \\ 1 & \text{otherwise} \end{cases} \tag{7.30}$$

α は強調の程度に相当するパラメータであり，$w(\omega)$ は，$-\omega_b$ から ω_b の幅で振幅を有するハニング窓である。スペクトル包絡を強調するために α に正の値を持たせることに加え，非周期性指標については負の値を持たせて変換する方法が用いられる。これは，共鳴している周波数近辺の雑音成分を減らす変換と解釈できる。

引用・参考文献

1) Stevens, S., Stanley, J., Volkman, J. and Newman, E. B.: A scale for the measurement of the psychological magnitude pitch, J. Acoust. Soc. Am., **8**, 3, pp. 185–190 (1937)

2) 内田照久：音声中の抑揚の大きさと変化パターンが話者の性格印象に与える影響，心理学研究，**76**, 4, pp. 382–390 (2005)

3) Uchida, T.: Reversal of the relation between impressions of voice pitch and height of fundamental frequency — Cognitive biases caused by conversion of tone quality, Acoust. Sci. & Tech., **39**, 2, pp. 143–146 (2018)

4) Stevens, S. and Volkmann, J.: The relation of pitch to frequency — A revised scale, The American Journal of Psychology, **53**, 3, pp. 329–353 (1940)

5) Story, B. H., Titze, I. R. and Hoffman, E. A.: Vocal tract area functions from magnetic resonance imaging, J. Acoust. Soc. Am., **100**, 1, pp. 537–554 (1996)

6) Wakita, H.: Direct estimation of the vocal tract shape by inverse filtering of acoustic speech waveforms, IEEE Trans. on Audio and Electroacoust., **21**, 5, pp. 417–427 (1973)

7) 内田照久：音声の発話速度が話者の性格印象に与える影響，心理学研究，**73**, 2, pp. 131–139 (2002)

8) Smith, D. R. and Patterson, R. D.: The interaction of glottal-pulse rate and vocal-tract length in judgements of speaker size, sex, and age, J. Acoust. Soc. Am., **118**, 5, pp. 3177–3186 (2005)

9) 松田勝敬，森　大毅，粕谷英樹：ささやき母音のフォルマント構造，日本音響学会誌，**56**, 7, pp. 477–487 (2000)

10) 内田照久：雑音駆動音声による疑似ささやき声の簡易生成と評価，日本音響学会2017 年春季研究発表会，2-P-32, pp. 353–354 (2017)

11) Kawahara, H. and Matsui, H.: Auditory morphing based on an elastic perceptual distance metric in an interference-free time-frequency representation, in Proc. ICASSP 2003, **1**, pp. 256–259 (2003)

12) Kawahara, H., Nisimura, R., Irino, T., Morise, M., Takahashi, T. and Banno, H.:　Temporally variable multi-aspect auditory morphing en-

abling extrapolation without objective and perceptual breakdown, in Proc. ICASSP 2009, pp. 3905–3908 (2009)

13) Kawahara, H., Morise, M., Banno, H. and Skuk, V. G.: Temporally variable multi-aspect N-way morphing based on interference-free speech representations, in Proc. APSIPA ASC 2013, pp. 1–10 (2013)

14) Hirose, K. and Tao, J. eds.: Speech prosody in speech synthesis — Modeling and generation of prosody for high quality and flexible speech synthesis, Springer (2015)（モーフィングの記述は pp. 109–120）

15) 河原英紀：音声の実時間表示とモーフィングで探る声の多様性，音声研究，**18**, 3, pp. 43–52 (2014)

16) 河原英紀，生駒太一，森勢将雅，高橋　徹，豊田健一，片寄晴弘：モーフィングに基づく歌唱デザインインタフェースの提案と初期的検討，情報処理学会論文誌，**48**, 12, pp. 3637–3648 (2007)

17) 中野皓太，森勢将雅，西浦敬信，山下洋一：基本周波数の転写に基づく実時間歌唱制御システムの実現を目的とした高品質ボコーダ STRAIGHT の高速化，電子情報通信学会論文誌 A, **J95-A**, 7, pp. 563–572 (2012)

18) Klatt, D. and Klatt, L.: Analysis, synthesis, and perception of voice quality variations among female and male talkers, J. Acoust. Soc. Am., **82**, 2, pp. 820–857 (1990)

19) Saitou, T., Unoki, M. and Akagi, M.: Development of an F0 control model based on F0 dynamic characteristics for singing-voice synthesis, Speech Communication, **46**, 3-4, pp. 405–417 (2005)

20) 右田尚人，森勢将雅，西浦敬信：歌唱データベースを用いたヴィブラートの個人性の制御に有効な特徴量の検討，情報処理学会論文誌，**52**, 5, pp. 1910–1922 (2011)

21) 中野倫靖，後藤真孝，平賀　譲：楽譜情報を用いない歌唱力自動評価手法，情報処理学会論文誌，**48**, 1, pp. 227–236 (2007)

22) Prame, E.: Measurement of the vibrato rate of ten singers, J. Acoust. Soc. Am., **96**, 4, pp. 1979–1984 (1994)

23) Mori, H., Odagiri, W. and Kasuya, H.: F$_0$ dynamics in singing — Evidence from the data of a baritone singer, IEICE Trans. Inf. & Syst., **E97-D**, 5, pp. 1086–1092 (2005)

24) Sundberg, J.: Articulatory interpretation of the "singing formant", J. Acoust. Soc. Am., **55**, 4, pp. 838–844 (1974)

音声品質の主観評価方法

音声分析合成，あるいは音声加工法について学んだ読者は，独自の方法を提案して世にその素晴らしさを広めたいと思うに違いない。音声分析法であれば，人工的に生成した音声を分析し，真値とのずれを測るなど，客観的な指標に基づく評価を行うことも多い。合成された音声の品質に関しても客観評価は行われるが，結果は必ずしも人間の評価と一致しない。電話音質の音声の品質を客観的に評価する指標には，ITU-T P.862 の **PESQ**（perceptual evaluation of speech quality）が存在し，フルバンド音声に関しては，ITU-T P.863 の **POLQA**（perceptual objective listening quality analysis）が提案されている。POLQA は，利用可能な音声に対する制約が多いため，任意の音声を対象とする場合，いまだに主観評価も用いて有効性を示すことが一般的である。主観評価を行おうと考えた際，本書で解説したような研究を始めたばかりの若手研究者は，どのような評価を行うべきかについて判断が難しいことも多いと思われる。

本章では，用途に応じて利用されるオーソドックスな評価法について紹介する。主観評価はつねに一つの方法を用いるのではなく，目的に応じて適切な手法を使い分けることが必要となる。また，実験を行うにあたり，注意点が複数存在し，これらを無視すると実験結果から間違った結論を導き出してしまうこともある。このような不安がある場合，本書に書かれた方法をそのまま利用すれば，安心して評価できるだろう。主観評価法は多数存在する。ここでは音声分析合成，および声質の加工を扱うため，それらの研究で用いられてきた主要な方法に限定して紹介する。

　音に限らずに官能検査全般を網羅的に扱う辞書的な書籍として文献1) が役立ち，また，音の評価に限定した文献2) は，本書でサポートしきれない知識を補うために参考となる。また，主観評価結果は，一般的に統計的な手法により解析されるため，より深く理解するためには，確率統計に関する基本的な数学的知識を必要とする。本章で扱う内容は，本来であれば必要となるこれら数学的な背景は説明せず，学術論文に投稿した際に査読者から批判されないことを目的とした，たいへん不誠実な説明である。特に近年では解析ツールも充実しており，数学的な知識がなくてもこれらの分析を行えてしまうが，正しく理解することはいうまでもなく必要である。

8.1　音声分析合成法に関する主観評価のおもな流れ

8.1.1　目的に基づく評価法の設計

　まずは，新しい音声分析合成法を提案した際の評価について考える。音声分析合成法は，元音声（論文ではおもに**リファレンス**（reference）と記載される）を完全に再現できることが理想であり，合成音声の品質がリファレンスを上回ることはない。一方，例えばひずみを含む音声に対する音質改善法を提案する場合では，リファレンスよりも高い品質になる必要がある。この場合，リファレンスが最低の品質であり，提案した方法を用いることでどの程度品質が改善したかを調べることになる。どちらにおいても，関連する別の方法と比較して，相対的な品質の違いを示すことも必要になるだろう。つまり，リファレンス，提案法，従来法のそれぞれについて，なんらかの形で主観的なスコアを算出し，結果を用いて提案法の有効性を明らかにすることが求められる。

　音質加工法の品質評価では，リファレンスが存在しないこともある。例えば，従来法より品質劣化が小さい基本周波数の制御法を提案する場合は，合成音声の絶対的な品質評価，および類似する方法と提案法との比較を行う。この場合，従来法を**ベースライン**（baseline）として，どの程度品質が改善したかを主観評価により調べることになる。比較する方法がまったく存在しないケースは限ら

れているが，その際は提案法のみを評価することもある。どのような場合でも，実験を通じてなにを明らかにしたいのかというコンセプトを最初に決定し，その目的はどのような実験でどのような結果が得られれば明らかになるのか，という実験設計が重要である。

8.1.2　実験規模の設計

主観評価を行う際には，被験者にかける負担について考えなければならない。主観評価は人間が行う以上，被験者のコンディションが実験精度を左右する。前提として，正常な聴力を有することを求めることは必要であるが，それでも疲労の蓄積や飽きなどにより回答はばらつく。長時間拘束すればその分疲労が蓄積して回答の精度が低下するため，適度な休憩時間を設けて実施するなどの工夫が要求される。

新しく提案した音声分析合成システムが，あらゆる音声に対して普遍的に動作すると主張したい場合でも，膨大な数の音声を被験者に提示することは現実的な課題設定ではない。被験者に与える負担を勘案し，現実的な範囲で多数の話者のさまざまな発話に対して評価する必要がある。実験に用いる話者数を N 人，1話者当りの音声数を M 個，比較する方法を L 種類（リファレンス＋$L-1$ 種類の方法）とすると，最低でも $N \times M \times L$ 個の音声を評価しなければならない。これは下限であり，主観評価法によってはさらに数倍の個数を被験者に提示することもある。実験に用いる音声数から 1 被験者の拘束時間がおおむね計算できるため，実験時間が 30 分から 1 時間程度になるように規模を調整し，休憩を挟むようにすることで，回答精度の低下をある程度緩和することができる。

8.1.3　実験結果の解析

基本的には，既存の方法と提案法の差がどの程度かを計測することが目的である。その際には，各手法の評価結果に有意差が存在するかを調べることになる。主観評価結果の有意差検定については本書では扱わないが，前述の書籍を含め多数の書籍が存在するため，必要に応じて知識を補っていただきたい。こ

こでは，有意差検定の結果について誤解されやすい点のみを紹介する。

2種類の音声分析合成システム A, B が存在し，評価した結果，有意差が認められたならば，より優れていたシステムについて「有意差が認められた」と述べるだけで済む。有意差が認められなかったことを「有意差が認められなかったため，二つのシステムは等価な品質である」と記述することは，大半の場合間違いであることに注意する。有意差検定は，その性質上，被験者の数を増やすことで有意差が出やすくなる傾向があり，有意差が認められない原因は，平均値と標準偏差を計算するための標本サイズが足りないだけである可能性がある。また，主観評価には検出力があり，検出力の低い評価法は，2手法の差が小さい場合には適さない。有意差が存在しない理由は，2手法の差が真に存在しないこと以外にも多数存在することから，「2手法の間に差がない」ことを示すことは容易ではなく，また，それを示すことは現実的な課題設定とはいいがたい。

これは逆も然りであり，被験者の数が多すぎると，本来有意ではない差を有意であると結論付ける危険性も存在する。これらのことが主観評価における実験設計の難しさであり，悪意を持って実験を設計すれば有意差を認めさせるハッキング行為に繋がる。主観評価に用いる音声の種類や，被験者の人数などは重要なパラメータとなるが，いまのところ「最低〇〇個の音声を△△人で評価」という基準は存在しない。一つの目安として 20 名程度が良いという意見もあるが[3]，こうした見解についても鵜呑みにはせず，実験でなにを明らかにしたいかから逆算し，適切に実験を設計することが本来必要である。これらについては，研究内容に依存し具体的な最適値は存在しないため，類似研究の論文を基準にして，読者自身で知見を蓄積することが望ましい。

8.2　共通する実験の前処理

本書では，音声分析合成システムとして STRAIGHT や WORLD などを紹介した。それに対し，新たなシステムを提案し，そのシステムの有効性を示したいという状況を考える。主観評価においては，比較対象となるパラメータの

違い以外を統一することで，品質評価結果がそのパラメータでのみ左右されて
いることが重要となる。新たなスペクトル包絡推定法を提案したのであれば，
基本周波数と非周期性指標は同一の方法を用いることで，音色の差がスペクト
ル包絡のみの差に由来することを示すことが可能となる。ただし，スペクトル
包絡推定法も入力に基本周波数を用いる方法があるように，複数のシステムの
組合せで相乗効果を発揮することもある。この場合，システム単位での評価を
行う必要があるが，有効性についての各方法の貢献度について議論することは
容易ではない。

8.2.1 音声の音圧レベルの正規化

二つの音声分析合成システムを比較し，リファレンスに近い結果が得られた
システムが良好である場合を考える。この際，基本周波数，スペクトル包絡，
非周期性指標の推定精度は，当然合成される音声の品質に直結する。実験では，
合成された音声をそのまま利用することがつねに最適とは限らない。精度に優
れたシステムの合成結果の音圧レベルがリファレンスよりやや小さく，精度が
やや悪いシステムの音圧レベルがリファレンスに近ければ，被験者は後者をリ
ファレンスに近いと感じてしまう可能性がある。各音声パラメータの推定精度
ではなく，単純に音の大きさが弁別の手がかりとされてしまうことは，音声分
析合成システムの評価とはいえないことになる。リファレンスを含む各分析合
成音に対する音圧レベルの正規化を行うことで，大きさを手がかりにできない
ように工夫する必要がある。

提示する音圧レベルを揃える際には，単純な音圧レベルではなく，1章で説
明した等価騒音レベル L_{Aeq} が適している。

$$L_{\mathrm{Aeq}} = 10 \log_{10} \left(\frac{1}{t_2 - t_1} \int_{t_1}^{t_2} \frac{p_{\mathrm{A}}^2(t)}{p_0^2} dt \right) \tag{8.1}$$

この1章の式は，リファレンス，および分析合成により生成された長さが均一
な複数の音声波形の L_{Aeq} を揃える目的であれば，以下に簡略化できる。

$$L_{\mathrm{Aeq}} = 10 \log_{10} \left(\sum_{n=0}^{N-1} x_{\mathrm{A}}^2(n) \right) \tag{8.2}$$

ここで，$x_{\mathrm{A}}(n)$ は **A 特性**を模擬するフィルタを通した音声の離散波形であり，N は波形のサンプル数である。A 特性を模擬するフィルタは，中心周波数ごとの補正値が**表 8.1** となるようにし，間を**スプライン関数**などで補間した対数パワースペクトルから FIR フィルタとして設計できる。フィルタを通した後の波形のパワーのみが問題になるため，位相特性は影響しない。波形の時間長や短時間ごとの大きさの変化による影響までは統一できないため，リファレンスと各分析合成システムにより処理された音声対の単位で統一することとなる。

表 8.1 中心周波数 f_c と重みとの関係（A 特性）

f_c〔Hz〕	補正値〔dB〕	f_c〔Hz〕	補正値〔dB〕	f_c〔Hz〕	補正値〔dB〕
12.5	−63.4	160	−13.4	2 000	1.2
16	−56.7	200	−10.9	2 500	1.3
20	−50.5	250	−8.6	3 150	1.2
25	−44.7	315	−6.6	4 000	1.0
31.5	−39.4	400	−4.8	5 000	0.5
40	−34.6	500	−3.2	6 300	−0.1
50	−30.2	630	−1.9	8 000	−1.1
63	−26.2	800	−0.8	10 000	−2.5
80	−22.5	1 000	−0.0	12 500	−4.3
100	−19.1	1 250	0.6	16 000	−6.6
125	−16.1	1 600	1.0	20 000	−9.3

音圧レベルを揃えるためには，それぞれの音声について係数を乗ずる必要がある。x〔dB〕大きくする処理に必要な係数 c は，$10^{x/20}$ で求めることができる。それとは別に，大きすぎる音圧を被験者に提示することは認められないため，聴力に悪影響を与えない範囲に再生機器の音量を制限し，被験者が音量を操作できないようにすることも求められる。

8.2.2 実験刺激のランダム提示

提示する音声の順序は，被験者ごとにランダム化する必要がある。これは，直前に評価した音声の影響により，同じ音声を評価した結果が異なる**順序効果**と

呼ばれる影響を排除するために実施される。どこまでランダム化するかについては評価により異なるが，多くの場合は変えられるものはすべてランダム化することが原則となる。論文中に順序効果を排除することを陽に示すことが，主観評価において信頼性を担保するために重要な意味を持つ。

8.2.3 実験環境の記録

主観評価を実施する環境や機材についても，評価法によっては国際規格が存在する。ITU-R BS.1116-1 では，部屋のサイズや残響時間，被験者・スピーカ間の距離などの細かな規定が存在する。再生機器のスピーカについても，周波数特性に規格が存在するため，環境・機材が揃わないことも問題になる。ただし，音声の主観評価において，このような厳密な規格は必ずしも必要ない。

音声の主観評価においては，防音室でヘッドフォンを用いた評価でも十分である。あるいは，実際に利用される環境を想定した実験などでは，防音室ではない通常の室内を意図的に選択することもある。主観評価によりなにを明らかにするかという目的が重要であり，実験環境は目的が達成されるための条件を満たしていることを示すことになる。一方，実験の再現性や信頼性を担保するため，部屋の種類（無響室・防音室など）と騒音レベル，再生機器（D-A 変換器，アンプ，ヘッドフォンやスピーカの型番など）を記載する必要がある。

人間の聴力に負担をかけていないことを証明するためには，提示音圧を明記する必要がある一方で，音声は時々刻々と大きさが変化するため，提示音圧を厳密に求めることは困難である。この場合，ある程度の区間ごとに音圧を計測し，最大で特定音圧を超えない程度に設定し，そのことを論文中に記載する必要がある。上記の情報を示した上で，実験が目的達成のために十分であったことを原稿中に考察として示すことが望ましい。国際規格に準ずる環境・機材で評価できれば，そのことを示すだけで十分であり，環境が結果に与えた影響について考察する手間が省ける。

8.3 リファレンスの有無にかかわらず利用できる評価法

8.3.1 MOS 評 価

MOS（mean opinion score）評価は，音声評価において最も一般的に行われる主観評価法の一つである。MOS の詳細は，ITU-T P.800 に規定されている。リファレンスの有無にかかわらず利用できるため，音声分析合成システムにより再合成された音声とリファレンスの近さや，加工された音声の品質など，幅広い用途に利用できる。一方，音声の差の検出力は低く，既存の方法と提案法との差が軽微であれば，有意差が得られないこともある。よって，MOS 評価は，比較対象となる方法の差が明確に知覚できる場合に適している方法である。

MOS 評価は，**図 8.1** のように，一つの音声を聴取して回答する流れを繰り返す。被験者は，一つの音声を聴取し，**表 8.2** に示す 5 段階で評価する。実験設計者は回答時間を自由に設計できるが，短すぎると適切な回答がなされないため，評価させる対象の評価に適した回答時間を勘案する必要がある。音声数を L 個，音声の長さの平均を M 秒，回答時間を N 秒とすると，実験にかかる時間は $L \times (M + N)$ 秒となる。聞き直しを認めず，回答時間が経過した段階でただちにつぎの音声刺激を提示することは，被験者の拘束時間を統一できる

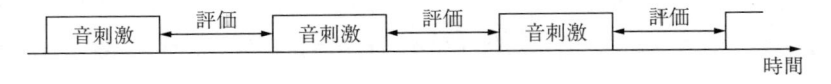

図 8.1 MOS 評価の流れ。一つの音声を聴取して評価する
流れが 1 セットである。

表 8.2 MOS 評価で利用するカテゴリ

カテゴリ	評 点
非常に良い（Excellent）	5
良い（Good）	4
普通（Fair）	3
悪い（Poor）	2
非常に悪い（Bad）	1

メリットがある。実験後は，手法ごとに評価結果の平均値と標準偏差や標準誤差，あるいは95％信頼区間を付した棒グラフとして表示し，**有意差検定**を行うことで有効性を検証する。後述する**一対比較法**と比べると，集計が容易であることもMOS評価の大きな利点である。音声分析合成システムの性能には話者に対する相性も存在するため，必要に応じて男女別や発話者別のグラフも表示することは，考察を助けることもある。

　MOS評価は簡便な評価であり，合成された音声の品質評価において幅広く利用されている。5段階であることがMOS評価を特徴付けるが，必ずしも5段階に固執する必要はない。例えば心理学分野では，6件法のように6段階（つまり「普通」の回答が存在しない），あるいは7段階での評価も目的に応じて利用される。

8.3.2　一 対 比 較 法

　MOS評価は広い範囲で利用可能であるが，検出力が低く差が軽微な音声の評価では有意差が認められにくい。一対比較法は，MOS評価よりも高い検出率を有する主観評価法である。リファレンスが存在する場合はリファレンスとの相対的な違いがわかるため，どの程度の品質であるかを知る手がかりとなる。一方，リファレンスがない音声加工法の評価では，比較対象となる手法との相対的な差しか得られない。比較対象となる手法の絶対的な評価が不明である場合には，MOS評価を併用することで絶対的な評価値も示すことが望ましい。MOS評価で有意差が示されれば有効性の評価としては十分であるため，基本的にはMOS評価により有意差が存在しない場合に一対比較法が選択されることとなる。一対比較法にもいくつか種類があるため，本書ではサーストン（Thurstone）の一対比較法のケースVについて，具体例を用いて説明する。サーストンの一対比較法の解説は，文献4) が参考になる。

〔1〕　音声提示と評価内容

　サーストンの一対比較法では，**図8.2**のように被験者は二つの対になった音声から，指示された評価項目についてより適したほうを選択する。音声分析合成

図 8.2　サーストンの一対比較法の流れ。被験者は連続する二つの音声を聴取し，指示された評価項目についてより適した音声を選択する。MOS 評価とは異なり，程度については回答しない（シェッフェ（Scheffé）の一対比較法のように，程度も回答する方法は存在するが，ここでは対象としない）。

や音声加工の研究では，多くの場合は「より品質の高いほう」を選ぶことになる。ここでは，例題として 6 種類の音声分析合成システムを評価することを考える。

分析合成対象となる音声は男女各 2 名とし，1 話者について 10 発話採用することで合計 40 発話であるとする。6 種類の方法を比較するため，1 音声についての手法の組合せは 15 種類となる。同じ組合せでも，A, B の順と B, A の順では結果が異なる可能性があるため，逆順についても提示することとする。すると，1 被験者が評価する組合せ数は 1 200 となる。1 音声の平均発話時間が 1 秒で，A と B の間に 0.5 秒の空白を入れ，回答時間を 3 秒とすると，1 被験者の拘束時間は $1\,200 \times (1 + 0.5 + 1 + 3) = 6\,600$ 秒となる。集中力を長時間維持するのは大変であることから，600 ペアで休憩を挟み 2 セッションで実験することとする。このように，一対比較法は比較対象となる方法が増えると組合せ数が爆発的に増えるため，一度に評価するシステムの数には注意が必要である。

〔**2**〕　**実験結果の解析**

この例題では，正常な聴力を有する 15 名の被験者を対象に評価を行うこととする。被験者らを実験に慣れさせるため，この実験では利用しない音声を用いて，同様の手順での予備実験を 5 分程度行うこととした。15 名の評価結果は，**表 8.3** のような形で集計される。各セルは，N 行 M 列に記載された二つの手法について，列側に記載された手法が選ばれた回数に対応する。今回は一つのセルについて 1 200 が最大となる。対角線上は，計算の便宜上全体の半分である 600 として以後の計算を実施する。つぎのステップでは，表 8.3 に示された回数を，選ばれた確率へと変換する。これは，各セルの値を最大値である 1 200 で割ることにより得られる。計算された結果を**表 8.4** に示す。計算の定義から

表8.3 一対比較法による評価結果の例。例えば2行1列の282は，AとBを評価してAを選択した回数が282だった，と読む。一つのセルの最大値は1200であり，N行M列とM行N列の和と一致する。対角線上は評価されていないが，便宜上全体の半数である600とする。

	A	B	C	D	E	F
A	600	918	901	164	291	245
B	282	600	414	177	189	150
C	299	786	600	145	171	158
D	1 036	1 023	1 055	600	1 029	951
E	909	1 011	1 029	171	600	309
F	955	1 050	1 042	249	891	600

表8.4 表8.3の数値を選択された確率に変換した結果。単純に全体を総数である1200で割った結果である。ここでは小数点第2位を四捨五入しているが，実際の演算では四捨五入しない数値を利用する。

	A	B	C	D	E	F
A	0.5	0.77	0.75	0.14	0.24	0.20
B	0.24	0.5	0.35	0.15	0.16	0.13
C	0.25	0.66	0.5	0.12	0.14	0.13
D	0.86	0.85	0.88	0.5	0.86	0.79
E	0.76	0.84	0.86	0.14	0.5	0.26
F	0.80	0.88	0.87	0.21	0.74	0.5

明らかなように，このセルの値は0から1の範囲となる。

ついで，表8.4の確率から標準正規分布の**累積分布関数**の逆関数を計算する。累積分布関数 $f(x)$ は，以下の式により定義される。

$$f(x) = \frac{1}{2}\left(1 + \mathrm{erf}\left(\frac{x - \mu}{\sqrt{2\sigma^2}}\right)\right) \tag{8.3}$$

$$\mathrm{erf}(x) = \frac{2}{\sqrt{\pi}}\int_0^x e^{-t^2} dt \tag{8.4}$$

ここで，$\mathrm{erf}(x)$ は**誤差関数**と呼ばれる。$f(x)$ は，標準正規分布に対する累積分布を計算するため，$\mu = 0$，$\sigma = 1$ で計算される。$f^{-1}(x)$ が求めるべき関数であるが，この関数を数式で算出することはなく，表計算ソフトにはこれを計算する関数が実装されている。関数 $f^{-1}(x)$ における入力・出力の関係を**図8.3** に示す。入力 x の範囲は $0 < x < 1$ に限定されており，$f^{-1}(0) = -\infty$，

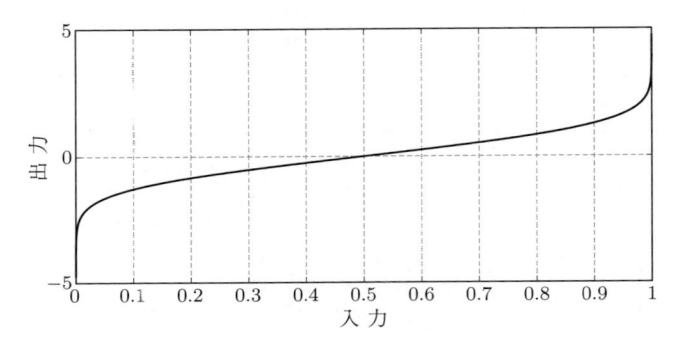

図 8.3 累積分布関数の逆関数の入出力の関係。
横軸が入力で縦軸が出力に対応する。

$f^{-1}(1) = \infty$ となる。この制約条件は，表 8.4 に 0 と 1 がある場合は演算できないことを意味しており，確実に違いを知覚できる場合には一対比較法は適していないことを示す。この累積分布関数の逆関数により表 8.4 の内容を変換した結果が**表 8.5** である。こうして計算された表の列平均を求めることで，各手法の尺度値が計算される。MOS 評価とは異なり，尺度の差をそのまま議論に用いる。

表 8.5 表 8.4 の選択率から求めた累積分布関数の逆関数。
計算された結果の列平均が，各手法の尺度値となる。

	A	B	C	D	E	F
A	0	0.72	0.68	−1.10	−0.70	−0.83
B	−0.72	0	−0.40	−1.05	−1.00	−1.15
C	−0.68	0.40	0	−1.17	−1.07	−1.12
D	1.10	1.05	1.17	0	1.07	0.82
E	0.70	1.00	1.07	−1.07	0	−0.65
F	0.82	1.15	1.12	−0.82	0.65	0
平均	0.20	0.72	0.61	−0.87	−0.18	−0.49

8.4 リファレンスに対する変化を測る評価法

　音声符号化などでは，元音声がリファレンスとなり，リファレンスにどの程度近いのかを評価できればよい。実験設計者は，提案法により合成された音声が他手法による音声より優れていると感じるものの，その差が MOS 評価では有意差が認められない程度であると判断された場合，より検出力の高い評価法を選択することになる。**DMOS** 評価と **CMOS** 評価は，リファレンスと評価音声を対にして聴取し 1 番目と 2 番目の比較を行う評価法であり，目的に応じて使い分ける。どちらも，二つの相対的な違いが評価対象となるため，MOS 評価よりも小さい差を検出したい実験に適している。また，一対比較法と比べると，手法間での組合せではなくリファレンスに対する各評価法の音声が評価対象であるため，組合せ数が膨大になる問題は生じない。

8.4.1 DMOS 評価

　DMOS の D は degradation の頭文字であり，劣化を検出するために利用される方法である。DMOS の詳細は，ITU-T P.800 の Annex D に規定されている。リファレンスに対してどの程度劣化しているかが評価のターゲットとなるため，音声の加工ではなく，符号化法の評価や音声分析合成システムにより合成された音声の評価において，MOS 評価では検出できない差を測る目的に適している。DMOS 評価では，図 **8.4** のように，二つの音声を聴取して回答する流れを繰り返す。二つの音声は，0.5 から 1 秒程度の間隔をあけて連続して再生される。ここで，1 番目にはつねに目標であるリファレンスが再生されるため，2 番目に再生される音声は 1 番目の品質を上回ることはない。したがって，

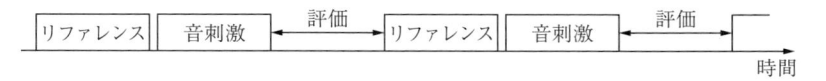

図 **8.4**　DMOS 評価の流れ。1 セットで二つの音声を聴取し，1 番目の音声
に対する 2 番目の音声の品質を回答する。

評価カテゴリは，**表 8.6** のように，劣化がまったく認められない場合が最高点となる。DMOS 評価は，差の検出力が MOS 評価よりも相対的に高い方法であるが，必ずリファレンスを再生する必要があるため，評価にかかる時間が長くなるという欠点がある。また，リファレンスに対して品質が向上することはない前提であるため，品質改善法などの評価には利用できない。

表 8.6 DMOS 評価で利用するカテゴリ

カテゴリ	評点
劣化がまったく認められない（Degradation is inaudible）	5
劣化が認められるが気にならない（Degradation is audible but not annoying）	4
劣化がわずかに気になる（Degradation is slightly annoying）	3
劣化が気になる（Degradation is annoying）	2
劣化が非常に気になる（Degradation is very annoying）	1

8.4.2 CMOS 評 価

CMOS の C は comparison の頭文字である。CMOS の詳細は，ITU-T P.800 の Annex E に規定されている。CMOS 評価も，**図 8.5** のように，二つの音声を聴取して回答する流れを繰り返す。DMOS 評価が，リファレンス，評価音声の順序で音声を提示していたのに対し，CMOS 評価では逆順での提示も行い，1 番目に対する 2 番目の音声を評価する。2 番目のほうが品質が高いこともあるため，評価カテゴリは**表 8.7** に示す 7 段階となる。DMOS 評価はリファレンスに対する劣化の計測しかできない評価法であるが，CMOS 評価では音質改善法の評価も可能である。

図 8.5 CMOS 評価の流れ。1 セットで二つの音声を聴取し，1 番目の音声に対する 2 番目の音声の品質を回答する。DMOS との違いは，リファレンス音声が 1 番目とは限らないことである。

CMOS 評価では，評価を集計するにあたり符号に気を付ける必要がある。リファレンス後に評価対象となる音声が提示される場合はそのままでよいが，逆

表 **8.7**　CMOS 評価で利用するカテゴリ

カテゴリ	評点
非常に良い（Much Better）	3
良い（Better）	2
やや良い（Slightly Better）	1
ほぼ同じ（About the Same）	0
やや悪い（Slightly Worse）	−1
悪い（Worse）	−2
非常に悪い（Much Worse）	−3

の場合はリファレンスの評価対象音に対する印象が評価されることになる。したがって，逆順の場合は符号を反転させて集計する必要があることに注意する。

引用・参考文献

1 ）　日科技連官能検査委員会 編：官能検査ハンドブック，日科技連出版社 (1973)

2 ）　難波精一郎，桑野園子：音の評価のための心理学的測定法，コロナ社 (1998)

3 ）　日本音響学会 編：音響学入門ペディア，コロナ社 (2016)

4 ）　印東太郎：サーストンの心理尺度構成法，日本音響学会誌，**18**, 1, pp. 16–22 (1962)

索　　　引

—— 著 者 略 歴 ——

森勢　将雅（もりせ　まさのり）
2002年　釧路工業高等専門学校情報工学科卒業
2004年　和歌山大学システム工学部デザイン情報学科卒業
2006年　和歌山大学大学院システム工学研究科博士前期課程修了
2008年　和歌山大学大学院システム工学研究科博士後期課程修了（短期修了），博士（工学）
2008年　関西学院大学博士研究員
2009年　立命館大学助教
2013年　山梨大学特任助教
2017年　山梨大学准教授
　　　　現在に至る

音声分析合成
Speech Analysis and Synthesis　　　　　　　ⓒ　一般社団法人 日本音響学会 2018

2018 年 8 月 6 日　初版第 1 刷発行

検印省略

編　　者　　一般社団法人 日本音響学会
発 行 者　　株式会社　コ ロ ナ 社
　　　　　　代 表 者　牛 来 真 也
印 刷 所　　三 美 印 刷 株 式 会 社
製 本 所　　牧 製 本 印 刷 株 式 会 社

112–0011　東京都文京区千石 4–46–10
発 行 所　株式会社　コ ロ ナ 社
CORONA PUBLISHING CO., LTD.
Tokyo Japan
振替 00140–8–14844 · 電話（03）3941–3131（代）
ホームページ　http://www.coronasha.co.jp

ISBN 978–4–339–01137–1　C3355　Printed in Japan　　　　　　　（新井）G

音響テクノロジーシリーズ

(各巻A5判，欠番は品切です)

■日本音響学会編

以下続刊

定価は本体価格＋税です。
定価は変更されることがありますのでご了承下さい。

図書目録進呈◆